DIGITAL PAINTING IN PHOTOSHOP®

INDUSTRY TECHNIQUES FOR BEGINNERS

Photoshop
デジタルペイントの秘訣

Digital Painting in Photoshop: Industry Techniques for Beginners 日本語版

Original English edition entitled "Digital Painting in Photoshop: Industry Techniques for Beginners"

Managing Director: Tom Greenway
Studio Manager: Simon Morse
Assistant Manager: Melanie Robinson
Lead Designer: Imogen Williams
Publishing Manager: Jenny Fox-Proverbs
Editor: Annie Moss
Designer: Joseph Cartwright

Original ISBN: 978-1-909414-76-1

Japanese translation rights arranged with 3DTotal.com Ltd. through Japan UNI Agency,Inc., Tokyo
Japanese language edition published by Born Digital, Inc. Copyright © 2019

目次

本書の使い方

デジタルペインティングはクリエイティブ業界で非常に汎用性の高い、拡大中の分野です。デジタルアーティストの作品は大ヒット長編映画やAAAタイトルのテレビゲームに見られ、彼らが描いた面白い新作小説の表紙は人々を引き付けます。このようにデジタルペインティング作品は、印象的で魅力的なマーケティングイメージを作るのに利用されています。

プロのデジタルペインターが自由に使える最も強力なツールの1つがAdobe Photoshopであり、デジタルペインティングにおける業界標準のソフトウェアです。その機能性は単なる写真編集ソフトに留まらず、短時間で素晴らしいイメージを作成できる技術的なプロセスやツールを取り入れるまで進化しています。

始め方

これまでPhotoshopを使用したことがなければ、本書の冒頭にあるデジタルペインティング(P.10〜21)とPhotoshop (P.22〜71) の総合的な入門編を一読することを強くお勧めします。そこには、初めてデジタルペインティングでPhotoshopを使うときに直面するあらゆる情報が記されており、見事なアートを生み出すのに必要な基本ハードウェア、初めてのワークスペースのセットアップ、そして自分のニーズに合わせてインターフェイスをカスタマイズする方法が含まれます。さらに、主要なツールとブラシの詳しい説明 (それぞれP.34〜45、46〜53)、レイヤー操作の概要 (P.54〜63) を読むと、初めてペイントする際に役立つ、重要な知識を得られるでしょう。

経験豊かなデジタルペインターによる3つの専門的なチュートリアルでは、詳細かつわかりやすい方法でデジタルペインティングプロセスを1つずつひも解きます。各チュートリアルは、主な業界テクニックを幅広く理解するためにデジタルペインティングのさまざまな領域を解説します。どのチュートリアルも素晴らしいのですが、すぐにペイントを始めたい場合は、最初のチュートリアルをお勧めします。ここから学べば、それ以降のチュートリアルの基本的な理解につながります。学習内容は、「カスタムブラシの作り方」「写真を使用してイメージに素早い本物らしさを出す方法」そして「手描きスケッチやテキストなど多種多様な要素を活用して、作品に統一感を出す方法」などです。

Riot 02は、Markusがアートの新しいアイデアを模索した試験的作品です

© Markus Lovadina

プロのチュートリアルでは、ペインティングプロセスを1歩ずつ説明します

注意点

ファイルパス

これらのパスは、特定のコマンドにたどり着くのに必要なメニューオプションを示します。プロセスをこなすとき見つけやすいように、太字のカラーフォント表示になっています。例えば、[コピー] 機能を使うように指示された場合、**[編集] > [コピー]** とファイルパスで記載されます([コピー]機能が[編集]メニューにあります)。

ショートカット

ショートカットを使って、実行する1つ1つのタスクを高速化すると、時間の節約につながります。 これらは本書を通じて太字テキストで記載され、＋ 記号は２つ以上のキーを同時に使用することを意味します。例：**[Ctrl]＋[C]キー**

プロセス図

頻繁に使用される複雑なプロセスは、その横に図で示されています。 これはその機能を実行するのに必要な手順を簡単に表したものです。 こういった図は必要なときにいつでも参照できるので、作業中に手順を素早く思い出せます。もし、ある機能がうまくいかなかったら、手順をたどり直すのにプロセス図を使用するとよいでしょう。小さいけれども重要なステップを抜かしていることもあります。

プロのヒント

本書では、Photoshopを使うときや、プロのデジタルペインターとして働くときに役立つヒントが、所々に記載されています。これらのヒントは４種類のアイコンで示されています：

- ペンと紙：広く役立つアドバイス
- フォルダ：整理整頓のヒント
- ストップウォッチ：効率化のヒント
- ブラシ：アートやペイントのヒント

本書を通じてこれらのヒントに注意し、ワークフローを強化するための専門的な知識を獲得してください。

本書チュートリアルのサンプルページ

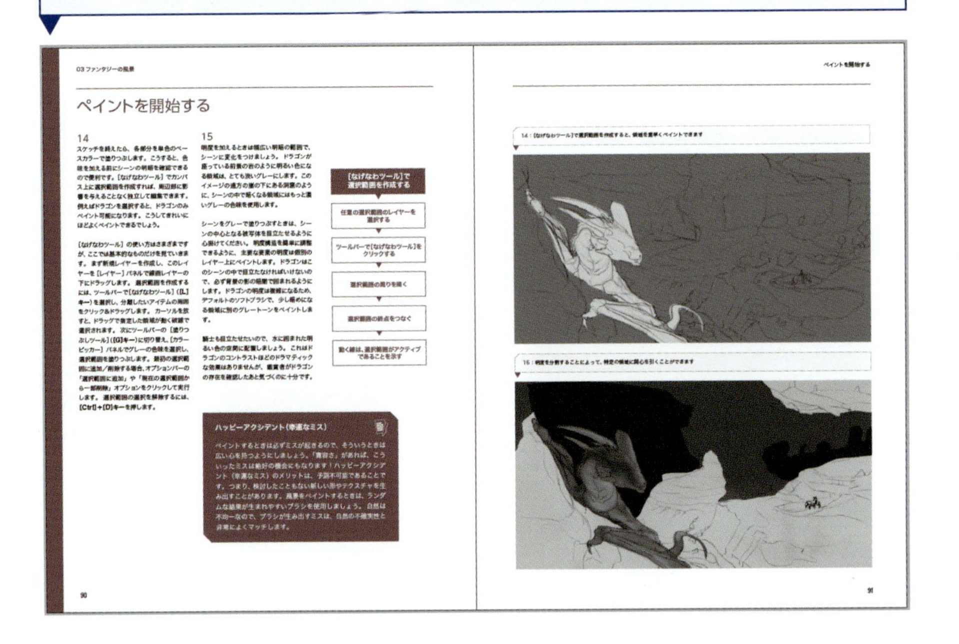

03 ファンタジーの風景

ペイントを開始する

14

スケッチを終えたら、各部分を単色のベースカラーで塗りつぶします。こうすると、色味を加える前にシーンの明暗を確認できるので便利です。[なげなわツール] でカンバス上に選択範囲を作成すれば、周辺部に影響を与えることなく独立して編集できます。例えばドラゴンを選択すると、ドラゴンのみペイント可能になります。こうしてきれいにほどよくペイントできるでしょう。

[なげなわツール] の使い方はさまざまですが、ここでは基本的なものだけを見ていきます。まず新規レイヤーを作成し、このレイヤーを [レイヤー] パネルで線画レイヤーの下にドラッグします。選択範囲を作成するには、ツールバーで[なげなわツール]([L]キー)を選択し、分離したいアイテムの周囲をクリック&ドラッグします。カーソルを放すと、ドラッグで指定した領域が動く破線で選択されます。次にツールバーの [塗りつぶしツール]([G]キー)に切り替え、[カラーピッカー] パネルでグレーの色味を選択し、選択範囲を塗りつぶします。最初の選択範囲に追加／削除する場合、オプションバーの「選択範囲に追加」や「現在の選択範囲から一部削除」オプションをクリックして実行します。選択範囲の選択を解除するには、[Ctrl]＋[D]キーを押します。

15

明度を加えるときは幅広い明暗の範囲で、シーンに変化をつけましょう。ドラゴンが座っている前景の岩のように明るい色になる領域は、とても淡いグレーにします。このイメージの遠方の崖の下にある洞窟のように、シーンの中で暗くなる領域にはもっと濃いグレーの色味を使用します。

シーンをグレーで塗りつぶすときは、シーンの中心となる被写体を目立たせるように心掛けてください。明度構造を簡単に調整できるように、主要な要素の明度は個別のレイヤー上にペイントします。ドラゴンはこのシーンの中で目立たなければいけないので、必ず背景の影の暗闇で囲まれるようにします。ドラゴンの明度は複雑になるため、デフォルトのソフトブラシで、少し暗めになる領域に別のグレートーンをペイントします。

騎士も目立たせたいので、水に囲まれた明るい色の空間に配置しましょう。これはドラゴンのコントラストほどのドラマティックな効果はありませんが、鑑賞者がドラゴンの存在を確認したあと気づくのに十分です。

[なげなわツール]で選択範囲を作成する
↓
任意の選択範囲のレイヤーを選択する
↓
ツールバーで[なげなわツール]をクリックする
↓
選択範囲の周りを描く
↓
選択範囲の終点をつなぐ
↓
動く線は、選択範囲がアクティブであることを示す

ハッピーアクシデント(幸運なミス)

ペイントするときは必ずミスが起きるので、そういうときは広い心を持つようにしましょう。「寛容さ」があれば、こういったミスは絶好の機会にもなります！ハッピーアクシデント（幸運なミス）のメリットは、予測不可能であることです。つまり、検討したこともない新しい形やテクスチャを生み出すことがあります。風景をペイントするときは、ランダムな結果が生まれやすいブラシを使用しましょう。自然は不均一なので、ブラシが生み出すミスは、自然の不確実性と非常によくマッチします。

90

ペイントを開始する

14：[なげなわツール]で選択範囲を作成すると、領域を素早くペイントできます

15：明度を分割することによって、特定の領域に関心を引くことができます

91

本書で使用されているヒントのアイコン

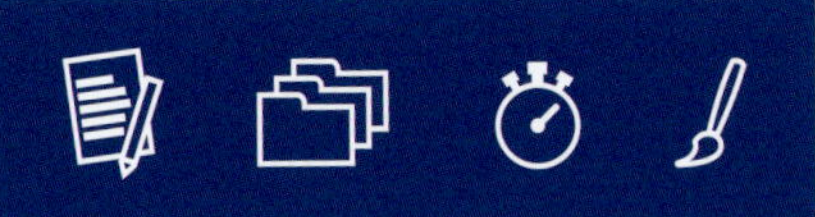

ダウンロードリソース

カスタムブラシなどのダウンロードリソースがあるときは、章の初めに以下のリソースアイコンがあります。 ボーンデジタルの書籍サポートページ：www.borndigital.co.jp/book/support または 3dtotalpublishing.com/resources をご参照ください。

ダウンロードリソースのアイコン

デジタルペインティング入門

01

デジタルペインティングとは?

MARKUS LOVADINA
アシスタントアートディレクター｜Deep Silver
artofmalo.com

Markus Lovadina (Malo)はエンターテインメント業界のアシスタントアートディレクター、フリーランス コンセプトアーティスト／イラストレーターです。彼はテレビゲームから映画、出版、グラフィックデザイン、CMに至るまで、20年にわたりいろいろなプロジェクトで経験を積んできました。

初めてのデジタルペインティングに取り掛かる前に、そもそも「デジタルペインティングとは何か」を理解することが重要です。本項ではデジタルペインティングの定義と目的、そしてクリエイティブ業界におけるデジタルペインターの役割を学びます。

デジタルペインティングとは「コンピュータとペンタブレットを使用してアートを制作すること」です。よくある誤解に、「伝統的なペインティングと同等であり、張りカンバスをデジタルで再現し、油絵や水彩画を直接模倣するペイント手法」と考えられていることがあります。つまり、実在の画材を使うときと同じプロセスやテクニックを用いて、イメージを制作するものと捉える人が多いのです。実際、デジタルペインティング制作に必要なテクニックは、もっと多様で複雑です。

独特の芸術性を持つデジタルペインティングはさまざまな方法でその分野を築いており、多くのプロのアーティストの働き方を変えてきました。いくつものブラシで色を重ねる、領域をマスクするなど、伝統的なペインティングで用いられる原則の多くは、確かにデジタルペインティングにも適用できます。しかし、個別レイヤーの使用、テクスチャの取り込み（写真など）、白黒変換を含め、イメージ制作にまったく新しい手法が取り入れられています。もしあなたが伝統的なメディアの経験しかなければ、「トーンカーブ」や「RGB設定」など見慣れないデジタルペインティングツールや用語に出くわすことでしょう。本書はこういった新しい仕事のやり方を丁寧に解説します。

このイメージは伝統的な手描きのブラシストロークに見えますが、実際にはデジタルでペイントされています

イラスト、テレビゲーム、映画業界がここ数十年で遂げてきた変化は、ある意味デジタルペインティングに起因します。制作現場ではすべてを迅速に行う必要があります。目まぐるしく変化する業界環境でやっていくために必要なことは、「イメージは短時間で修正可能である」「丁寧に作成されたキャラクターは交換可能である」「オブジェクトのサイズは拡大・縮小可能である」「ペインティングのあらゆる要素はできるだけ柔軟にする」などです。1枚の油絵を半日でまるごと修正しようとしたことはありますか？ 今日の業界で働く多くのプロにとって、デジタルペインティングが第1の選択肢となるのは、上記のような理由です。

本書で解説しているAdobe Photoshopは数ある市販の2Dデジタルソフトウェアパッケージの1つですが、確実で信頼できるデジタルペイントソフトとして長い歴史を持っています。その結果、ほとんどすべてのクリエイティブ業界でアーティストが使用する標準ソフトウェアとなっています。プロレベルでPhotoshopを使えるようになることは一見困難かもしれませんが、これは単なる制作ツールにすぎません。最初にどれほど複雑に見えても、必ず使いこなせるようになるでしょう。

業界におけるデジタルペインティングの目的

ほぼすべてのクリエイティブ業界（特に大規模な業界としてゲーム、映画、出版）では、視覚的な問題解決や出資者に向けてアイデアを視覚化するためにデジタルペインティングを利用します。言うまでもなく「百聞は一見に如かず」であり、それが制作費の削減につながればなおさらです！ 表紙イラストの作成、特定のコンセプトを監督に図で示す、あるいは制作チームのメンバーにゲーム環境を説明するのにも使用できます。大規模であれ小規模であれ、どんなプロジェクトにも視覚的に解決すべき問題が生じます。

デジタルペインターは、視覚的に問題解決できる人、ストーリーテラー、プロダクトデザイナーなど、さまざまな役割を担います。そして、プロジェクトに対して多大な影響力を持っています。監督やプロデューサーのアイデアの視覚化に大きな役割を果たすとともに、プロジェクトに独自のテイストやセンスを盛り込みます。アーティストによるプロップやキャラクター、あるいはシーン全体の描写が、アートディレクターや監督のアイデアを最終的に変えてしまうことだってあります。初期のコンセプトが映画やゲームに取り入れられるとは限りませんが、クリエイティブな対話のきっかけとなり得るのです。視覚的なコンセプトに携わる者として、あなたは常に自分独自のアイデアやテイスト、あるいは以前に見たことがあるものを（想像して）取り入れるチャンスがあります。

こういった業界でデジタルペインティングを行うときに直面する最大の相違は、「プロジェクトの開発に決まったルールが存在しないこと」から生じます。たとえ同じスタジオの制作でも、それぞれのプロジェクトの要求は異なります。また、業界によっても要件は異なるため、デジタルペインターが用いる手法もプロジェクトごとに変わります。したがって、各プロジェクトの要件にプロセスを適応させる方法を知っておく必要があります。

1枚のデジタルペインティングでも、ムードの表現や光の情報を伝えるなど、複数の目的に利用できます

© Markus Lovadina

Photoshopの汎用性

デジタルペインターへのリクエストは、細かい完成イメージの場合もあれば、非常にラフなコンセプトの場合もあります。その仕事は、背景・プロップ・キャラクターデザイン、あるいは既存イメージの修正まで多岐にわたります。デジタルペインティングでは、複数の既存イメージやテクスチャを使うこともあれば、手描きスケッチを基に伝統的なブラシストロークを模倣することもあります。これらはみな、Photoshopの汎用性のおかげで、素早く実行できるのです。その労働環境のペースは速く、締め切りは厳しいですが、これから説明するようにPhotoshopには視覚化プロセスを促進するワークフローがたくさんあります。

Photoshopでデジタルペインティングを行うもう1つの利点は、3Dソフトウェアで作成した要素を2Dのアートに組み込めることです。中級のデジタルペインターなら、Photoshopだけで十分かもしれません。しかし、3Dソフトウェアの知識とそのコンテンツをPhotoshopで使う方法を知っていると、仕事の精度は高まり、ワークフローの高速化につながるでしょう。上級アーティストはもっと複雑な仕事を要求されるため、Autodesk Maya、Fusion、The Foundry Modoなどの3DソフトウェアやNukeのような合成ソフトウェアの実用的な知識があると、既存のPhotoshopのペイントスキルを拡張できるでしょう。

高い信頼性を求められる多くのプロのコンセプトアーティストは、正確を期すために3Dソフトウェアでオブジェクトを作成してPhotoshopに送り、描きこんでから使用します。反対にPhotoshopで作成したテクスチャを書き出し、Pixologic ZBrushのようなソフトウェアで3Dモデルに（オブジェクトのマテリアルを通じて）適用することもよくあります。こういったことを3Dソフトウェアのみで実行する場合、汎用性において多くの制約があり、同様の結果を得るのに時間もかかるでしょう。このため、Photoshopで柔軟性と創造性を学ぶことは、あらゆる2D／3Dアーティストの強みとなるのです。

Photoshopを3Dソフトウェアと組み合わせて使用すると、高度なデジタルペインティングを制作できます

© Markus Lovadina

発展する職種

デジタルペインティングはクリエイティブ業界で最も急速に発展している分野の１つであり、技術の進歩とともに成長を続けています。 過去数年間だけでもそのプロセスは目覚ましい進歩を遂げ、実現できることは増え、完成作品の出来映えは向上しています。 写真編集の進歩は、デジタルペインターの制作手法や、多くのコンセプト／イラストのスタイルを変えました。Photoshopに3Dオブジェクトを読み込んだり、簡単なスケッチを基に高度なアートを作成したりできるようになった結果、デジタルペインティングの制作手法や業界での利用方法にも大きな変化が生じているのです。

デジタルペインターはバーチャルリアリティ（VR）の技術や、VRの装置を中心に展開されているプロジェクトにも関わり始め、没入型のコンセプトが制作されています。 このようにデジタルペインティングの可能性は無数に広がっています。 業界のニーズが増え、技術が進歩すればするほど、アイデアを表現する選択肢は増えていくのです。

こうしたクリエイティブな将来性や進歩は、すべて自分のニーズに合わせて学習し、習得することができます。 ここで重要なのは、使用するソフトウェアを理解できるまで学習し、練習することです。そうすれば直面するあらゆるクリエイティブな問題に対して、賢い解決法を見つけ出せるでしょう。

フォトバッシングテクニックの進歩とともに、コンセプトムードボードの見た目も大きく変わりました（詳細はP.140を参照）

© Markus Lovadina

計画的に作業する

デジタルペインターが従事している業界では、しばしば成果物を迅速に制作する必要があります。 その労働環境はペースが速く、締め切りが厳しいこともあるでしょう。 仕事量をこなしていくには計画的に作業しなければなりません。 後半で紹介するように、デジタルファイルを整理してわかりやすく名前を付けることは、ペインティングプロセスだけでなく、ファイルを制作プロダクションで使用する場面でも役立ちます。

ハードウェア ガイド

Photoshopを購入する前に、プログラムの実行に適したハードウェアとデジタルペインティング制作に必要なツールを必ず確認しましょう。ここでは一般的なハードウェア要件と、確認すべき重要なスペックを見ていきます。 マウスはデジタルペインティングに適していないため、本項ではペンタブレットや液晶タブレット、タッチペンの使用方法を解説します。

互換性のあるハードウェア

Photoshopでデジタルペインティングを制作するには、以下のものが必要です：

- ソフトウェアを実行できるWindows PCまたはMac
- WindowsやMacに接続できるペンタブレットまたは液晶タブレット
- 描画用の筆圧感知タイプのタッチペン

Photoshopは幅広いコンピュータプロセッサと互換性がありますが、必ずシステムに内蔵されているグラフィックスカードとの互換性を確認してください。 グラフィックスカードとの互換性がないと、ソフトウェアがクラッシュしたり、性能に問題が生じたりする可能性があります。 自分のコンピュータプロセッサとグラフィックスカードの適合性については、helpx.abobe.comのAdobe Help Center（Photoshopの必要なシステム構成）で確認できます。

他に確認すべき重要なことは、システムに十分なメモリとストレージがあることです。2GB 以上のメモリがあるシステムが適していますが、Photoshopをスムーズに実行するには 8GB のメモリが推奨されています。 プロとして作業する場合はさらに大容量のメモリが必要です。 スタジオ仕様には32GB（64GBであればなお良い）が推奨されています。

タッチペンを使用する

ドローイングとペインティングでは、自分の手や腕ができるだけ自然に動くことが重要です。 マウスは、アート制作の複雑なニーズに適していないため使いません。 マウスの代わりにタブレットとタッチペンで作業することは、デジタルペインターの業界標準になっています。

適切なハードウェアを用意すれば、作業中のソフトウェアの性能問題を避けられるでしょう

タブレットを使用する

ペンタブレット

ペンタブレット（グラフィックスタブレット）はコンピュータシステムに接続し、タッチペンの動きをPhotoshopに伝えるハードウェアです。 タッチペンとタブレットで作業すると、手の動きと画面上のマークをリンクさせながら、ドローイングやペインティングを実行できます。 手元の代わりに画面を見て作業するのは、慣れるまで時間がかかりますが、練習すればできるようになります。

タブレットやタッチペンの最新技術によって、ほとんど自然に描くことができます。 しかし、昔ながらの「紙とペン」でスケッチするのと比べた場合、やはり違いがあります。紙はペンタブレットと異なるふるまいをします。 例えば、紙は描いている線に応じて、クルクル回すことができます。 タブレットでその動きを再現する場合、Photoshopでカンバスを回転させますが、その反応時間は自然に回せる紙のスピードとは異なります。とはいえ、タブレットを使い込めば、ワークフローが自然なものになってくるでしょう。 多くのデジタルアーティストにとって、紙とペンで作業する伝統的な方法に最も近づけるためには、タブレットとタッチペンを使用して「手と目の連携」がうまくいくように練習するのみです。 ほとんどのペンタブレットはデジタルペインティングやドローイング専用であり、WindowsやMacに接続しなければ動作しません。

液晶タブレット

デジタルペインターの中には、ペンタブレットの代わりに液晶タブレットで作業する人もいます。 液晶タブレットはスタンドアロン型のドローイングツールとして動作し、タッチペンで画面上に直接描くことができます。したがって、液晶タブレットにはペンタブレットのような「手と目の連携」問題が起こりません。

ショートカット

Photoshop は Windows でも Mac でもきちんと機能しますが、キーボードショートカットは少し異なります。 本書には、Windows用のショートカットが記載されています。 これらのショートカットを Mac 用に変換するには、**[Ctrl] キー**の代わりに**[Command] キー**を、**[Alt] キー**の代わりに **[Option] キー**を使用してください。

液晶タブレットには、描いたマークがそのまま画面に映し出されます

© Amanda Jolly

ペンタブレットには、描いたマークを表示する画面がありません

© Kacey Lynn

どのオプションにすべきか？

タブレットを選ぶときに考慮すべき最も重要なポイントは「どのような環境で使用するか」です。 オプションは数多くあり、サイズ・機能・筆圧感知レベルなどさまざまです。タブレットを使用する際のスペース、自分のキャリアや趣味に投資する金額などを考慮してください。 伝統的な手描きアートからデジタルアートに転向する場合は、液晶タブレットの方が使いやすいかもしれませんが、一般的にペンタブレットよりも高額です。覚えておいてほしいのは、「経験豊かで熟練したアーティストは、どんなに基本的な道具でも素晴らしいアートを制作できる」ということです。

正しい機材の選択がカギ

初心者に最高品質のハードウェアは必要ないものの、プロのデジタルペインターを目指しているなら、手元に正しい道具があることが重要です。 それらがより専門的で、自分の仕事のやり方にふさわしいほど、プロ並みのワークフローと完成イメージを構築する能力が高まります。 まだデジタルペインターとしてのキャリアを求めていなければ、より低コストのオプションで徐々に慣れていくとよいでしょう。

仕事のやり方は千差万別で、ハードウェアの好みは人それぞれです。 どれが正しい買い物かを判断するうってつけの方法は、購入前にその道具を真剣に試してみることです。 ペンタブレットや液晶タブレットを使う機会があれば、必ず試してください。 ハードウェアを直接試すのが難しいなら、ネット上に幅広いレビューが載っています。YouTubeなどのサイトには（他のデジタルペインターによる）ハードウェアに関する詳しいレビュー動画もあります。

もし「手と目の連携」に自信がなければ、ブラシストロークを目の前で視覚的・物理的に体感できる「液晶タブレット」の方が使いやすいかもしれません。 ただし、高額の投資なので、多くの人にとって、液晶タブレットでデジタルアートを始める可能性は低いでしょう。 実際に、タッチ式のペンタブレットから液晶タブレットに移行する人がほとんどです。

デュアルモニター

プロのデジタルペインターが作品を制作するとき（特にスタジオ環境であれば）、2台以上のモニターを使用することも珍しくありません。 こうするとデジタルカンバスに割り当てられたスペースを広く使え、Photoshopインターフェイスの配置をわかりやすい並びで拡張できます。 また、2台めのモニターは、作業中に重要なリファレンス画像を表示させておくのにも使用できます。

複数のモニターや多種多様のハードウェアで作業すると、デジタルアート制作に最大限の柔軟性が生まれます

優先順位を考慮する

高価なハードウェアの購入を決める前に、「デジタルペインティングを学ぶことで自分が何を得たいのか」をじっくり考えてください。 デジタルペインティングでPhotoshopを定期的に使用するキャリアを築きたいなら、高額なハードウェアの購入は価値ある投資になるでしょう。 なぜなら、クライアントのために一流のイメージを制作するには、高性能の機材が必要だからです。 もしこの分野の追求に確証が持てない、あるいはデジタルペインティングを趣味にしたい場合は、もっと安価で性能が低く、互換性のあるハードウェアを購入するか、中古の機材を手に入れるとよいでしょう。 Photoshopの大きな利点は幅広いユーザーに使いやすくデザインされていることです。 つまり、作業するために最新の高性能ハードウェアを用意する必要はありません。

ソフトウェア ガイド

Photoshopは非常に強力なツールです。唯一の限界はユーザーの創造力であり、どのツールを使用するかは自分次第です。世の中にはたくさんの手法やオプションがあるので、あとはそれらを組み合わせてPhotoshopの新しい使い方を生み出すだけです。本項ではPhotoshopを初めて手に入れたときに利用できるいろいろなオプションと、最新版のソフトウェアを利用する意義について解説します。

パッケージ

Photoshopを手に入れるには、Adobeからサブスクリプションを購入します。サブスクリプションのオプションには、購入者のニーズに合わせてさまざまなソフトウェアプランが用意されています。自分にぴったりのプランは関わっているプロジェクト、業界の要件、予算によります。購入前に自分の目的をよく考え、目標達成に必要なことを分析しましょう。

まったくの初心者なら、最も習いたいこと、そして許容できる出費額に基づくでしょう。学生であれば、コースガイドや講師が必要なソフトウェアについて助言してくれます。デジタルペインティングの仕事を始める人であれば、購入できる範囲で最も総合的なサブスクリプションが必要になるでしょう。

通常、プロのデジタルペインターに最もふさわしいのはCreative Cloud コンプリートプランです。このプランにはPhotoshop CCやその他のAdobeアプリケーションがすべて含まれるため、さまざまなアプリケーション間を行き来できます。つまり、IllustratorでロゴをデザインしInDesignでデカールのグラフィックデザインを行い、Photoshopで全体を仕上げることが可能になります。さらに、UIアーティスト（テレビゲームのユーザーインターフェイスアセットを取り扱うアーティスト）にとって便利なフォントライブラリ「Adobe Typekit」も使用できます。イラストレーター、コンセプトアーティスト、グラフィックデザイナー、VFXアーティスト、アートエディターなど複合的に作業する人にとって、Creative Cloud コンプリートプランは最善の選択肢です。

Adobeはいくつかのパッケージとサブスクリプションオプションを提供しています

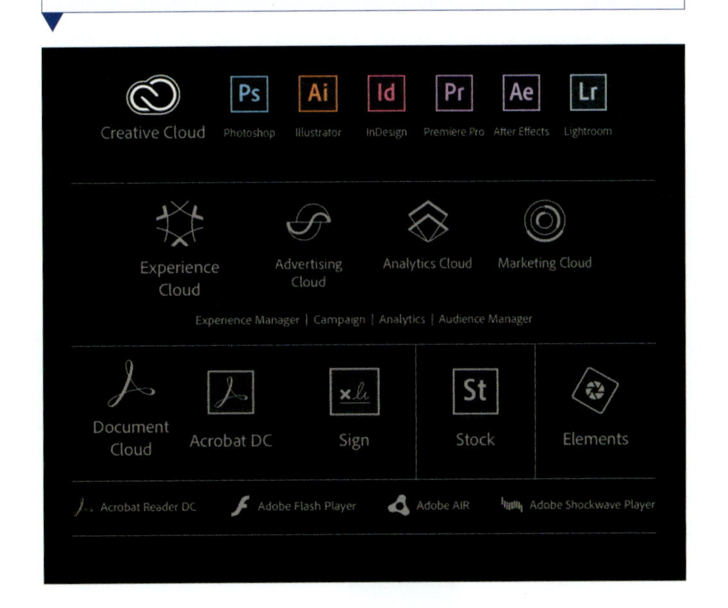

また、Adobeのサイトでは単体のソフトウェアプランを選択するオプションもあります。しかし、単体のプランはパッケージのサブスクリプションと比べると比較的高価なことがあります。デジタルペインティング、写真、あるいはレタッチだけに専念するつもりであれば、Creative Cloud フォトプランが現実的な選択です。

サブスクリプションを購入することは、そのソフトウェア製品を使用するライセンスを購入することなので、購入時にライセンスの条件をしっかりと読みましょう。ソフトウェアパッケージの調達にはadobe.comを利用し、合法なソフトウェアを購入していることを確認してください。

Photoshopの体験版

Photoshopを試したいなら、期間限定の体験版でその機能やツールを使用できます。体験版ではPhotoshopにじっくり慣れる時間はありませんが、自分に合っているか否かを試すには十分でしょう。

Photoshopの体験版はadobe.comでダウンロードできます。

バージョン

Photoshopの旧バージョンで作業しても、高品質のアートを制作する能力に支障はありません。多くのプロのアーティストは今日でも旧バージョンを使用していますし、その品質は低くありません。しかし、最新版で作業すると便利なことがあります。

一般的にPhotoshopの最新版で作業する最大の利点は、通常のワークフローをさりげなく強化できることと、大容量ファイルを処理できることです。業界で働く場合、締め切りがタイトに決められているため、スピードは最も大切な要因です。最新版で作業するとワークフローの選択肢が増えるので、プロセスがより簡単かつ効率的になります。Photoshopは、自分の要件やニーズに合わせてカスタマイズできます。

旧バージョンでは、高解像度のレイヤーをたくさん使ったペインティング作業が難しいケースもあります。ソフトウェアは動くものの、ファイルサイズを制限して定期的に保存することを気にかけなければいけません。Photoshop CCでは多くレイヤーを使用でき、自動保存してくれます。もしクラッシュしても、ファイルの最新のブラシストロークを復元できる可能性が非常に高いでしょう。また、システムをアップデートする際に互換性を気にする必要がありません。現在のPhotoshopで作成した既存のファイルは、新しいバージョンでも確実に互換性があります。

アップデートの利点

Photoshopは1年を通じて複数のソフトウェアアップデートがあります。これらはわかりやすく、プロセスの適応も簡単です。たとえシンプルなアップデートでも、Photoshopの機能を大幅に改善することがあります。Creative Cloudの購入者は無料でアップデートを受け取り、リリースと同時に利用可能です。

Adobeは常にソフトウェアをアップデート・改善しているので、熟練のプロでもPhotoshopの習得は進行中のプロセスです。しかし、こういった改善はワークフローに磨きをかけるとともにアーティストとしての成長を助けます。またアップデートのおかげで、ソフトウェアはデジタルペインターにとって大幅に使いやすくなります。

使用しているバージョンにかかわらず、Photoshopのワークスペースはどれも似たような見た目になります

パネルはバージョンによって少しだけ見た目が変わりますが、機能は同じです

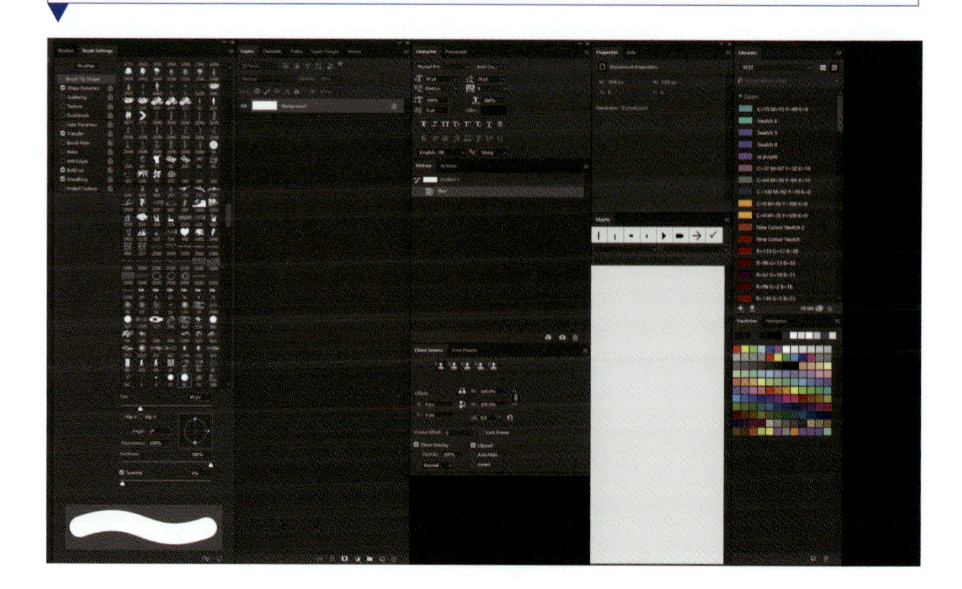

プラグイン

プラグインは、標準のソフトウェアに追加できるアプリケーションです。通常のプラグインは開発ベンダーが作成するものではなく、ソフトウェアの主な使い方とは異なる特殊なタスクを実行します。Photoshopはもともとフォトグラファーのために開発されましたが、長い間デジタルペインターに広く愛用されているため、デジタルペインティング向けのプラグインがネット上にたくさんあります。

Photoshopのデジタルペインティングでとりわけ便利な2つのプラグインが、[Anastasiy] パネルと [Perspective Tools v2] です。ダウンロード可能な[Anastasiy]パネル(anastasiy.com/panels)は、素早く直感的なツールです。特に「MagicPicker」と「MixColors」パネルは、色を素早く選択・ミックスするときに便利です。「Perspective Tools v2」(gumroad.com/I/MESI)は、パースのグリッドを素早く作成できるツールです。これによりお好みのパースでレイヤーを変形し、パースの歪みを元に戻すことができるので、サーフェスのペイントがぐっと楽になります。

Photoshopの数多くの利点の1つに、特定のプラグインがなくてもアクションを作成し、複数の要素、パレット、スクリプトなどをカスタマイズする機能があります。時間さえかければ独自のツールセット、スクリプト、アクションなどを作成し、時間を節約して将来のワークフローを促進できるでしょう。これにはPhotoshopを熟知する必要がありますが、定期的に使用していれば知識は深まっていきます。Photoshopを長く使用して、不満を抱く部分やワークフローで時間がかかる部分に気づいたら、関連プラグインを探すことをお勧めします。

プラグインのインストール

Adobeのウェブサイト(adobe.com)からAdobe Extension Manager CCをインストールします。Extension Managerを使うと、プラグインを含む拡張機能を簡単にインストール／削除できます（すでにインストールしている場合はバージョンが最新で、Photoshopのバージョンと一致していることを確認します）。Extension Managerをインストールしたら、Adobeと互換性がある多くのプラグインライブラリAdobe Exchangeのウェブサイト(adobeexchange.com)で拡張機能を閲覧してください。ネット上を検索してプラグインを探すこともできますが、必ず安全なサイトからダウンロードしましょう。

ダウンロードしたプラグインファイルをダブルクリックすると、画面上の指示とともにExtension Managerの新規ウィンドウが表示されます。Extension Managerがすでに実行されている場合はトップバーに進み、**[ファイル] > [拡張機能をインストール]**（**[Ctrl]+[O]キー**）を選択してください。プラグインがインストールされたら、Extension Managerの下部に表示されます。

安全性を保つ

プラグインをダウンロードするときはコンピュータの安全性に気を配りましょう。ウィルスのダウンロードを避けるにはプラグインのレビューを検索し、ソースの信頼性を確認してください。プラグインは必ずそのソフトウェア作成者の公式ウェブサイトから直接入手し、ダウンロードする前にその有効性を検討しましょう。

Extension Managerでプラグインのインストールと削除を簡単に行えます

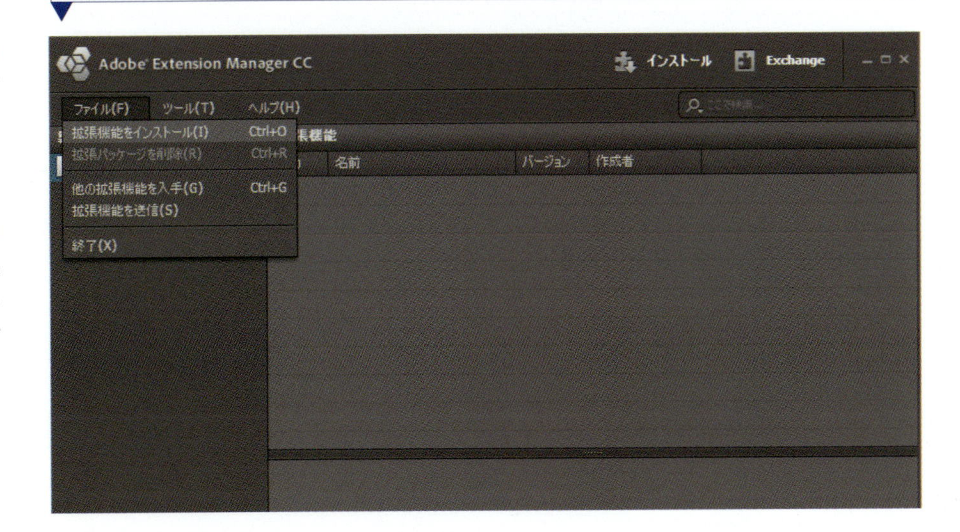

PHOTOSHOP 入門

© Markus Lovadina

02

Photoshopのインターフェイス

どんな新しいソフトウェアでも、最初は操作に慣れるまで時間がかかるものです。特にPhotoshopのインターフェイスは、個人的なニーズへの合わせ方も含め、時間をかけて慣れていくとよいでしょう。本書で習得するアクション、パネルの配置、そして多くのショートカットは、仕事のやり方に合わせてカスタマイズできます。ここではインターフェイスのセットアップと、それを利用して独自の直感的なワークスペースを構築する方法について解説します。これによってツールをあちこち探すことなく、コンセプトアートやイラストに専念できるでしょう。

初めてPhotoshopを開く

Photoshopを初めて開いたとき、表示される内容はほとんどありません。最初の画面では、カンバスの「新規作成」と既存イメージを「開く」から選択できます。上部には「ホーム」と「学ぶ」の2つのオプションも表示されています。[ホーム]で最近使用したものを選択することができます。一方、[学ぶ]にはチュートリアルやトレーニングファイルがあります。これらは一般的にフォトグラファーやフォトエディターのニーズに焦点を当てています。では、デジタルペインティングプロジェクトを開始しましょう。

最初のカンバスを作成するため[新規作成]オプションをクリックすると、プロジェクトの種類に応じたさまざまなオプションを含むポップアップウィンドウが表示されます。利用可能なオプションには[写真][印刷][アートとイラスト][Web][モバイル][フィルムとビデオ]があります。すべてのプリセットには、幅・高さ・解像度・カラーモード・カンバスカラーなど、必要なフォーマットの種類に関連する情報が含まれています。

もしこれらのプリセットがあなたのニーズに合わなければ、必要な設定を[プリセットの詳細]フィールド(図01)に手入力してカスタムのカンバスを作成できます。調整できるオプションは次のとおりです。

カンバスサイズ

[新規ドキュメント]ウィンドウで、カンバスの[幅]と[高さ]を選択できます。特定のサイズで印刷するイメージを作成する場合、「インチ」や「ミリ」など標準の測定単位を使用します。印刷したり、特定のサイズに合わせたりする必要がないなら、希望する解像度に十分な大きさとなるよう、ピクセルでカンバスサイズを指定してください(1,200 x 1,200ピクセルなど)。

解像度

イメージの[解像度]は視覚品質を決定します。このおかげでギザギザにピクセル化するのを避けることができます。72dpiなどの低解像度は、モニターなど画面上だけで見るイメージに向いています。印刷イメージには、少なくとも300dpi以上の高解像度をお勧めします。

カラーモード

Photoshopには、RGB(レッド/グリーン/ブルー)やCMYK(シアン/マゼンタ/イエロー/ブラック)を含むさまざまなカラーモードがあります。RGBは光によって生成される色に依存しており、画面上で見るイメージに最適です。CMYKはインクで生成される色を表すため、印刷用のイメージに適したカラーモードです。

カンバスカラー

[新規ドキュメント]ウィンドウの[カンバスカラー]セクションでは、カンバスの色に、白、黒、またはカスタムの背景色を選択できます。明るめ、または暗めの背景で作業したい場合に便利です。

お好みのカンバスができたら[作成]をクリックしましょう。これでPhotoshopのワークスペースが表示されます。

01:[プリセットの詳細]オプションは、新規カンバスを作成するときに有効です

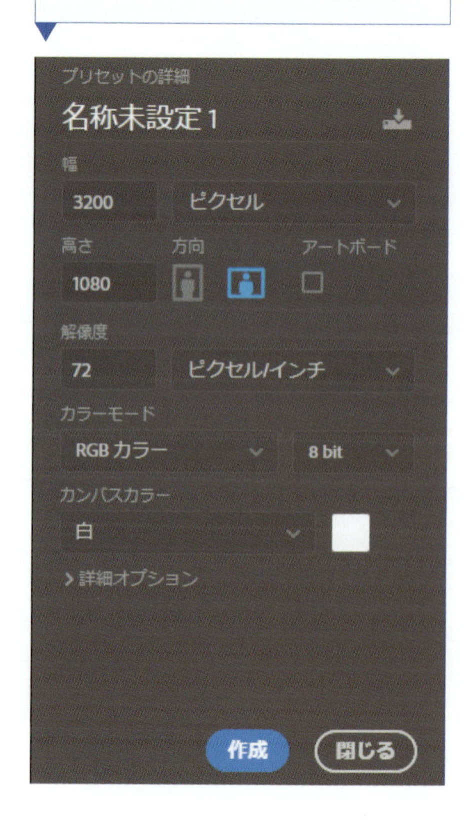

ワークスペース

基本的なワークスペースはおおまかに４つの領域に分けられます。

- **上部のトップバーとオプションバー**
- **左側のツールバー**
- **右側の情報やオプションを含むパネル類**
- **中央の作業カンバス用のスペース**

ワークスペースの配置は、自分の具体的なニーズや好みに大きく左右されます。 それは、実世界の作業机の状態やペイントするときのスペースに似ています。 効率化するには、どのツールを近くに置きますか？ スペースを散らかさないためには何を片づけますか？

Photoshopで作業するときも、同じような質問を自分に問い掛ける必要があります。配置空間の多いデュアルモニターのセットアップでペイントするのが理想的でしょう。例えば、左側のモニターにカンバスを表示し、右側のモニターにオプションパネルをすべて配置することができます。

プリセットのワークスペース

Photoshopで最初に開くデフォルトのワークスペースは［初期設定］です。本書では教育の目的上、この［初期設定］ワークスペースで解説します。 しかし、今後使用するかもしれないプリセットのワークスペースオプションは他にもあります。 これらのオプションは［3D］［グラフィックとWeb］［モーション］［ペイント］［写真］です。

プリセットのワークスペースを素早く変更するには、右上隅にあるモニターの形をしたアイコンをクリックします（図２の黄色の枠）。 するとプリセットオプションを含むメニューが表示され、ワークスペースの表示方法を変更できます。

ワークスペースは種類ごとにセットアップが異なり、例えば［グラフィックとWeb］ワークスペースは文字とフォントに重点を置く一方、［ペイント］ワークスペースはブラシと色に重点を置きます。［初期設定］ワークスペースよりも、これらのワークスペースの方があなたのワークスタイルに合うかもしれません。

次のセクションではPhotoshopの基本機能に慣れるため、［初期設定］ワークスペースの主な要素をそれぞれ見ていきましょう。

02：空白のカンバスとパネルを含む基本的なワークスペースの例。黄色でハイライトされている箇所をクリックすると、プリセットのワークスペースを変更できます

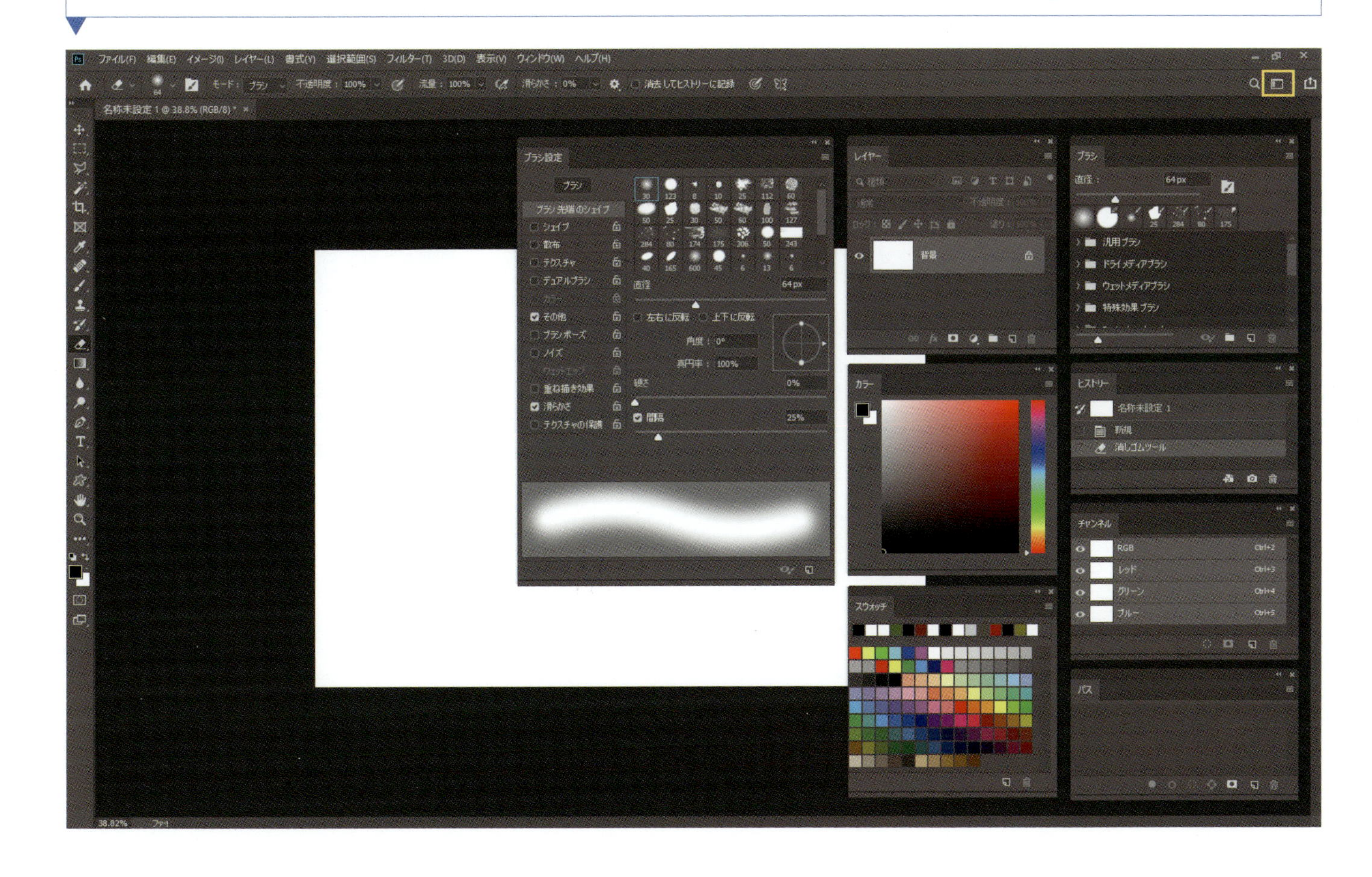

トップバー

トップバーはその名のとおり画面の１番上、Photoshopのロゴの隣にあります。ここにはワークスペースやさまざまな機能を操作する主要なメニューがあります。

トップバーのオプションは次のとおりです。

- ファイル
- 編集
- イメージ
- レイヤー
- 書式
- 選択範囲
- フィルター
- 3D
- 表示
- ウィンドウ
- ヘルプ

トップバーのオプションを１つクリックすると、ドロップダウンメニューに多くのサブオプションが表示されます。そして各メニューオプションの隣には、それぞれのアクションに割り当てられたショートカットがあります。 つまり、トップバーで同じオプションを繰り返し使用する場合、時間をかけて関連する情報を探す代わりに、既存のショートカットを使用できます。これは最終的にワークフローを大幅に高速化してくれるでしょう。ショートカットについてはP.33を参照してください。

03：他の多くのソフトウェアに見られるメニューのように、トップバーではインターフェイスの一般的な操作を行います

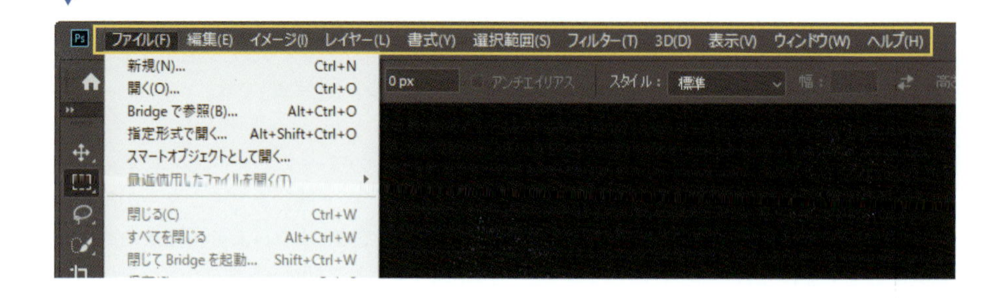

オプションバー

トップバーのすぐ下に、横長のオプションバーがあります（図05）。ツールバーで選択した各ツールの効果を修正・変更するときに、関連情報や機能オプションに素早くアクセスします。 ここでは、使用しているツールに関するさまざまな情報が見つかります。例えば［グラデーションツール］のオプションバーには［グラデーションタイプ］［方向］［モード］［不透明度］など、選択可能なオプションの具体的な設定が表示されます。

ペイントで使用する［ブラシツール］には、面白いオプションがあります。選択すると、オプションバーに利用可能なブラシタイプ、サイズ、ブラシの描画モード、不透明度、流量に関する情報が表示されます（詳細はP.47を参照）。

また、ブラシストロークの滑らかさに関する情報や、よく使うツールを保存できる［ツールプリセット］パネル（オプションバーの１番左のアイコン。 選択したツールによって変化します）へのクイックアクセスリンクもあります（図04）。もし、同じツール設定やカスタム情報をオプションバーに繰り返し入力しているなら、このパネルに保存しておくとよいでしょう。

このようにオプションバーを一目見ただけで、ツールバーの各ツールに関する最も重要な情報がわかります。 そして、素早い調整機能やカスタムツールプリセットの作成によって、時間の節約にもなります。

04：オプションバーの［ツールプリセット］パネル

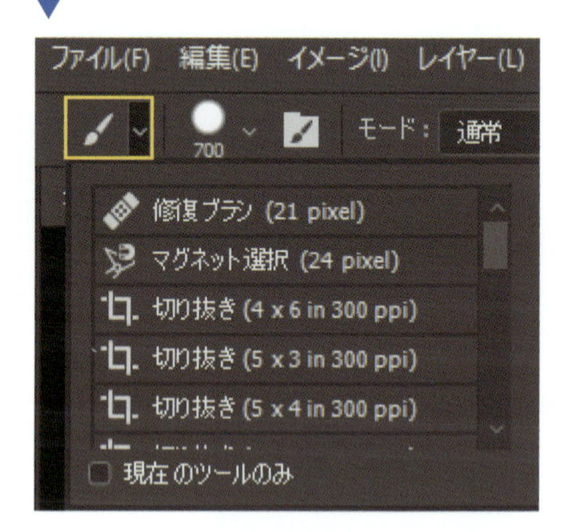

05：オプションバーで、選択したツールの必要な情報をすべて入手できます。ここでは［ブラシツール］オプションが表示されています

ツールバー

ワークスペースの左側にある縦長のツールバーは、作品制作に必要なツールを選択する場所です。 デジタルペインティングにおいて、最も重要なパネルと言ってよいでしょう。図06のように、ツールはグループごとに分類されています。 言わば整頓された作業台です。

ツールアイコンの隣（右下隅）に小さな三角形が付いています。 これはそのセットに複数のツールがあることを示し、クリックして長押しするとアクセスできます。そのグループの他のツールオプションを示すポップアップメニューが表示されたら、クリックして選択しましょう。

例えば、[ぼかしツール] アイコンをクリックして長押しすると（このツールの詳細はP.40を参照）、[シャープツール]または[指先ツール] を選択するポップアップメニューが現れます。 同じグループに属するツールは、プリセットのキーボードショートカットも同じです（[塗りつぶしツール] も [グラデーションツール] も **[G] キー**を使用）。これらのショートカットは必要に応じてカスタマイズし、差別化することも可能です。

ツールバーを編集する

ツールバーを個人的なペイントワークフローに合わせて編集し、順番を変更することもできます。 まず 3 つの点のアイコンを長押しして「ツールバーを編集」を選択すると、現在のツールバーの配置を示すポップアップウィンドウが現れます。 次にウィンドウ内の個々のツールをドラッグ&ドロップして、ツールの配置変更やグループ分けを行います。 満足したら [完了] を押しましょう。 この方法でツールのレイアウトを完全にコントロールできます。

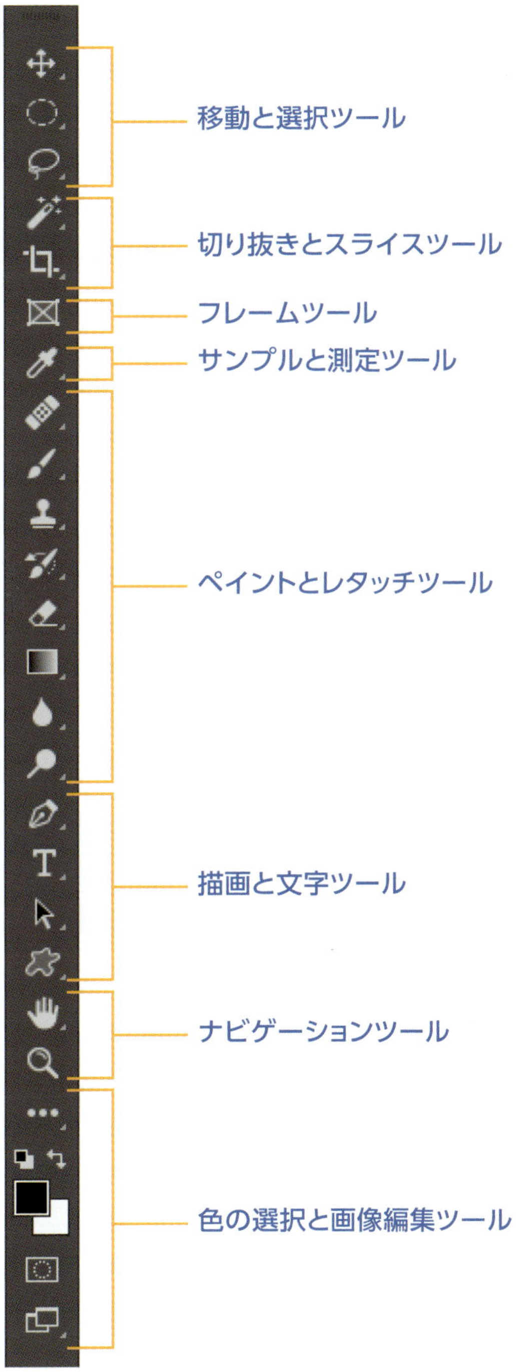

各ツールの詳細は
P.34～45をご覧ください

06：ツールバーはデジタルの作業台です。きちんと整頓され、自由に設定することができます

[レイヤー]パネル

ワークスペースの右下隅にある［レイヤー］パネルは、Photoshopのワークスペースの中でも重要な要素です。レイヤーについてはP.54～63で詳述するので、ここではその概要を説明します。レイヤーは１枚１枚のトレーシングペーパーのようなもので、互いに重ね合わせると１つのシーンに奥行きを生み出すことができます。例えば、空のレイヤーが１枚、中景レイヤーが１枚、前景レイヤーが１枚あるとしましょう。これらの要素がすべて別レイヤーにあれば、残りのシーンに影響を与えずそれぞれを移動・修正できるため、プロのワークフローで高速化と効率化につながります。

［レイヤー］パネルはレイヤーの選択と整理を行う場所です。各レイヤーのサムネイルをクリックしてレイヤーを選択し、パネル下部にある「新規レイヤーを作成」（折り目の付いた紙のアイコン）をクリックして新規レイヤーを追加します。また「新規グループ」（フォルダアイコン）をクリックしてグループを作成し、いくつかのレイヤーをその新しいグループフォルダにドラッグすると、レイヤーをグループ化できます。

パネル内でレイヤーやレイヤーグループを上下に移動し、要素同士の上下関係を変更することもできます。各レイヤーとグループの隣にある目のアイコンで表示をオン／オフすると、加えた変更の影響をテストするのに便利です。さらに、描画モード、不透明度、フィルターなどで、個々のレイヤーを修正できます。

レイヤーによっては、追加されたときにロックされるものもあります（テキストレイヤーなど）。これは鍵のマークで示され、そのレイヤーを編集するには追加の操作が必要です（カギのマークをゴミ箱にドラッグ）。

レイヤーについての詳細は
P.54～63をご覧ください

［レイヤー］パネルで作成されたレイヤーやレイヤーグループの例

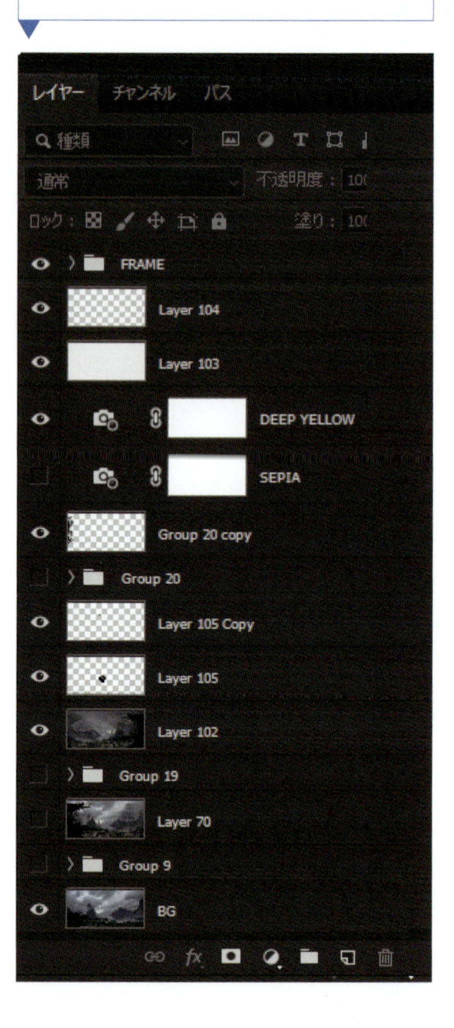

[チャンネル]パネル

［チャンネル］パネルは［レイヤー］パネルの隣にあります。［レイヤー］パネル上部にある「チャンネル」タブをクリックしてアクセスします。このパネルは、イメージの色の構成を示しています。例えば、RGBカラーモードで作業している場合、完全なRGB構成のチャンネルサムネイル、レッドチャンネル、グリーンチャンネル、そしてブルーチャンネルが表示されます。

チャンネルサムネイルは白黒で、それぞれのカラーチャンネルの「明度構成」を示します。１つのチャンネルを選択して、［レベル補正］や［トーンカーブ］で明度を修正できるため、コントラストを集中的に増減させたいときに役立ちます。チャンネルは目のアイコンで非表示にしたり、右クリックで複製したりできます。写真加工に関連するチャンネルの使い方の詳細は、P.164～165を参照してください。

CMYK合成の［チャンネル］パネル

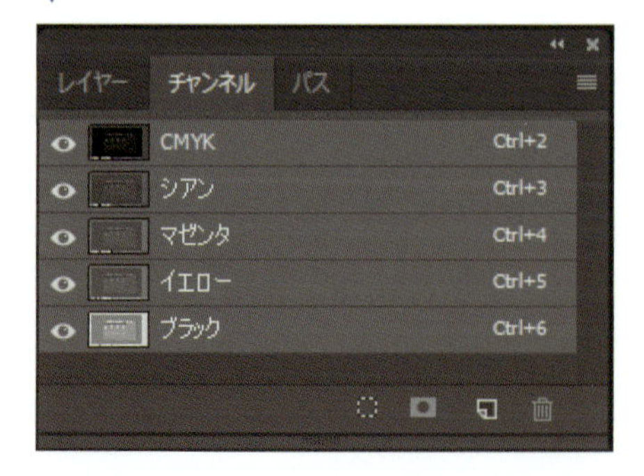

[パス]パネル

[パス] パネルは [レイヤー] パネルと [チャンネル] パネルの隣にあり、**[ウィンドウ] > [パス]** をクリックしてもアクセスできます。「パス」とは調整可能な線のことで、[ペンツール] などを使って作成します。[パス] パネルでその線は作業用パスとして表示され（パネルに表示されるのは、1 度に 1 つの作業用パスのみ）、パネル下部のアイコンを使うとさまざまな方法で変更できます。[パス] パネルを必要とするのは、主に [ペンツール] (P.35) や [カスタムシェイプツール] (P.41) を使用するときです。

[パス]パネル

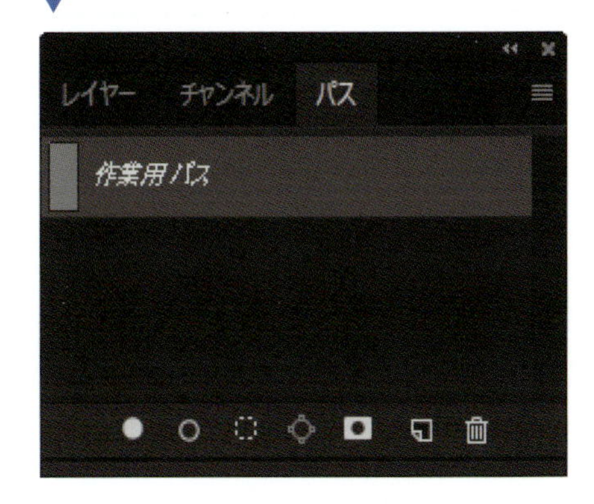

[ブラシ]パネルと[ブラシ設定]パネル

ワークスペースの右側にあるブラシ関連のアイコンをクリックして、[ブラシ] パネルと [ブラシ設定] パネルにアクセスできます（アイコンが見つからないときは **[ウィンドウ] > [ブラシ]、[ブラシ設定]**）。

[ブラシ]パネル

[ブラシ]パネルでは、保存したブラシやプリセットブラシに素早くアクセスできます（選択ツールが切り替わります）。[ブラシ] パネルに保存したブラシの1つをクリックすると、ツールが[ブラシツール]に切り替わります。

[ブラシ設定]パネル

[ブラシ設定]パネルは、[ブラシツール] [指先ツール] [覆い焼きツール] などのペイントツールを選択したときにアクセスできます。その名のとおり、このパネルでは「テクスチャ」「ブラシストロークのノイズレベル」「タッチペンの筆圧に対するブラシの反応」など、具体的なブラシ設定を変更します。

各ブラシ設定の横にあるチェックボックスをクリックすると、ブラシに適用される設定（およびサブ設定）が選択されます。そして設定の名前をクリックすると、パネルの表示がサブ設定に切り替わります。一般的なサブ設定に「ブラシ先端のサイズ」「ブラシのマークやテクスチャのストローク内の間隔」「タッチペンをカンバス上で動かしたときにブラシストロークが適用される角度／方向」「適用するブラシストロークのジッター」などがあります。これらによってより細かくブラシを設定すれば、希望どおりのブラシストローク効果を得られるでしょう。

[ブラシ]パネル

[ブラシ設定]パネル

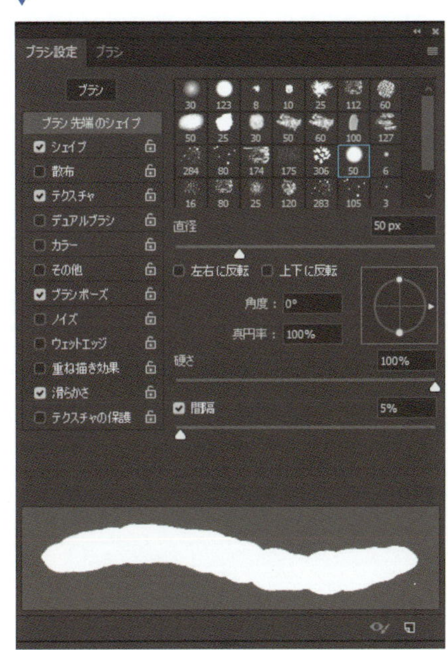

[カラー]パネルと[スウォッチ]パネル

Photoshopで色を選択する方法はいくつかあります。 ワークスペースの右側にある[カラー] パネル(絵の具のパレットのアイコン)は、ペイントするときに色を確認・選択する手段です。 右側のカラースペクトルバーをクリックして「色相」を選択し、四角形のカラーフィールドの一部をクリックすると具体的な「色」を選択できます。

[カラー] パネルの下に [スウォッチ] パネル(グリッドのアイコン) があります。 これをクリックして開くと、過去に選択した色が列(スウォッチ)として表示されます(最初にPhotoshopを開いたときは空です)。1番上の列が最近選択した色で、同じ色を何度も選択できます。

[カラー] パネルの左上には現在の描画色と背景色を示すアイコンがあります。 デジタルペインターにとって背景色はそれほど重要ではありません。しかし、描画色は[ブラシツール]や[塗りつぶしツール]などを使用するときに適用される色なので、とても重要です。

色を選択する

[カラー] パネルと [スウォッチ] パネルに加え、[カラーピッカー]や[スポイトツール]でも色を選択できます。 ツールバーの下には現在選択されている色のプレビューが示されています(最初にPhotoshopを開いたときは、描画色が黒です)。 選択色を変更するには、ボックスをクリックして [カラーピッカー] ポップアップウィンドウを開きます。Photoshopを閉じてから再び開くと、最後に選択した色になっています。

[カラーピッカー] ウィンドウが開いたら、スペクトルバーとカラーフィールド内から新しい色を選択できます。 カーソルをカラーフィールドの上に移動すると「円」に変わり、カンバスの上に移動すると「スポイト」に変わります。[スポイトツール] は既存のイメージから色を選択(サンプル)します。新しく選択した色は[カラーピッカー]ウィンドウで[新しい色]として表示されるので、この色が正しければ [OK] を押して選択を確定します。[スポイトツール] の詳細についてはP.41を参照してください。

取り消しオプション

デジタルペインティングで最も役立つ機能の1つは(特に学習を開始して間もない頃であれば)、[取り消し]オプションです。 もしイメージにブラシストロークや修正/追加/変更を加えて気に入らない場合は、**[Ctrl] + [Z] キー**を押すだけでその効果を削除できます。 やり直す場合は、**[Ctrl] + [Shift] + [Z] キー**を押してください(※旧バージョンでは、**[Ctrl] + [Z] キー**でプロセスを1段階戻します。 操作を何段階も取り消す場合は、**[Ctrl] + [Alt] + [Z] キー**を押してください)。

[カラー]パネルと[スウォッチ]パネル

[カラーピッカー]ウィンドウ

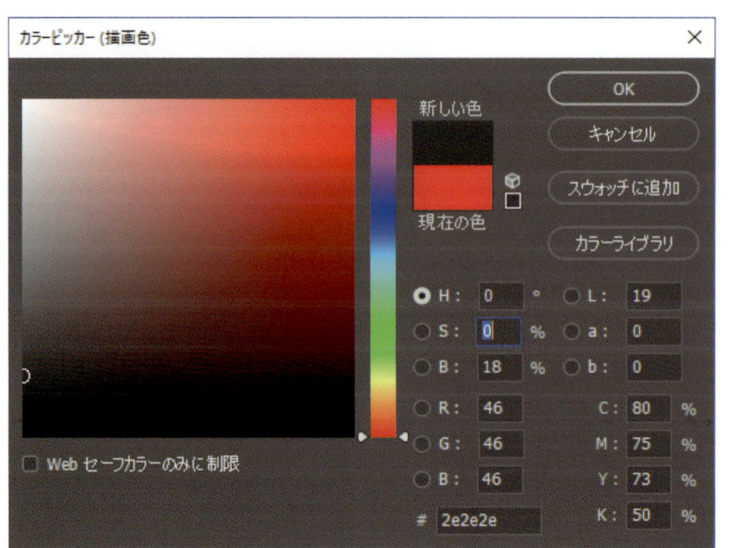

[ナビゲーター]パネル

ワークスペースの右側にある［ナビゲーター］パネル（船の操舵輪アイコン）は、現在のカンバスのサムネイルプレビューを示します。このプレビューは、カンバスにズームインしているときに（例えば、ディテールの作業など）、何度もズームアウト／ズームインを繰り返すことなくイメージ全体の進展を確認したい場合に便利です。つまり、［ナビゲーター］パネルは1つのイメージに長時間取り掛かっているとき、その方向性を確認するのにとても重宝するでしょう。

[ナビゲーター]パネル

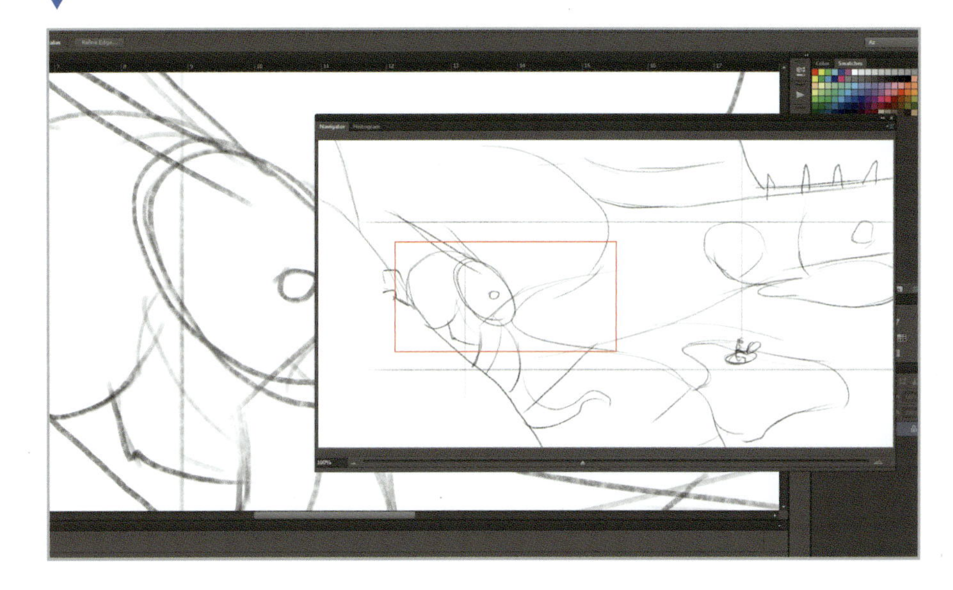

赤枠は、メインワークスペースに現在表示されているカンバスの部分を示しています。ワークスペースにカンバス全体が表示されているなら、赤枠が［ナビゲーター］パネルのサムネイルのエッジに沿って表示されます。カンバスにズームインしているときは、[ナビゲーター]パネルの赤枠を使って、ワークスペースに表示されているカンバスのビューを素早く移動できます。これを行うには赤枠をクリックし、別の場所までサムネイルビュー内をドラッグします。メインワークスペースのカンバスは、ナビゲーターの赤枠で表示されている領域に合わせて変化します。また、ナビゲーターのサムネイルプレビューにある領域を直接クリックして、特定の場所へ素早く移動させることもできます（赤枠とカンバスは、新しい場所に移動します）。メインワークスペースでカンバスを動かすと、［ナビゲーター］パネルの枠もそれに合わせて変化します。パネル下部にあるスライダを使うと、ワークスペースのカンバスがズームイン／アウトします。ズームの倍率を変更するには、このスライダを左右にクリック&ドラッグしてください。ワークスペースのカンバスビューには、［ナビゲーター］パネルの赤枠でズームインされた領域が表示されます。

[ヒストリー]パネル

ワークスペースの右側にある［ヒストリー］パネル（図の黄色の枠のアイコンをクリック）には、最近使用したツールが示されています。このパネルに表示されたツールをクリックすると、操作をやり直したり、要素の作成に使用したツールを特定したりできます。[ヒストリー]パネル下部のカメラアイコンをクリックすると、作業中に作品のスナップショットを撮影できます。これにより、イメージの進捗状況のサムネイルビューが表示されます。

[ヒストリー]パネル

習熟する

テレビゲーム／映画業界では時間や効率において厳しい局面に遭遇することがあります。パネルの中を調べたり、適切なブラシを探したりするのに多くの時間をかけられません。セットアップをいろいろ試す時間がないことも多いため、前もって最もよく使用するツールや機能の場所を覚えるのに時間を費やすとよいでしょう。そうすれば作品に専念できます。

ワークスペースのカスタマイズ

ワークスペースのカスタマイズは制作において重要であり、どのようにセットアップするかはあなた次第です。 前述のプリセットのワークスペースオプションを使用する、または独自パネルやパネルグループを設定するなど、さまざまな方法があります。 また、不要なパネルは簡単に非表示にできます。該当するパネルの右上隅にあるメニューアイコンをクリック、ドロップダウンメニューが表示されたら、［閉じる］を選択して消してください。

新規パネルを追加するには、トップバーの［ウィンドウ］に進み、表示させたいパネルをクリックします。 開いたパネルの隣にはチェックマークが表示されます。

パネルを移動する

パネルを好きなように配置するには、各パネルを１つずつクリックして長押しし、それぞれの位置にドラッグします。また、新しいパネルを既存パネルとつなげたり、グループに新しいパネルを追加したりできます。これを行うには［ウィンドウ］メニューからパネルを選択し、追加したいグループにそのパネルをクリック&ドラッグします。 するとパネルの追加先を示す青いボックスが表示されるので、適切なグループや位置であることを確認できたらカーソルを放します。

ワークスペースを保存する

カスタマイズしたワークスペースはプリセットとして保存できます。 したがって、さまざまなニーズに合わせて複数のカスタムワークスペースを作成しておくと、簡単に切り替えられます。「スケッチ用」「ペイント用」「簡単な実験用」 などを作成できるでしょう。ワークスペース右上隅にあるモニターの形のアイコン（図の黄色い枠）をクリックし、メニューから［新規ワークスペース］を選択します。 ポップアップウィンドウが開いたら、ワークスペースの名前を付け、キーボードショートカットなど保存したい追加機能を選択して、［保存］をクリックします。これでパネルやツールを開く／閉じる／移動すると、Photoshopはその変更をワークスペースに保存します。Photoshopを閉じて次回開くと、パネルやツールは前回と同じ状態で表示されます。

アート制作でカスタマイズは非常に重要なので、必要に応じて積極的に変更を加えてください。

Photoshopですべてのパネルの一覧を表示させるには、トップバーの［ウィンドウ］メニューを選択します

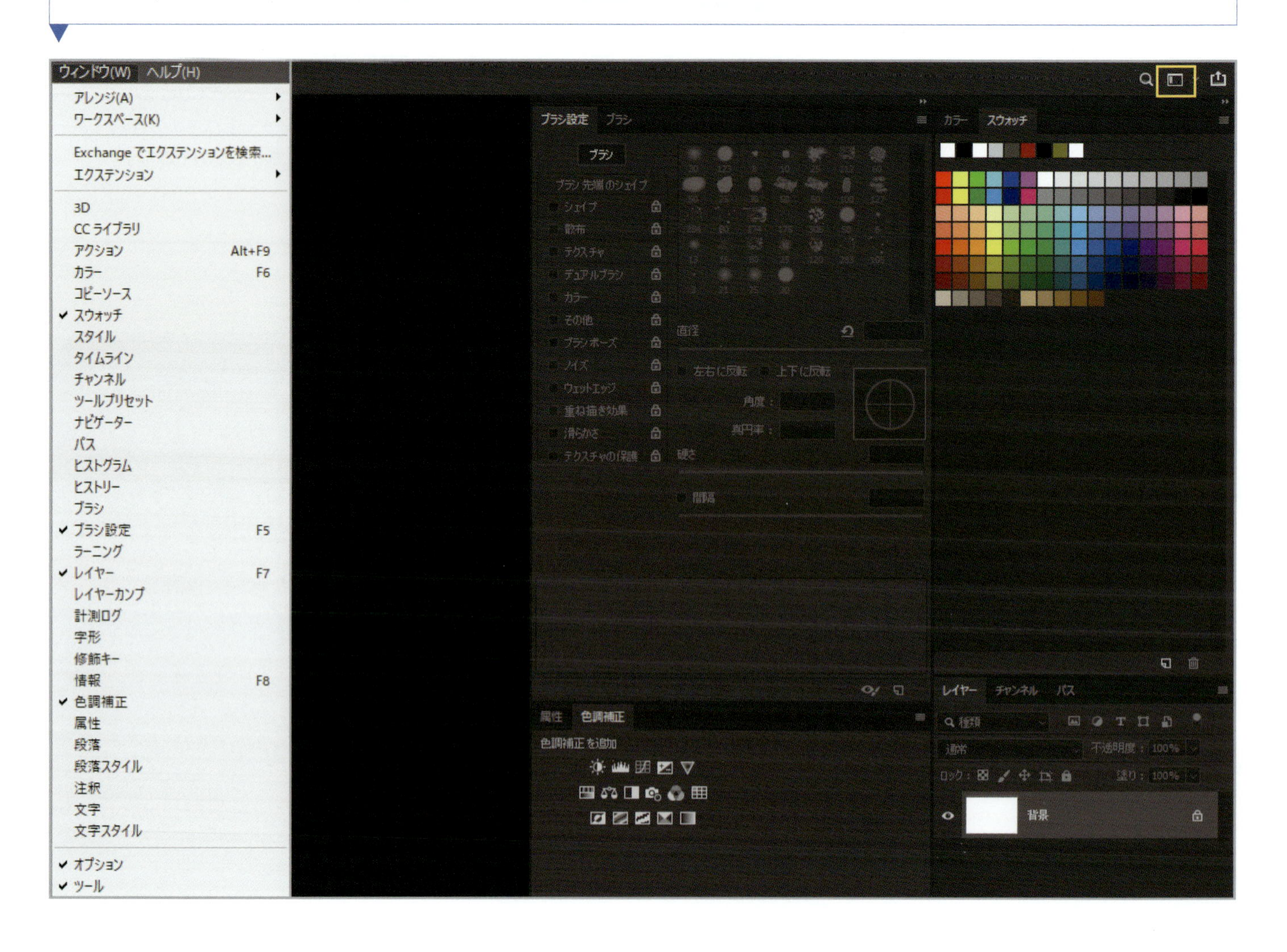

［ウィンドウ］メニューからパネルを選択すると、ワークスペースに表示されます。これは自由に編成できます

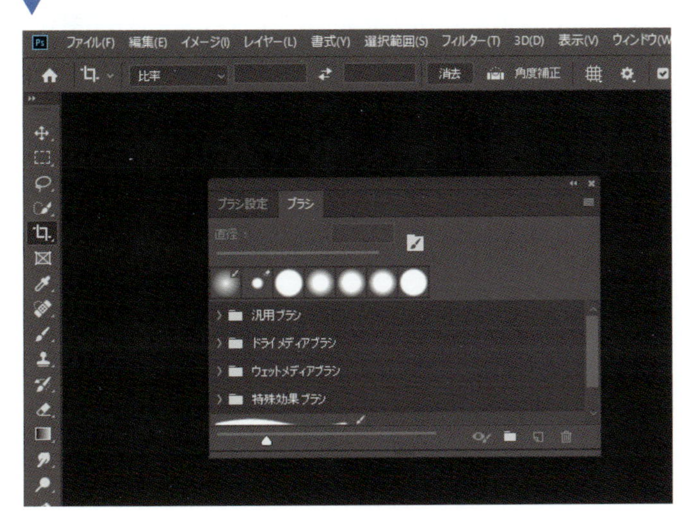

新規ワークスペースを作成して、［パネル］［キーボードショートカット］［メニュー］［ツールバー］などのカスタマイズを保存します

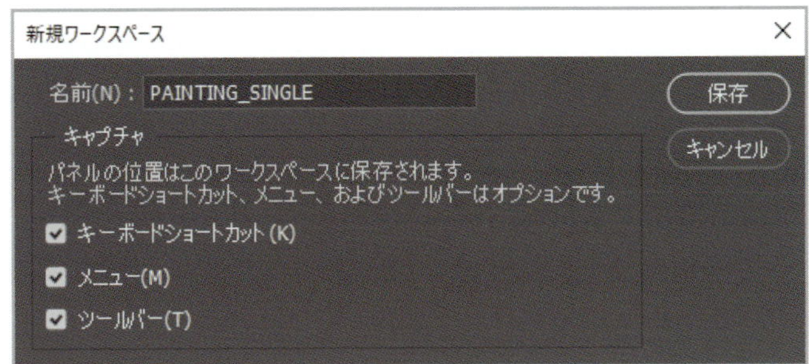

ショートカット

デジタルペインティングでショートカットを使うと、大幅に時間を節約できます。 例えば**[Ctrl]＋[N]キー**で、即座に新規ファイルを作成できます。 本書の至る所に、Photoshopに組み込まれている標準的なショートカットが出てきます。 ほとんどの既存のショートカットは、変更やリセット可能で、独自のものを設定できます。

新しいショートカットを作成するには、トップバーから **[編集] > [キーボードショートカット]** を選択するか、既存のショートカット**[Ctrl]＋[Alt]＋[Shift]＋[K]キー**を使用します。 ポップアップウィンドウが表示され、新しくショートカットを適用したい項目（アプリケーションメニュー、パネルメニュー、ツールなど）を選択できます。例えば［ツール］を選択すると、既存のショートカットとともにツール一覧がウィンドウに表示されます。よく使用するツールやアクションに新しいショートカットを割り当てるには、ツール名をクリック、独自のショートカットキーまたは組み合わせを入力します。

ショートカットがすでに使われていて利用不可の場合、それを伝えるメッセージが表示されます。そのようなときは、使われているショートカットを再定義するか、ショートカットの新しい組み合わせを作ります。 修正後にウィンドウでメッセージが表示されなければそのショートカットは有効なので、［確定］をクリックして保存します。 そして必要な変更を終えたら［OK］を押します。

ショートカットを使い、メニューやパスの場所に関してあれこれ調べる時間を節約します

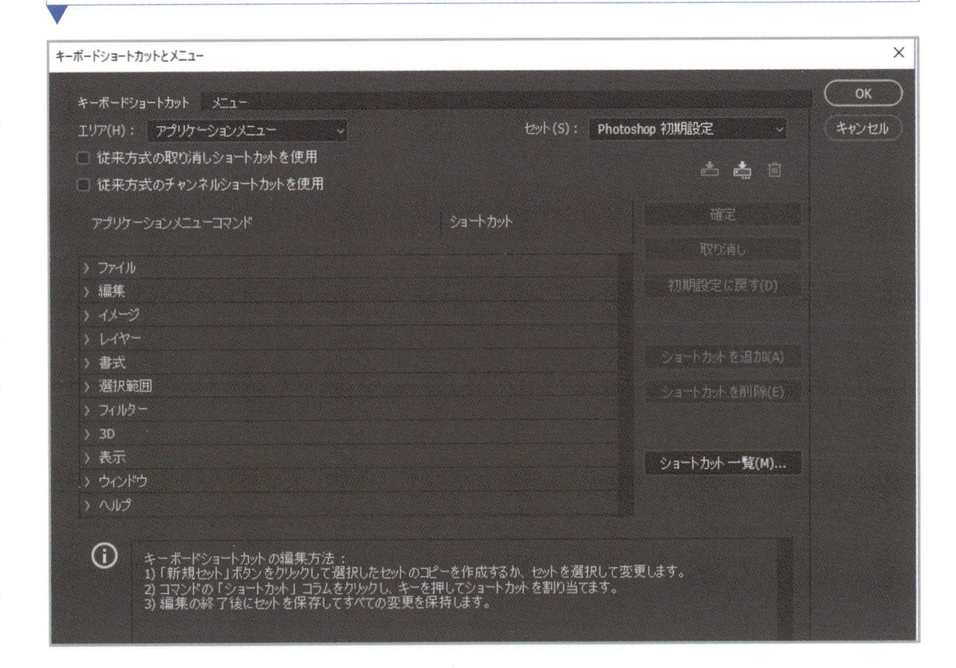

これで好きなだけショートカットを利用し、ワークフローの効率化を図ることができるでしょう。

ツール

ここではPhotoshopで最もよく使用するツールを紹介します。制作では[なげなわツール][移動ツール][ブラシツール]を始めとしたいくつかのツールを常用することになるでしょう。使用頻度の低いツールについても学習しますが、これらはあなたの次回作の品質を向上させるのに役立ちます。Photoshopのアップデートとともに機能性が変化・向上するツールもあるので、新しいリリースのたびに、これらに留意しておくとよいでしょう。

まずツールバーにあるツールの簡単な説明をして、次に最も重要なツールや画像補正に関する詳細な内容に進みます。ツールの多くは、同じ機能性を持つグループに分類されています。グループ内のツールにアクセスするには、該当するグループの1番上のツールを長押しし、メニューを開きます。そうするとリストから適切なツールを選択できます。同じグループ内のツールは、プリセットのショートカットが同じなのでわかります。

ツール	アイコン	機能	プリセットショートカット
移動ツール		選択範囲、要素、ガイドを移動します	V
長方形選択ツール		長方形の枠内に選択範囲を作成します	M
楕円形選択ツール		楕円形の枠内に選択範囲を作成します	M
なげなわツール		フリーハンドで選択範囲を作成します	L
多角形選択ツール		エッジが直線の選択範囲を作成します	L
マグネット選択ツール		要素のエッジに沿ってスナップする選択範囲を作成します	L
自動選択ツール		近似色領域を選択します	W
クイック選択ツール		ワンクリックで選択範囲を作成します	W
切り抜きツール		イメージのエッジから一部を切り抜きます	C

ツール	アイコン	機能	プリセットショートカット
スライスツール		イメージの内側からスライスを切り抜きます	C
スポット修復ブラシツール		周囲のピクセルをサンプルしてシミを除去します	J
修復ブラシツール		イメージのサンプルをスタンプして、問題領域を修復します	J
パッチツール		イメージの別の領域をコピーして、エラーを修復します	J
ブラシツール		ブラシのような先端を持つペイントツール	B
鉛筆ツール		鉛筆のような描画マークを作成します	B
色の置き換えツール		すでにペイントした領域の色を変更します	B
コピースタンプツール		イメージのサンプルから作成されたスタンプ	S
パターンスタンプツール		サンプルを使用してパターンをペイントします	S

ツール	説明	ショートカット
ヒストリーブラシツール	ブラシストロークでピクセルを元の状態に戻します	Y
アートヒストリーブラシツール	ピクセルを元の状態に戻し、様式化されたブラシストロークを適用します	Y
消しゴムツール	本物の消しゴムのようにピクセルを消去します	E
背景消しゴムツール	近似ピクセルを消去して背景を透明にします（許容値で範囲を調整）	E
マジック消しゴムツール	近似ピクセルをワンクリックで消去して、透明にします	E
塗りつぶしツール	領域を単色で塗りつぶします	G
グラデーションツール	さまざまな色をブレンドして、グラデーションを作ります	G
指先ツール	ピクセルを動かしてぼかします	Un
ぼかしツール	ハードエッジのピクセル同士をぼかし、その境界をソフトにします	Un
シャープツール	ピクセルのコントラストを強調して、エッジをシャープにします	Un
覆い焼きツール	ピクセルを明るくします	O
焼き込みツール	ピクセルを暗くします	O
スポンジツール	色の彩度を増減します	O
ペンツール	調整可能なマーカーを使って、パスを描画します	P

ツール	説明	ショートカット
横書き文字ツール	イメージに文字テキストを追加します	T
パスコンポーネント選択ツール	パス全体の選択とサイズ変更を行います	A
パス選択ツール	パスの形状を選択／変更します	A
カスタムシェイプツール	カスタマイズしたシェイプに基づいて、ベクトルを作成します	U
長方形ツール	長方形に基づいて、ベクトルを作成します	U
楕円形ツール	楕円形に基づいて、ベクトルを作成します	U
ラインツール	直線に基づいて、ベクトルを作成します	U
スポイトツール	ピクセルから色をサンプルします	I
カラーサンプラーツール	複数の領域から色をサンプルします	I
手のひらツール	ワークスペース内でビューを動かします	H
ズームツール	カンバスでズームイン／アウトします	Z
描画色と背景色を初期設定に戻す	描画色を黒に、背景色を白に設定します	D
描画色と背景色を入れ替え	描画色と背景色を入れ替えます	X
クイックマスクモードで編集	赤いオーバーレイでマスクをペイントします	Q

Un ショートカットの設定なし

共通描画ツール

ブラシツール

［ブラシツール］は必要不可欠のデジタルペイントツールです。Photoshopで最も強力なツールの1つであり、これを使えばカンバス上をドラッグするだけで、ペイントを開始できます。

［ブラシツール］には、具体的なニーズに合わせて調整できるさまざまなオプションがあります。例えば［ブラシ先端のシェイプ］で円ブラシを押しつぶすと、「のみ」のようなブラシになります。さらにテクスチャを追加し、ブラシの先端を別の先端と組み合わせ、［その他］［シェイプ］［ウェットエッジ］［ノイズ］など多くの属性を追加することもできます。こうしたあらゆる可能性のおかげで、どんなニーズにもぴったりのブラシを作成できるわけです。ブラシの詳細についてはP.46～53で見ていきます。

[ブラシツール]はペイントに使用し、さまざまなブラシストロークを作成します

長方形選択ツール

これはPhotoshopの重要なツールの1つであり、プロの仕事でも重宝するでしょう。［長方形選択ツール］は基本の選択ツールで、レイヤーや写真を含むほぼあらゆる要素の選択に使用されます。**[Shift] キー**を押したままドラッグすると、正方形の選択範囲を作成できます。また**[Alt] キー**を押したままドラッグして、選択範囲をコーナーではなく中央から描くこともできます。選択範囲を塗りつぶす、選択範囲を利用してマスクを作成するなど、他にもたくさんの機能があります。

イメージを切り抜くときに、［長方形選択ツール］でベースの選択範囲を作成できます。これを行うには、まず切り抜きたい領域の周囲をドラッグして選択範囲を作成し、［切り抜きツール］（**[C] キー**）に切り替えます。すると選択範囲の周囲には、切り抜いたあとに残る領域を示すマーカーが表示されます。切り抜く範囲に満足したら**[Enter] キー**を押し、オプションバーにある［現在の切り抜き操作を確定］（○アイコン）をクリックして切り抜きます。

[長方形選択ツール]は長方形や正方形の選択範囲を作成します

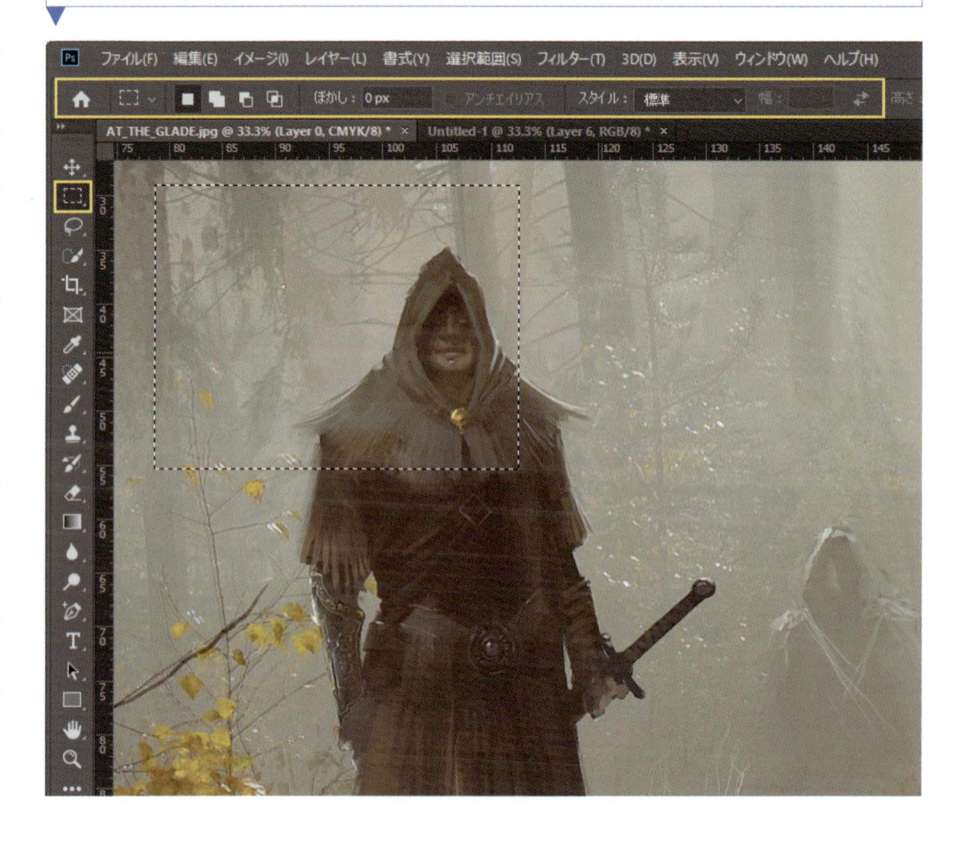

楕円形選択ツール

［楕円形選択ツール］も選択ツールの１つで、［長方形選択ツール］と同じように動作して楕円形を形成します。これは工業デザインや乗り物のプロップコンセプトをペイントするときに役立ちます。例えばタイヤをペイントする場合、［楕円形選択ツール］と**[Shift]キー**の長押しで真円の選択範囲を作成できます。[Shift]キーを押さずに選択範囲を描くと、楕円形になります。

選択範囲を描画中に移動するときは、ドラッグして境界線を作成し、そのままスペースバーを押してドラッグします。スペースバーを放すと、その選択範囲を動かせなくなりますが、サイズを調整できます。

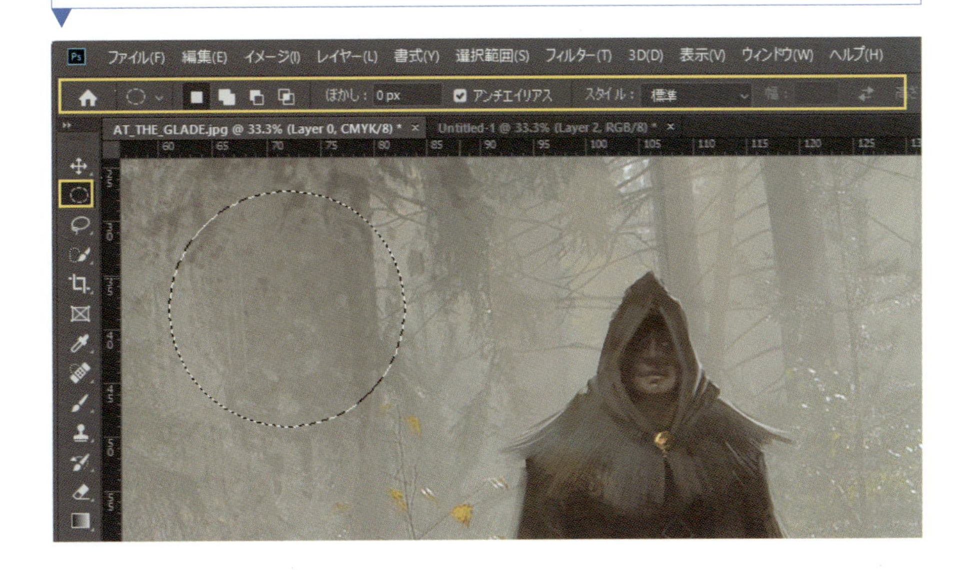

［楕円形選択ツール］は、楕円形や円形の選択範囲を作成するのに使用します

なげなわツールと多角形選択ツール

［なげなわツール］も選択ツールの１つです。［多角形選択ツール］との最大の違いは、［なげなわツール］がフリーハンドで選択範囲を描く一方、［多角形選択ツール］は直線で角ばった選択範囲を描くことです。両ツールとも大まかな図形ではなく、正確な選択範囲を描くことができるので、毎日の作業に役立つでしょう。単純にツールを選択し、選択したい領域を描いてください。

［なげなわツール］（左）と［多角形選択ツール］（右）は、自由な形状の選択範囲を作成します

移動ツール

その名のとおり、［移動ツール］は選択した要素をクリック&ドラッグして、移動させることができます。オプションバーの［バウンディングボックスを表示］オプションをオンにすると、選択要素の周囲に表示されるマーカーで、サイズや形状を変更できます。縦横比を維持したまま要素のサイズを変更するには、**[Shift]キー**を押しながら選択マーカーをドラッグして、要素のエッジを同じ比率で増減させます。

これは「文字の配置」「テクスチャサイズの変更」「デザイン要素の移動」などを行い、構図を調整するための基本ツールです。選択した要素が何であれ、［移動ツール］は同じように動作します。ただしこのツールで「選択範囲」を動かしてしまうと、その領域はイメージから切り離されることに注意してください。［移動ツール］の適用範囲は選択したレイヤー要素のみで、その下のレイヤー要素には影響しません。

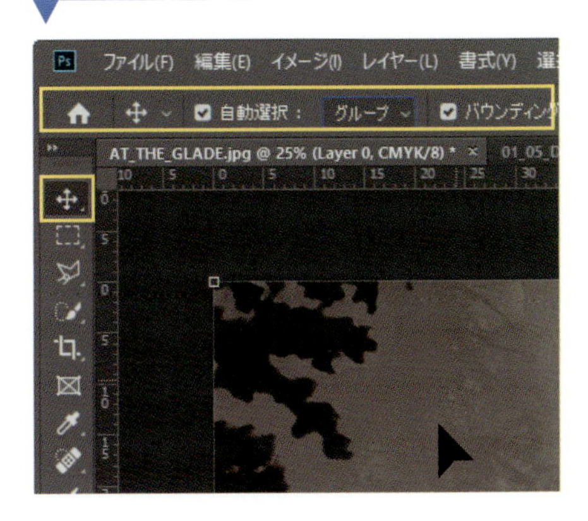

［移動ツール］は、選択した要素を移動およびリサイズできます

自動選択ツール

[自動選択ツール] は [クイック選択ツール] グループにあり、その許容値や設定に応じて1つの色と類似色を選択します。このツールは、画像や写真の色を素早く選択するのに役立ちます。特定の領域のみをペイントしたいときに、簡単に選択できるでしょう。

[自動選択ツール] を使用するにはツールバーから選択するか、**[W]キー**を押します。これでイメージの一部をクリックすると、その領域の近似色のピクセルがすべて選択されます。複数の選択範囲を作成するには、[自動選択ツール] を使用中に **[Shift]キー**+クリックします。選択範囲を解除するには、選択範囲の内側をクリックします。

[自動選択ツール] を使用すると、同じ色を含む領域を素早く選択できます

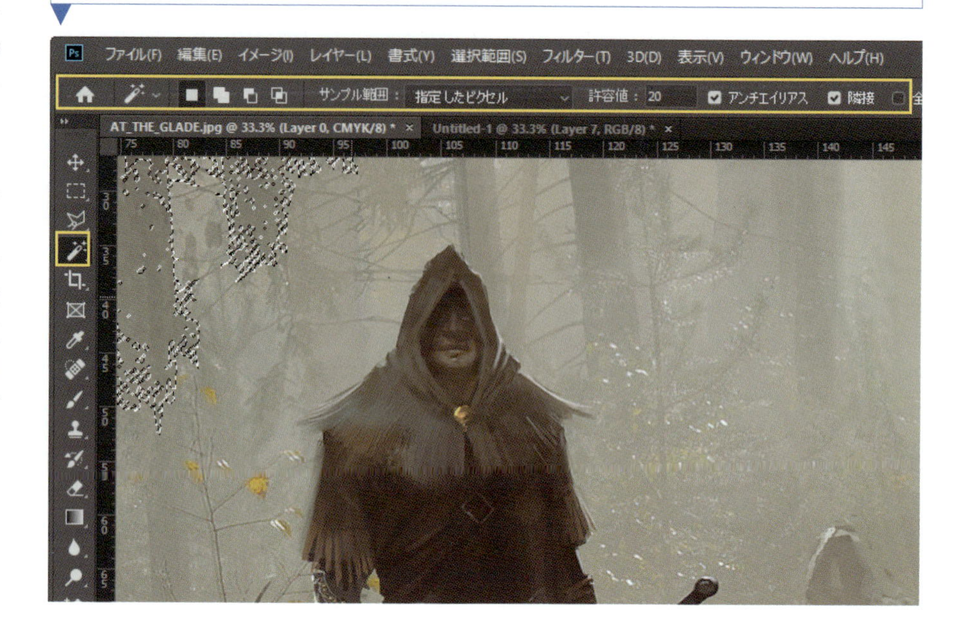

消しゴムツール

[消しゴムツール] は鉛筆のストロークをテクスチャで消したり、面白いノイズ効果を残したりと、本物の消しゴムよりも柔軟に使用することができます。カンバス上をドラッグするという操作は、[ブラシツール] に似ています。また、設定できるオプションが豊富にあります。

1つ注意すべき点として、[消しゴムツール] を背景レイヤーで使用すると透明な背景が現れるのではなく、ツールバー下部の「背景色」が表示されると覚えておきましょう(ツールバーの描画色／背景色はP.27を参照)。

[消しゴムツール] は、設定に応じてさまざまな方法でマークを消去できます

グラデーションツール

[グラデーションツール] には、ペイントやマスクに滑らかな遷移を作成するさまざまなオプションがあります。これは「色のペイント」「大まかな背景の作成」「ブレンド」に役立ちます。[線形] [円形] [円錐形] [反射形] [菱形] のグラデーションを描画できますが、最もよく使用されるグラデーションは [描画色から背景色へ] と [描画色から透明へ] です。さらに、ニーズに応じてグラデーションに複数の色を入れることもできます。オプションバーで [逆方向] をオンにすると、特定のグラデーションを明るい色から暗い色へ(反対方向に)変化させたい場合に便利です。

簡単なグラデーションを作成するには、[グラデーションツール] でカンバス上をドラッグします (方向を示す線が表示されます)。線を描いた方向に従って、グラデーションが作成されます。

[グラデーションツール]は、段階的な色調の変化を作り出すのに使用します

指先ツール

[指先ツール] を使うと、興味深い絵画調の効果を生み出せます。 これはカンバス上に絵の具を塗りつける「親指の腹」と考えてください。 ブラシや消しゴムのように扱えるため、パレットのあらゆるブラシを[指先ツール] として使用できます。 ただし、ぐちゃぐちゃになりやすいため、扱いには注意が必要です。

感触をつかむには、まずブラシでカンバスに異なる 2 色をペイントしてから、[指先ツール] を選択し、カンバス上をドラッグします。 次にツールの設定を調整し、モードや強さ (ぼかし具合) を試してください。[指先ツール] で自然な効果を得るには、時間をかけて慣れる必要があるでしょう。

[指先ツール]をブラシストロークに適用した効果

ぼかしツールとシャープツール

作品に写真のようなタッチを加えるには、[ぼかしツール]と[シャープツール]を使います。シャープな領域とぼかした領域を組み合わせると「被写界深度」が生まれるので、映画のような効果を出したいときに便利です(これら2つのツールは、まさにその雰囲気を出すのにうってつけです)。[ぼかしツール]で領域を手作業でぼかし、[シャープツール]でいくつかのピクセルをよりシャープで鮮明に見せます。両ツールの利点は、絵全体の外観にテクスチャを合わせるのに使用できることです。これらはブラシと同じように機能し、同じ要領で活用できます。

[ぼかしツール]はピクセルをぼかすのに使用します

[シャープツール]はピクセルを鮮明にするのに使用します

覆い焼きツールと焼き込みツール

[覆い焼きツール]は、フォトグラファーがイメージや写真の特定領域を明るくするために行うこと、つまり「感光の抑制」を再現します(写真撮影の暗室作業では、ライトを追加すればするほどイメージが濃くなります)。その反対に[焼き込みツール]は暗くする効果を生み出します。使用方法は簡単で、ツールを選択し、カンバス上をドラッグするだけです。

[覆い焼きツール]の効果

[焼き込みツール]の効果

スポンジツール

[スポンジツール]はよく見落とされているツールですが、写真やイラストの編集に関して多くのクリエイティブな可能性を秘めています。

[スポンジツール]は、イラストや写真の特定領域の「彩度」を上げ下げし、必要に応じて色を強調/除去します。要素をシーンに追加したときに、その外観を調整するためのさまざまなオプションがあり、イラストに鮮やかさを追加できます。ツールバーで[スポンジツール]選択し、オプションバーの彩度を[上げる]または[下げる]に設定して、カンバス上をドラッグします。

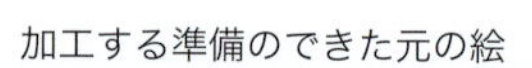

加工する準備のできた元の絵

[スポンジツール]で彩度を下げた効果

[スポンジツール]で彩度を上げた効果

カスタムシェイプツール

その名のとおり［カスタムシェイプツール］は、繰り返し使用可能なシェイプ（形状）を作成します。これはデジタルペインティングやイラスト制作に便利なツールです。主な利点として、完全にベクトルシェイプに基づいているため、変形やサイズ変更で劣化することがありません。初めにベクトルに変換さえすればブラシストローク、白黒画像、インポートしたベクトルシェイプなど、あらゆるものから形状を作成できます。

このツールは最初の下絵や、後半でイラストにテクスチャを追加するときに非常に役立ちます。Photoshopには使用／適応可能な標準のシェイプも搭載されていますが、独自のシェイプを作成することもできます(P.66を参照)。

作成したシェイプは［カスタムシェイプツール］のオプションバーから選択できるようになり、カンバス上でドラッグして描画できます。描いたシェイプはベクトルに基づいているため、押しつぶし・反転・サイズ変更を行なっても品質が落ちることはありません。

［カスタムシェイプツール］で、白黒のベクトル要素（ブラシストロークを含むあらゆるもの）からシェイプ（形状）を作成できます

スポイトツール

［スポイトツール］を使用すると、イメージのピクセルから色情報を正確に選択（サンプル）できます。これはイラスト制作で、最も頻繁に使用するツールの１つです。特定の領域から色を選択するときに、何度も使用することになるでしょう。ツールバーから選択する、あるいは［ブラシツール］を選択中に**[Alt]キー**を押します。クリックすると、すぐに大きな円のアイコンが表示されますが、これは［スポイトツール］で選択されているピクセルの色と明度を示しています。お好みの色をクリックして、ペンを放すと新しい色が選択されます。

［スポイトツール］でサンプルした色は、他のツールで使用できます

画像補正と編集

自由変形

非常にユニークで多目的に使用できる［自由変形］ツールは、画像操作やオブジェクトの変形に便利です。 これはレイヤーや選択範囲に使用できます。 このツールにアクセスするには**［編集］>［自由変形］**を選択するか、**［Ctrl］+［T］キー**を押します。

［自由変形］を選択すると、選択範囲やレイヤー要素の周囲に「枠」とそのエッジに沿って「マーカー」が表示されます。 これらのマーカーをクリック&ドラッグし、目的に応じて要素を調整します。 右クリックするか、**［Ctrl］キー**を押してメニュー表示し、［拡大・縮小］［回転］［ゆがみ］［自由な形に］［遠近法］［ワープ］など複数のオプションから選択します。 また選択範囲を反転させることもできます。このように、［自由変形］は厳しいニーズに合わせて画像を操作できる強力なツールです。

［自由変形］には、選択範囲を操作するためのオプションメニューがあります

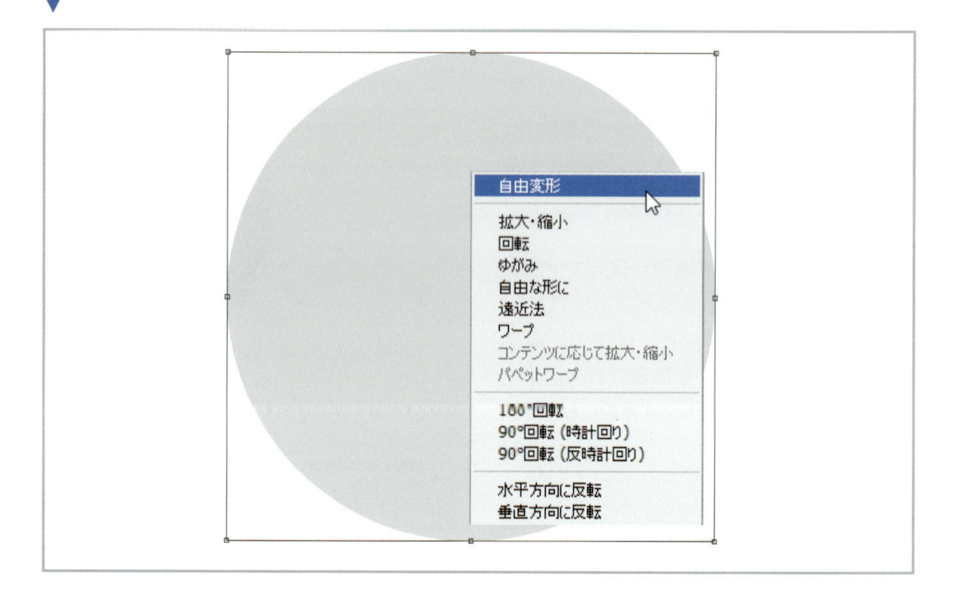

変形

このツールは**［編集］>［変形］**から選択できます（［自由変形］の下）。［自由変形］ツールとほぼ同じように機能しますが、１度に１つの変形オプションしか使用できません。 つまり、あらかじめ選択範囲の調整方法を考え、作業開始前に拡大・縮小、回転、ゆがみ、あるいは反転などを決めておく必要があります。

［変形ツール］では、具体的な変形機能を選択します

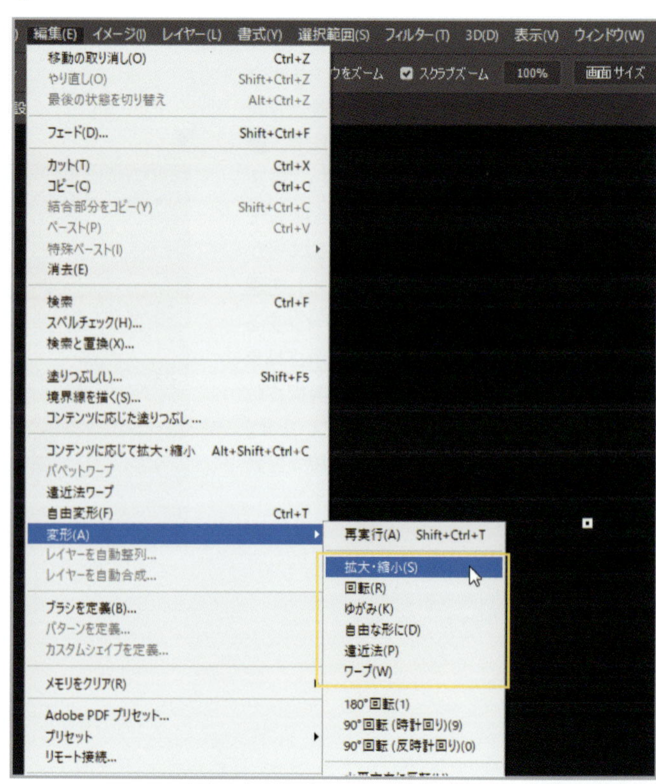

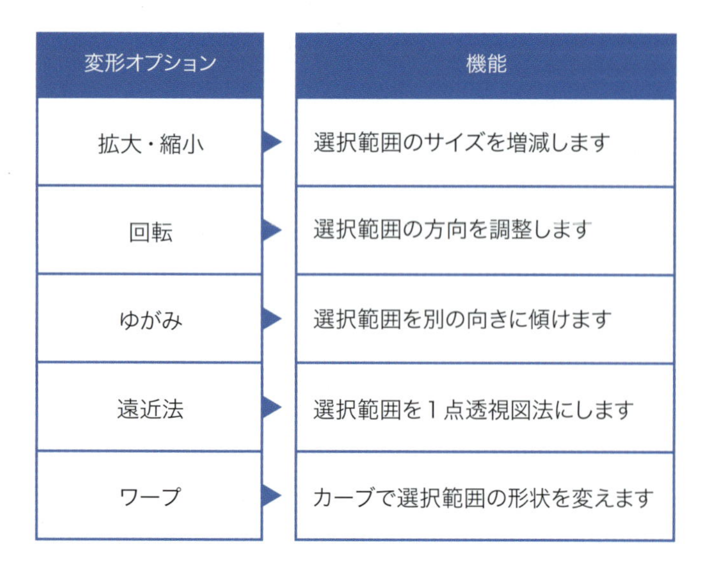

変形オプション	機能
拡大・縮小	選択範囲のサイズを増減します
回転	選択範囲の方向を調整します
ゆがみ	選択範囲を別の向きに傾けます
遠近法	選択範囲を１点透視図法にします
ワープ	カーブで選択範囲の形状を変えます

レベル補正

[レベル補正] は、イメージの階調範囲を修正・調整するツールです。これにより、シャドウ／中間調／ハイライトを調整できます。この調整ツールを開くには、トップバーで**[イメージ] > [色調補正] > [レベル補正]**をクリックするか**[Ctrl]+[L]キー**を押します。すると[レベル補正]ポップアップウィンドウに直接アクセスできます。

このウィンドウには、イメージの明るさレベルを示す [入力レベル] ヒストグラムと３つのスライダがあります。 各スライダでそれぞれシャドウ(左)、中間調(中央)、ハイライト (右) の強度を変更します。 これらのスライダを動かして、イメージの明暗のコントラストを調整できます。[出力レベル] の下にはさらに２つのスライダがあります。これらを使うと白黒のみの明度を増減できるので、イメージのシャドウまたはハイライトの強度を弱められるでしょう。変更を確定するには[OK]をクリックします。

[レベル補正]は、イメージの明暗のコントラストを修正します

トーンカーブ

[トーンカーブ] は、別の方法でイメージの色調 (トーン) を修正します。[レベル補正] がイメージの色調を変える一方で、[トーンカーブ] は色調または明度の調整したい範囲を選択できます。 これらの調整は、選択範囲や選択したレイヤーに適用できます。

この調整ツールを開くには、**[イメージ] > [色調補正] > [トーンカーブ]** を選択するか、**[Ctrl]+[M]キー**を押します。すると[トーンカーブ] のグラフを示すポップアップウィンドウが表示されます。 グラフの左側にある１番低い点は黒い領域を示し、右上の点は白い領域を示します。 線は白黒の階調範囲を表し、微調整に使用します。 線をクリックするとマーカーが現れ、これを動かすと色調を補正できます。[トーンカーブ]は視覚的な機能なので、慣れるには、補正をいろいろ試すとよいでしょう。 イメージを思いどおりに補正したら、[OK] をクリックして変更を確定します。

[トーンカーブ]を使うと、イメージの色調を具体的に変更できます

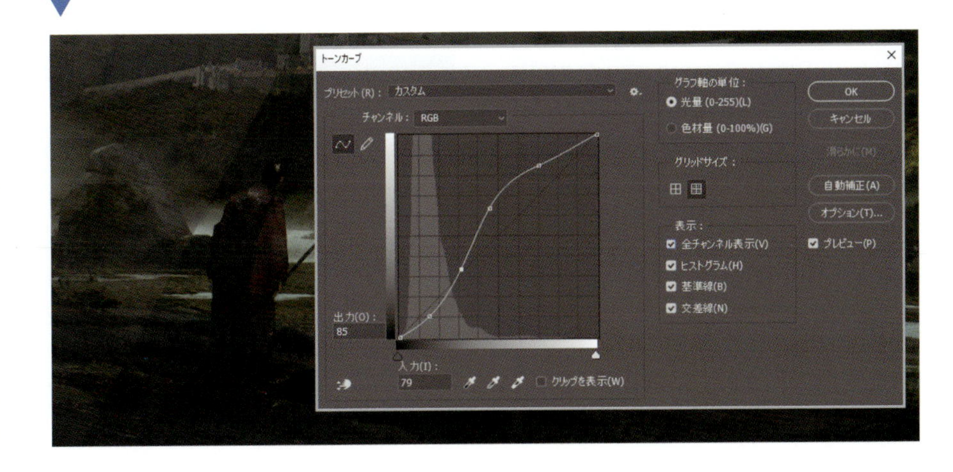

カラーバランス

[カラーバランス] はデジタルペインティングで非常に人気のある調整機能です。 写真を始めとしたあらゆる種類の画像処理において、全体的な色の強度を調整します。これはハイライト／中間調／シャドウに適用できます。**[イメージ]>[色調補正]>[カラーバランス]**を選択するか、**[Ctrl]+[B]キー**を押します。 表示されたウィンドウで[シアン] [マゼンタ] [イエロー] のスライダを左右にドラッグすると、これらの１つ１つの原色のバランスを変更できます。

シャドウやハイライトでなく「中間調」だけを調整する場合、「イメージの見た目が大きく変わる可能性がある」と覚えておいてください。 そして、原色とその強度の間で良いバランスを保つことを心掛けてください。さもないと、モノトーンのイラストになる可能性があります。[カラーバランス]を正しく使用すると、適切な雰囲気が出て、コンセプトに全体的な色味が加わります。 また、コンセプトやイラストに「映画的な雰囲気」を取り入れる方法の１つでもあります。

[カラーバランス]は、異なる明度領域間で色のバランスを劇的に変更するのに使用します

明るさ・コントラスト

[明るさ・コントラスト] を開くには **[イメージ]>[色調補正]>[明るさ・コントラスト]**に進みます（ショートカットはありません)。表示ウィンドウで[明るさ] [コントラスト]スライダをドラッグして調整します。 これは、イメージ全体の明るさを補正するのに使用します。 コントラストとは、異なるオブジェクトや領域間の明るさの差異を意味します。この調整ツールの機能は、必要に応じてイメージやそのコントラストを手早く仕上げるのに使用します。

[明るさ・コントラスト]は、全体的な明るさとコントラストを修正するのに使用します

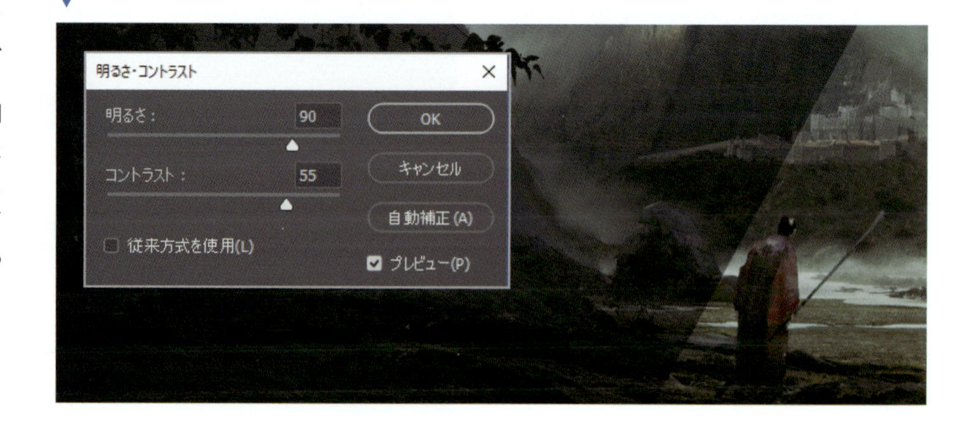

色相・彩度

[色相・彩度] はとても便利ですが、正確に設定するには手間がかかるかもしれません。これは、色相・彩度・明度に応じてイラストの色を調整します。 イラストの全体的な色の深みにもよりますが、この調整で全体の外観を仕上げたり、見た目に面白味を加えたりします。[色相・彩度] を開くには **[イメージ] > [色調補正] > [色相・彩度]** を選択するか、**[Ctrl] + [U] キー**を押します。ポップアップウィンドウが開いたら、[色相] [彩度] [明度] スライダでそれぞれのレベルを調整します。[色彩の統一] をオンにすると、モノトーン効果のイメージを作成できます。

[色相・彩度]調整の[色相] [彩度] [明度]スライダで、色の強さを変更します

彩度を下げる

[彩度を下げる] は [色相・彩度] とよく似ていますが、より簡単な操作で選択したイメージや要素をグレーの色味にします。ただし、コントラストと明るさはコントロールできません。これを使うには**[イメージ] > [彩度を下げる]**を選択するか、**[Shift]+[Ctrl]+[U] キー**を押します。[彩度を下げる] は単純なコマンド機能なので、ポップアップウィンドウはありません。

[彩度を下げる]は、イメージや選択範囲をグレースケールに変換します

階調の反転

[階調の反転] は選択範囲やマスク、またはイラスト全体の色を反転させます。 特にグレースケールのイメージやシンプルな白と黒のイメージに役立ちます。[階調の反転] を使うと、ほぼ真っ黒のイメージをほぼ真っ白のイメージに変換できます(その反対も同様です)。 反転するには、**[イメージ] > [色調補正] > [階調の反転]** を選択するか、**[Ctrl]+[I]キー**を押します。これも単純なコマンド機能なので、ポップアップウィンドウはありません。

[階調の反転]はイメージの色調を反転します。グレースケールのイメージに最も効果的です

ブラシ

Photoshopには種類の豊富なブラシが組み込まれています。これらはシンプルな円ブラシから、厚みのあるウェットな油絵風のブラシまでさまざまです。 デジタルブラシの最大の利点は、動作のカスタマイズや変更を一瞬で行えることです。 実在のブラシと感触は異なるものの、昔ながらのブラシストロークのさまざまな要素・機能がうまく再現されています。

試す価値のあるデフォルトブラシはたくさんあり、まったく異なるブラシ効果でイメージを作成するのは楽しいでしょう。 以下の項では、プロのプロセスで最もよく使用されるPhotoshopブラシについて学んでいきます。空白の新規カンバスを開いてブラシをいろいろ試し、それぞれの感触をつかんでください。

ツールバーで[ブラシツール]をクリックすると、さまざまな種類のブラシを使用できるようになります。これらはすべて[ブラシ]パネルに表示されています（※旧バージョンでは[ブラシプリセット]パネル）。Photoshopにインストールされているデフォルトブラシは、テーマ別に以下のグループに分類されます：

- **汎用ブラシ**
- **ドライメディアブラシ**
- **ウェットメディアブラシ**
- **特殊効果ブラシ**

また、Photoshopに組み込まれている標準ブラシ以外にも、独自のブラシを作成できます。さらに、オンラインで購入できる追加のブラシパックもあります。

ブラシグループ

ブラシを追加するときに新しいグループを作成するには、[ブラシ] パネルを右クリックして [新規ブラシグループ] を選択します。 グループ名を変更するにはグループを右クリックして [グループ名の変更]オプションを選択します。

[ブラシ]パネルはブラシを保存する場所です

ブラシ設定

Photoshopのブラシ設定を活用すると、さまざまなペイント効果を作成できます。 それぞれのデフォルトブラシの設定を変更・保存すると、自分のニーズに合わせて新しい効果を生み出せるでしょう。P.29で述べたように、[ブラシ設定] パネルには調整可能な設定がたくさんあり、オプションバーには、簡単な設定オプションが表示されます([ブラシツール] 選択時)。例えば [ブラシ設定] パネルには選択したブラシの「直径」や「硬さ」を変更するオプションがあり、オプションバーにはブラシストロークの「不透明度」「流量」「滑らかさ」の設定が表示されます。 右図は、これらの設定と機能を簡単に表しています。

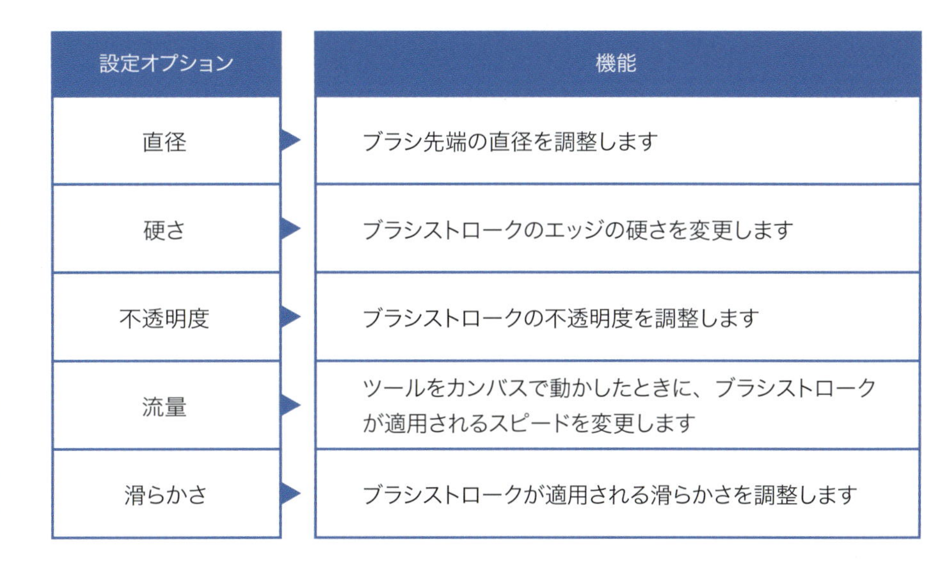

設定オプション	機能
直径	ブラシ先端の直径を調整します
硬さ	ブラシストロークのエッジの硬さを変更します
不透明度	ブラシストロークの不透明度を調整します
流量	ツールをカンバスで動かしたときに、ブラシストロークが適用されるスピードを変更します
滑らかさ	ブラシストロークが適用される滑らかさを調整します

[ブラシツール]を選択したときのオプションバー

主な汎用ブラシ

ハード円

[ハード円ブラシ] は、多くのアーティストにとって最もよく使用される基本ブラシです。このブラシは必要最低限の機能なので、テクスチャ・ウェットエッジ・散布など多くのオプションを追加選択できます。 それぞれを調整すれば、見た目とブラシストロークがわずかに変化します。 デジタルのブラシストロークに慣れようとしている人にとって、このブラシは良い出発点です。

ハード円ブラシストローク

ソフト円

[ソフト円ブラシ] は [ハード円ブラシ] とよく似ていますが、よりソフトなブラシストロークを作成します。 ブラシストローク間の境界はそこまでハードではありません。 したがって、シンプルなブラシで領域をペイントしつつ、クリーンでくっきりしたエッジにこだわらない場合に最適な選択肢です。

ソフト円ブラシストローク

主なドライメディアブラシ

鉛筆

その名のとおり、このタイプのブラシは鉛筆を模倣しています。図（ハッピー HB）は、［鉛筆ブラシ］のブラシストローク例です。このブラシの先端はわかりやすいように大きいサイズにしていますが、本物らしい効果を得るには（普通の鉛筆のストロークのように）小さいサイズが推奨されます。ブラシの透明度を上げると筆圧が低くなり、薄い鉛筆のストロークになります。こちらの方が鉛筆の自然な動作をより正確に再現できるでしょう。

Kyleの線画ボックス - ハッピー HBのブラシストローク

チャコール（木炭）

この高度なテクスチャブラシも［ドライメディアブラシ］グループの一部で、木炭スティックという伝統的な画材に似ています。このブラシは、木炭の性質を正確に再現した素晴らしいストロークになります。これはPhotoshopに付いている基本ブラシなので、設定をよく検討し、調整を試してどんな効果が生まれるかを確認してください。いろいろ試すと、独自のカスタムブラシ（P.51で詳しく学びます）を作成するためのアイデアが生まれるかもしれません。

KYLE ボーナス 太い木炭のブラシストローク

主なウェットメディアブラシ

インク

このブラシはインクブラシによく見られる「にじみ」を再現します。適用するブラシストロークの強さを解釈するため、［シェイプ］に設定されています。P.17で説明したように、筆圧・角度・強さの面で自然な絵の具の動きを再現するため、デジタルペインティングにペンタブレットは欠かせません。このブラシの設定も変更できますが、抽象的なインクの効果が失われる可能性が高いでしょう。

KYLE 究極の墨入れ（太/細）のブラシストローク

オイル

これはリキッド混合ブラシで、本物の油彩ブラシの動きを模倣します。「混合ブラシ」なので、各ブラシストロークに 2 色以上の色を混ぜ合わせることができます。 最大限活用するためにいろいろ試す価値がありますが、慣れるには時間がかかるでしょう。 機能自体は理解しやすいものの、コンセプトやスケッチ、イラストなどでうまく利用するには練習が必要です。

Kyle のリアルな油彩 – 01 のブラシストローク

ウェットオイル

このブラシは [リアルな油彩 – 01] ブラシと似ていますが、いくつかの設定が異なります。 このわずかな違いの影響は興味深いです。 ブラシストロークは [リアルな油彩 – 01] ブラシよりも大きく、テクスチャと色の混ざり具合は滑らかで透明度が低いため、ブラシの効果にも大きく影響します。

Kyle のリアルな油彩 円 フレックス ウェットのブラシストローク

主な特殊効果ブラシ

はね

[はねボルト (ティルト)] ブラシは抽象的なはねの効果を生み出し、大気のパーティクル (粒子) をペイントするのに使用できます。このタイプのブラシは、主にイラストやコンセプトの仕上げに使用されますが、大規模な作品の平坦な無地の領域に、面白いテクスチャを加えることもできます。

Kyle のはねブラシ - はねボルト (ティルト) のブラシストローク

植物

このブラシは有機的な形状をしていて、小さな生け垣、茂み、あるいはジャングル全体のペインティングに使用できます。 また、カスタムブラシの可能性をよく表しており、いろいろな設定と組み合わせ、作成するブラシストロークを大きく変化させることができます。 このため、このブラシは利用可能なデフォルトブラシの中でも強力です。

Kyle のコンセプトブラシ - 群葉ミックス 2 は、有機的なブラシストロークを作成します

スクリーントーン

コンピュータグラフィックスで使われていた昔のスクリーントーンに似ているブラシが 2 つあります。 非常に面白い鉛筆スケッチや白黒のスケッチを描いたり、絵にヴィンテージ風の効果を出したりするのに使用します。シンプルなブラシですが、その用途は大きな可能性を秘めています。

Kyle のスクリーントーンのブラシストローク

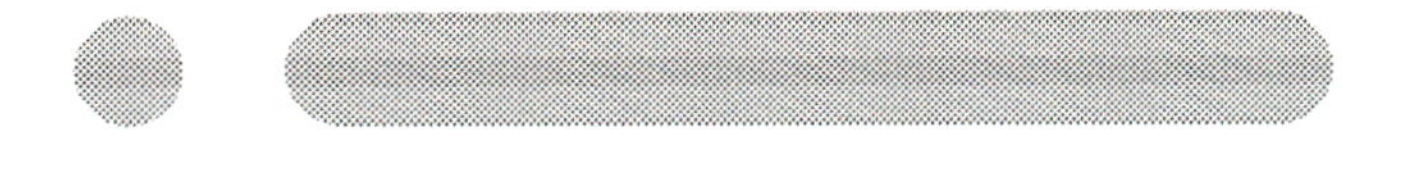

ダウンロード可能なブラシ

デフォルトブラシに加え、他のアーティストが作成し、ネット上に公開しているブラシをダウンロードすることもできます。こういったブラシは無料あるいは安価で手に入ります。大抵レビューがあるので、その機能を評価するのに役立つでしょう。ダウンロードする前に、ソースの信頼性と安全性を必ず確認してください。

Photoshopに新しいブラシをインストールするには、「ABRファイル」が必要です（※ダウンロードファイルに含まれています）。このファイルには特定のブラシ設定を含め、ブラシやブラシセットの追加に必要なすべての情報が入っています。ABRファイルは1本のブラシに限定されるものではなく、ブラシグループ一式が入っていることもあります。つまり、1つのファイルしか入手できなくても、複数のブラシが入っている可能性があります（がっかりしないでください）。

ABRファイルをコンピュータにダウンロードしたら、以下のいずれかの方法で新しいブラシやブラシセットをインストールしましょう。1つめの方法は、**[編集]>[プリセット]>[プリセットマネージャー]**を選択します。次に[プリセットマネージャー]ウィンドウで［読み込み］を押すとブラシを追加できます。

2つめの方法はツールバーで［ブラシツール］を選択し、カンバスを右クリックします。ポップアップウィンドウに［ブラシ］パネルが表示されるので、ウィンドウの右上隅にある歯車のアイコンをクリックします。ドロップダウンメニューがもう1つ表示されたら、[ブラシファイルの読み込み］を選択します。コンピュータからABRファイルを選択し、［読み込み］を押して新しいブラシを読み込みます。どちらの方法でも、読み込んだ新しいブラシが[ブラシ]パネルに表示されます。

Photoshopの経験を積んでブラシを多く入手すると、[プリセットマネージャー]パネルは新しいブラシでいっぱいになるでしょう

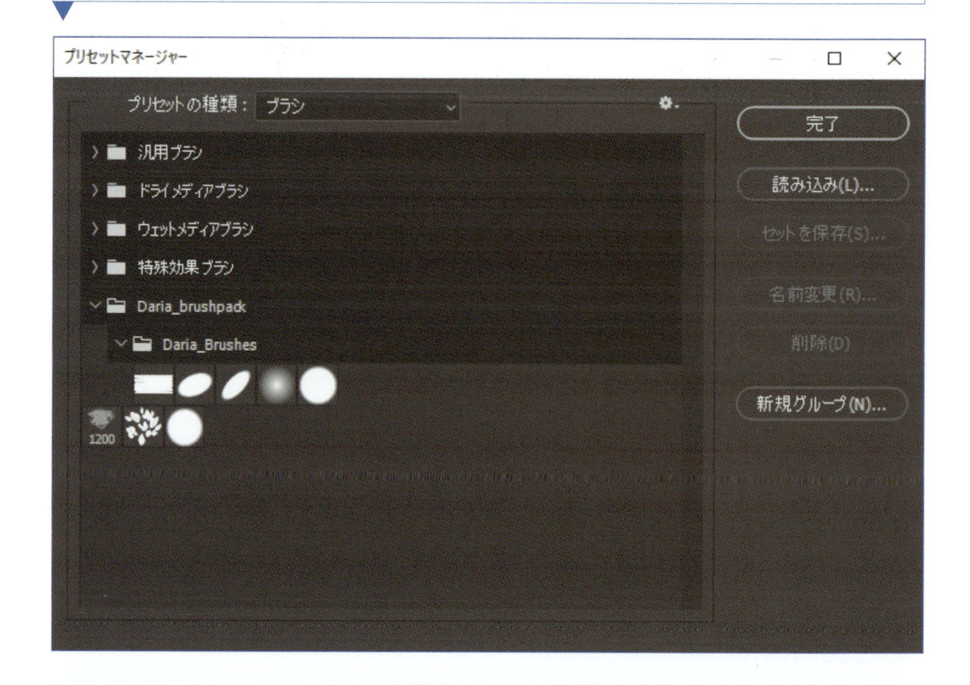

ブラシを変化させる

デフォルトブラシには既定の設定があるため、［ブラシ設定］パネルでそれらを変更すると新しいカスタムブラシを作成したことになります。この新しいブラシを保存するには、[ブラシ設定]パネルの右上隅のメニューアイコンをクリックし、［新規ブラシプリセット］を選択します。するとポップアップウィンドウが開くので、ブラシに名前を付け、［OK］を押して保存します。ただし、巨大なブラシは作成しないように注意してください。負荷の大きいブラシを広いカンバスで使用すると、タッチペンと画面上の動きの間に時間差が生じてしまいます。

ダウンロードする

自分のライブラリに追加したいブラシを見つけたら、必ずレビューを調べてください。うっかりウィルスをダウンロードしてしまうリスクを下げるため、どんなブラシでもダウンロード前にそのソースの信頼性を確認しましょう。

カスタムブラシ

カスタムブラシは、木・雲・遠くのクリーチャーなど、シーンに繰り返し出てくる要素のペイントに使用されます。非常に便利で、ワークフロー全体を高速化できます。 特に風景や背景をペイントするときに役立つでしょう。 また、要素を簡単に示すベースのブラシストロークや、単に無地の領域のテクスチャとしても使用できます。 カスタムブラシは毎日の作業の流動性を高めるのに役立ち、完成シーンのベースとなるラフなコンセプトを考える余裕がないときにも重宝します。

個々のニーズに合わせた完全に新しいカスタムブラシを作成する場合、「1つのイメージ」から「シンプルなブラシストロークの組み合わせ」まであらゆるものを取り入れて、ブラシ先端に変えます。 既存ブラシの設定を変更し、最も単純な形でカスタムブラシを作成する、あるいは、建物・車・人・岩・山・木・特定の表面テクスチャなど、あらゆるものに似せることもできます。 カスタムブラシを作成するとき、素材には何を使用してもかまいません。

カスタムブラシの作り方

01

ブラシ先端用に変換したい画像を探します。 ここでは、岩の写真を使用します（図01a)。 前述のとおり、カスタムブラシは何からでも作成できます。建造物やテクスチャの写真を使うと、面白いカスタムブラシやシェイプを簡単に作成できるでしょう。

写真からブラシを作成には、まずイメージをグレースケールに変換します（ブラシは必ずグレー・白・黒の明度がベースになっています)。 これを行うにはツールバーで［クイック選択ツール］（**[W] キー**）を選択、岩の写真をクリックします。 岩が選択されると点線で示されるので、**[イメージ] > [色調補正] > [色相・彩度]**（**[Ctrl] + [U] キー**）を選択します。［色相・彩度］ポップアップウィンドウが表示されたら（図01b)、［色彩の統一］オプションをクリックし、［彩度］スライダを左に動かして変換します。 これで写真がグレースケールで表示されます。[OK]を押してアクションを完了します。

01a：岩の写真からカスタムのテクスチャブラシを作成できます

01b：［色相・彩度］で写真をグレースケールに変換します

02

不要な要素を削除しましょう（**図02a**）。グレースケールに変換されなかった要素を取り除くには、ツールバーの[消しゴムツール]（**[E]キー**）で削除します。

ここに示すグレースケールのイメージは、最適なレベルのコントラストになっていません。 イメージをブラシに変換すると白い領域は完全に透明になり、黒い領域は完全に不透明になります。 そして、その中間のあらゆるグレーの階層は、イメージの明度に基づきブラシの不透明度を徐々に変化させます。 つまり、低コントラストのイメージを変換すると、テクスチャのあまりないシンプルで平坦なブラシになります。 コントラストを上げるとテクスチャがきれいに表れ、ブラシストロークの形が良くなります。

コントラストを調整するには、**[イメージ] > [色調補正] > [レベル補正]**（**[Ctrl] + [L] キー**）を選択します。[レベル補正] ポップアップウィンドウが表示されたら（**図02b**）、[入力レベル] の下の黒・白・グレーのスライダを動かし、イメージのコントラストを上げます。 この調整はカンバスにプレビュー表示されます。 コントラストに満足したら[OK]を押し、調整を確定します。

テクスチャの追加用ブラシを作成する場合、ハードエッジが残っていると不自然に見えるのでくまなく削除し、すべてのエッジをソフトに見せましょう（**図02c**）。これには[消しゴムツール]（**[E]キー**）を使用します。

02a：[消しゴムツール]でシーンの不要な要素を削除します

02b：[レベル補正]でコントラストを上げ、面白味を加えます

02c：柔らかい消しゴムでエッジをブレンドします

03

イメージ全体の見た目に満足したら、トップバーで**[編集]>[ブラシを定義]**を選択します（図03a）。ポップアップウィンドウが表示されたら、ブラシの名前を付けましょう（図03b）。できたら［OK］を押し、イメージをカスタムブラシとして保存します。

次は［ブラシ設定］パネルで、このブラシにテクスチャを追加しましょう。［デュアルブラシ］設定で、新しいカスタムブラシに「2番めのブラシ」の形やテクスチャを追加できます。［デュアルブラシ］設定を選択、チェックボックスをクリックし、パネルに表示されたブラシプリセットオプションから2番めのブラシを選択。続けて［その他］［ノイズ］［滑らかさ］ボックスにもチェックを入れます。これらのあらゆる設定が、新しいブラシの動作に影響を与えます。

カスタムブラシでペイントする場合は、［ブラシツール］を選択します。［ブラシ］パネルに新しいブラシが保存されています。このブラシは、広い表面にまだら模様のテクスチャをペイントするのに使用できます（図03c）。

03a：［ブラシを定義］を選択します

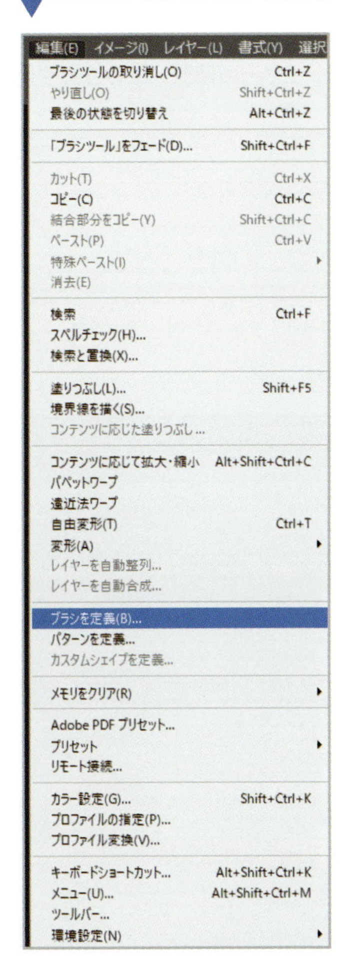

03b：ブラシに名前を付けて保存します

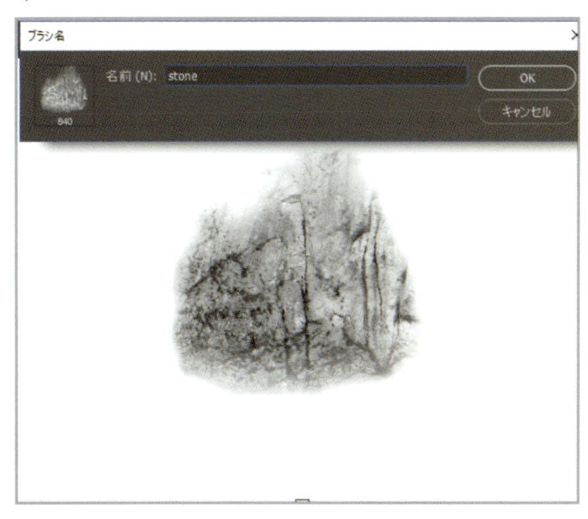

03c：このブラシを使用すれば、広範囲にテクスチャをペイントできます

習うより慣れよ

今日のさまざまな技術的進歩の中でも、コンセプトアーティストにとって最も重要なツール「頭脳」を忘れてはいけません。これまで、頭脳とアイデア表現をつなぐ最もシンプルで直接的な回線は「紙と鉛筆」でした。これから練習を積み、相当な時間投資を重ねていけば、デジタルペインティングでも「紙と鉛筆」を使うように、アイデアを容易に表現できるようになるでしょう。

レイヤー

レイヤーはPhotoshopの主な特徴の１つであり、強力かつ柔軟にクリエイティブを発揮できる要因となっています。作品の特徴を失うことなく要素を素早く変更したり、一時的な変更を加えて新しいアイデアをテストしたりできます。そして、制作プロセスの後半でも、他の人がイメージを修正できるようになります。本章ではレイヤーの概要、その性質や使用方法、利用可能なさまざまな描画モードを紹介します。

レイヤーを使用する

レイヤーは最初のカンバス（背景レイヤー）上に追加される透明なページと考えてください。ここに独立した要素を描いてシーンに加えていきます。欲しい数だけ互いに重ね合わせても、それらは同じカンバス上にあるように見えます。伝統的なアニメーションの「セル画」を思い浮かべてください。シーンの断片がアセテート・シートにペイントされ、それらが重なり合うと完全なシーンができ上がります。例えば1枚めのレイヤーには前景の木、2枚めのレイヤーにはクリーチャーが描かれたりします。1枚のレイヤーに複数の要素を描いても、要素ごとにレイヤーを分けてもよいでしょう。こうすると多くの情報がイメージに加わりますが、それらは個別に修正できます。

レイヤーは、ワークスペース右側の［レイヤー］パネルにあります。イラストに追加できるレイヤー数に制限はありません。P.28で学んだように、レイヤーを［レイヤー］パネル内で移動させてシーン構造を見直すこともできます。またPhotoshopには柔軟に作業できるようにいろいろな種類のレイヤーが用意されており、さまざまな描画モードや調整によって修正できます。個々のレイヤーにマスクを適用し、目の形の「レイヤー表示」アイコンで一時的に表示／非表示を切り替えられます。右の表は、［レイヤー］パネルにある主な機能です。レイヤーはデジタルペインティングの重要な側面であり、いろいろ試す余地があります。

［レイヤー］パネルは各レイヤーのサムネイルビューを表示します。ここでレイヤーを整理できます

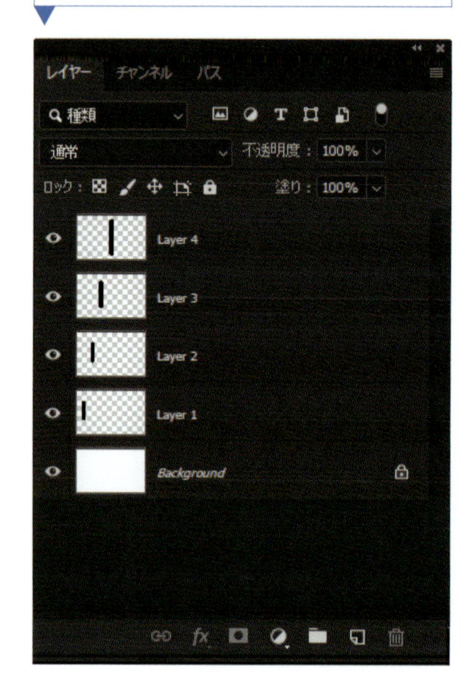

- レイヤーまたはレイヤーグループが表示されていることを表します
- 複数のレイヤーを１度に編集できるように、レイヤー同士をリンクさせます
- 既存レイヤーやベクトルの上にマスクを追加します
- 新規グループを作成する、あるいは選択したレイヤーをグループ化します
- ここにドラッグしたレイヤーやマスクを削除します
- レイヤーのピクセルがロックされ、編集不可であることを示します
- レイヤーにフィルターや特殊効果を追加します
- 調整レイヤーを作成します
- 新規レイヤーを追加します

レイヤーの種類

Photoshopには、作品の調整や品質向上に使用できる数種類のレイヤーがあります。前述のとおり（その種類にかかわらず）、どんなレイヤーでも追加し、互いに重ね合わせ、［レイヤー］パネルに格納できます。以下は各レイヤーの種類と機能の概要です。

イメージレイヤー

イメージレイヤーは標準のPhotoshopレイヤーです。単にレイヤーと言ったときは大抵このレイヤーを指します。基本的に透明なアセテート・シートのデジタル版と考えてください。要素を描画／ペイントして、別レイヤーの既存要素に直接影響を与えることなくシーンの見た目を変更します。

Photoshopでは、空白レイヤーを作成してイメージを追加したり、カンバスにコピー&ペーストしてレイヤーを作成したりできます。コンピュータのメモリが許す限り、イメージレイヤーはいくらでも作成できます。新しく作成するには［レイヤー］パネルの下部にある「新規レイヤーを作成」（折り目のついた紙のアイコン）をクリックするか、トップバーで**[レイヤー]>[新規]>[レイヤー]**（**[Shift]+[Ctrl]+[N]キー**）を選択します。

塗りつぶしレイヤー

塗りつぶしレイヤーはその名のとおり、［べた塗り（単色）］［グラデーション］［パターン］などで塗りつぶされたレイヤーです。このレイヤーでイメージの外観全体を素早く変更できます。編集・再配置・複製・削除・結合したり、［レイヤー］パネルの不透明度や［描画モード］オプションを使って、塗りつぶしレイヤーと他のレイヤーをブレンドしたりできます。

新しく追加するには**[レイヤー]>[新規塗りつぶしレイヤー]**を選択し、利用可能なオプションから［べた塗り］［グラデーション］［パターン］を選択します。他にも［レイヤー］パネルの「塗りつぶしまたは調整レイヤーを新規作成」（白黒の円のアイコン）をクリックして追加できます（塗りつぶしレイヤーのオプションは、表示されるメニューの1番上にあります）。

シェイプレイヤー

ツールバーで［長方形ツール］や［楕円形ツール］などのシェイプツールを選択してカンバス上をドラッグすると、シェイプレイヤーになります。このシェイプはベクトル形式なので、変形や編集を行なっても品質は失われません。他のタイプのレイヤーと同様、シェイプレイヤーは描画モードや不透明度を調整できます。シェイプの色を編集するときは、［レイヤー］パネルでサムネイルをダブルクリックします。

シェイプレイヤーにフィルターを適用するには、そのシェイプを「スマートオブジェクト」にするか、ピクセルベースの画像に変換する必要があります。これを行うには、［レイヤー］パネルでシェイプレイヤーを右クリックして［スマートオブジェクトに変換］を選択するか、［レイヤーをラスタライズ］を実行します。

調整レイヤー

これは、色・コントラスト・レベルの調整、さらに色調や明度の操作もできる特別なレイヤーです。レイヤーに直接調整を適用する代わりに「調整レイヤー」で補正を加える利点は、元のイメージに影響することなく、その調整をいつでも編集できることです。

調整レイヤーはその下のレイヤーのみに適用されます。これを追加するには**[レイヤー]>[新規調整レイヤー]**で調整の種類を選択するか、［レイヤー］パネルの下部にある「塗りつぶしまたは調整レイヤーを新規作成」（白黒の円のアイコン）をクリックします。

文字レイヤー

イメージに文字を入力したい場合、ツールバーから［横書き文字ツール］（P.35を参照）を選択、カンバス上をクリックして文字を入力するだけです。［横書き文字ツール］は自動的に新しい文字レイヤーを作成します。［プロパティ］パネルでフォントファミリー・色・サイズなどのオプションを指定します。文字レイヤーは［レイヤー］パネルでTのアイコンになります。

この［レイヤー］パネルでは、背景レイヤーの上に、文字レイヤー、シェイプレイヤー、塗りつぶしレイヤー、［レベル補正］調整レイヤーが重なっています

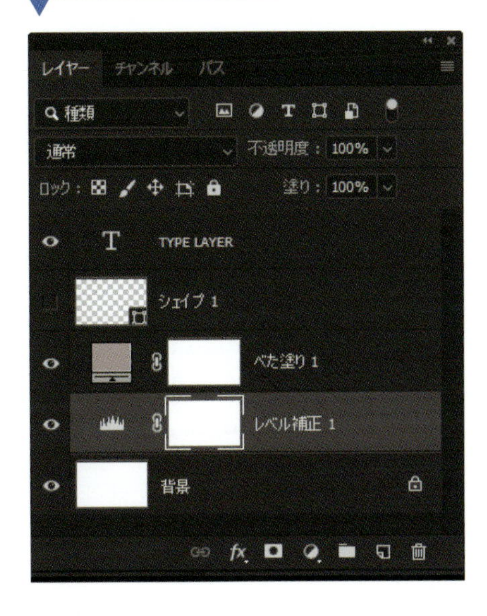

複数のレイヤーで作業する

デジタルペインターにとって、レイヤーで制作することは大きな強みとなるでしょう。複数のレイヤーを使った好例の 1 つに、映画業界の「マットペイント」があります。 これは映画的なデジタルペインティングスタイルを通じて、効果的なイメージを作成します。 マットペイントでは、多くのレイヤーで作業することが必須です。 特に要素のさまざまなイテレーション（繰り返し）や細かい色調補正を行き来しながら、明度を中心に変更を行うときに便利です。

さまざまな部署で働くたくさんの人たちが作品ファイルを編集する大きなスタジオ環境を想像してみてください。 同僚たちがそれぞれの目的のためにイメージを調整し、制作を推し進めています。したがって、ファイル内のレイヤーには柔軟性が求められ、整頓されていなければいけません。 他の業界でイラストやデジタルペインティングを制作するときも、できる限りレイヤーを使って作業するのが望ましいでしょう。アートディレクターの気が変わったり、アーティストが絵の一部領域を丸ごとやり直したりすることはよくあります。 最終的にたくさんのレイヤーを作成するときは、レイヤー名をダブルクリックして適切な名前をつけておきましょう。

マットペイントの[レイヤー]パネルでは、制作のために複数のレイヤーをそのまま保つ必要があります

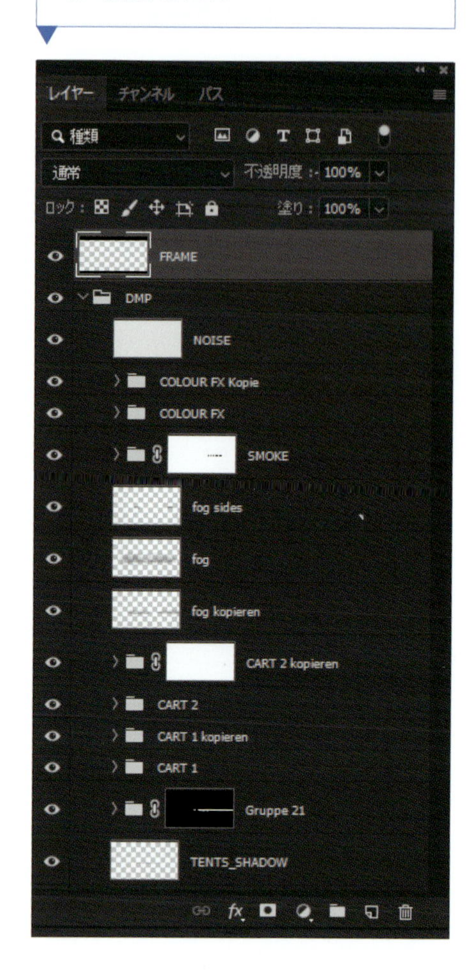

レイヤーグループ

レイヤーのグループ化は、Photoshopでファイルを整理する最も便利な方法の 1 つです。ファイルをきちんと整理すると、仕事仲間が制作パイプラインの後半で特定のレイヤーや要素を見つけやすくなるので、プロの現場では特に役立ちます。 仕事のスタイルにもよりますが、イラストやペインティングに何百枚ものレイヤーを使うこともあります。 すべてのレイヤーに名前を付けるとなると膨大な時間がかかりますが、レイヤーグループを使えば、少なくとも関連レイヤーの塊を見分けることができるでしょう。すべてのレイヤーグループは、含まれるレイヤーとその描画モードを一括で修正できます。

レイヤーグループを作成するには［レイヤー］パネルで関連レイヤーをクリックし、[レイヤー] > [レイヤーをグループ化]（**[Ctrl] + [G] キー**）を選択します。 他にも、レイヤーを選択して、[レイヤー]パネルの下部にある「新規グループを作成」（フォルダアイコン）にドラッグしてもグループ化できます。 グループ単位のレイヤーは［レイヤー］パネルでインデント表示され、隣にフォルダのアイコンと、グループの中身の表示／非表示を切り替える矢印が表示されます。このように分類しておけば、作業中は1つずつのグループに集中しやすくなり、ワークスペースが一杯にならずに済みます。

また、必要に応じてレイヤーグループをまとめて非表示にしたり、グループを展開して個々のレイヤーの表示／非表示を切り替えたりします。これには各レイヤーとレイヤーグループの隣にある目のアイコンを使用します。

レイヤーグループは作成するのが簡単で、ワークスペースの整理に役立ちます

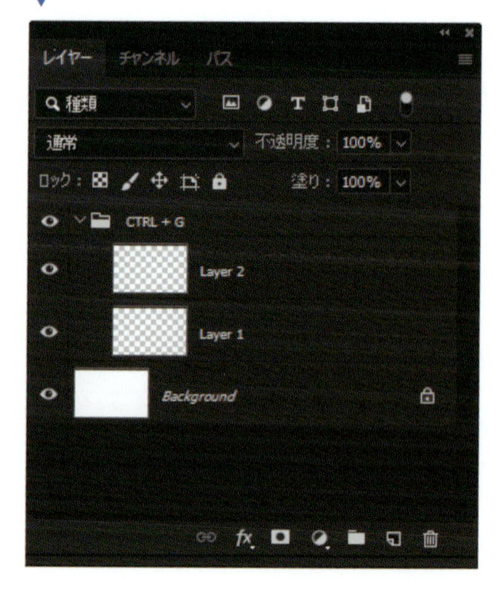

レイヤーを統合する

複数のレイヤーを1枚のレイヤーにまとめたいときは、レイヤーの統合または結合を選びます。クライアントが承認済みの最終イラストなど、作業を終えたレイヤーが何枚もあるような状況では、それらをまとめておくと便利です。レイヤーがなくなると編集できなくなるため、まとめる前にそれ以上変更しないことを確認してください。

下のレイヤーと結合

Photoshopでレイヤーの統合や結合を行う方法は複数あります。1つは［下のレイヤーと結合］オプションで選択したレイヤーを下のレイヤーと結合します。まず［レイヤー］パネルで結合したいレイヤーを選択、次に**［レイヤー］＞［下のレイヤーと結合］**（**[Ctrl]＋[E]キー**）を実行します。これで選択したレイヤーがすぐ下のレイヤーと結合します。この手法はどんなレイヤーにも使用できます。

表示レイヤーを結合

［表示レイヤーを結合］を使うと、表示されたレイヤーのみがレイヤースタックに1レイヤーとして結合されます。非表示レイヤーはそのまま残り、編集できるので、一部のレイヤーにまだ手を加える可能性がある場合は、こちらの方が安全な選択肢です。結合したレイヤーは編集できるものの、レイヤーの要素はもう分離していないため、ペインティングの際は面倒かもしれません。表示レイヤーを結合するには**［レイヤー］＞［表示レイヤーを結合］**（**[Shift]＋[Ctrl]＋[E]キー**）を選択します。

画像を統合

複数のレイヤーを1つのイメージに統合するオプションにはショートカットがありません。あると便利なので作成することをお勧めします。このオプションを選択すると、あらゆるレイヤーが1つの背景レイヤーに統合されます（表示されてないレイヤーを破棄します）。この手法を用いるときは注意してください。［取り消し］オプションは使用できますが、レイヤーに設定した描画モードによっては完全に元に戻すことが困難です。イメージを統合するには、**［レイヤー］＞［画像を統合］**を選択します。

複数のレイヤーを単一レイヤーに結合・統合するためのオプションは、トップバーの［レイヤー］メニューにあります

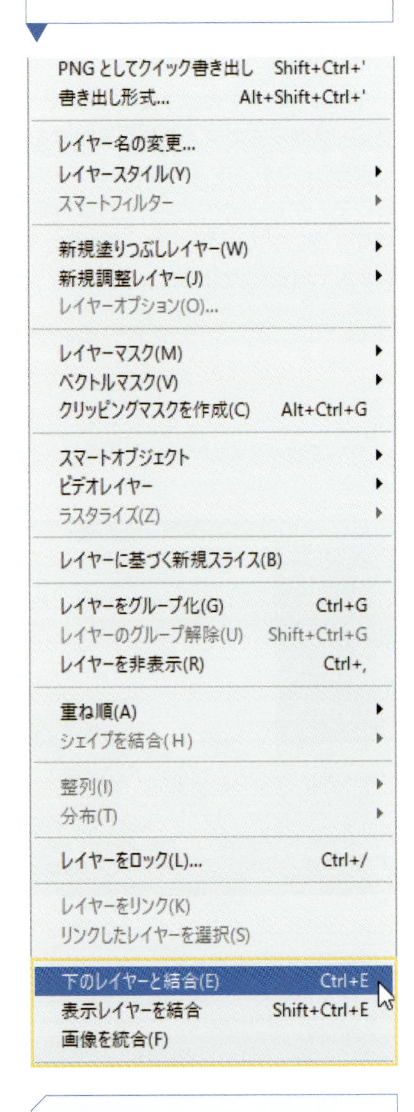

統合したレイヤー

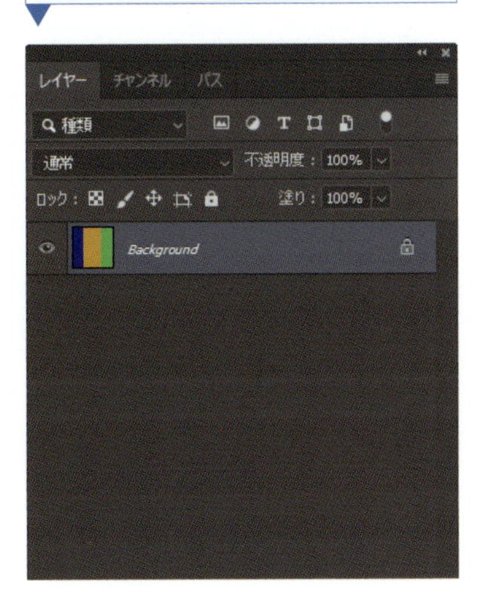

元のレイヤースタック

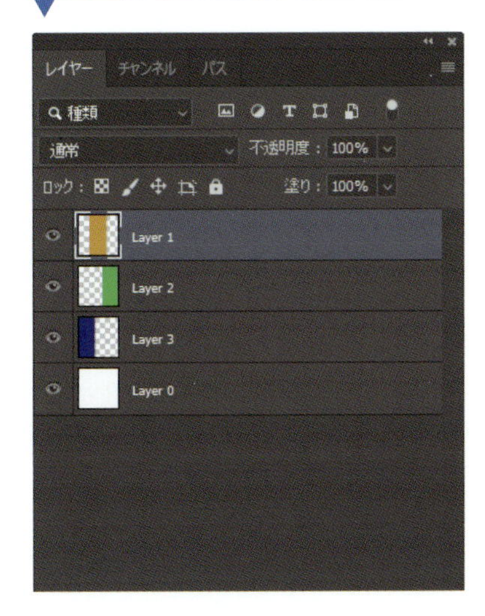

下のレイヤーと結合

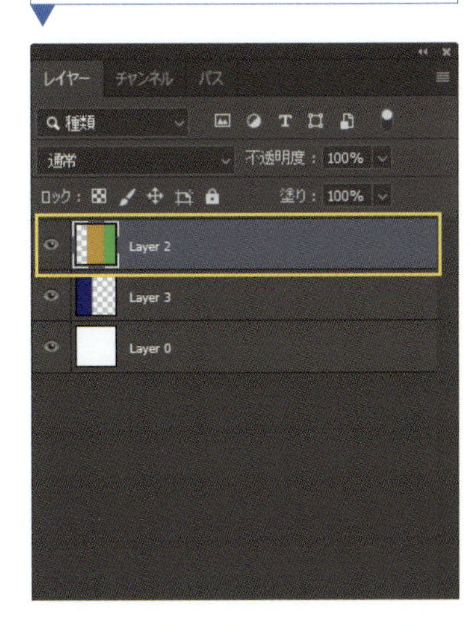

表示レイヤーのみを結合

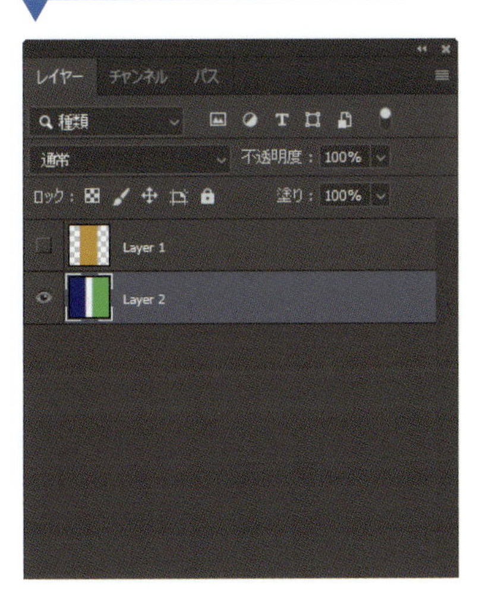

レイヤーマスク

レイヤーマスクは、粘着フィルムのデジタル版と考えることができます。つまり、レイヤーの一部をマスクでブロックするので、ペイントしても下のピクセルには影響しなくなります。そして、ペイントするときに不要なものは覆われて見えなくなりますが、残りのイメージは表示されたままです（マスクで保護されます）。マスクが適用されたレイヤーをペイントしても、その効果によって絵の選択範囲（白）の周り（エッジ）はきれいなままです（※もしブラシストロークが表示されない場合は、マスクで透明にした領域（黒）をペイントしているからです）。

デジタルマスクを作成する利点の１つは、グレースケールでマスクの不透明度を調整できることです。マスクは白と黒でできているので、グレーでペイントすれば特定の範囲を正確にマスクできます。マスクにペイントするときは、次のようになります。

- ▶ **白：100%不透明**
- ▶ **黒：100%透明**
- ▶ **グレー（50%黒）：50%透明**

01

レイヤーマスクを使用するプロセスでは、組み合わせたい２つの画像から始めます。今回は「海」と「岩層」の写真を使用しますが、マスクはペイントした要素にも適用できます。まず２つの写真をPhotoshopで開いたら、別の新規カンバスを作成します。次にそれぞれの写真を選択し、空白のカンバスにコピー＆ペーストします（**[Ctrl]＋[A]キー**を押して写真全体を選択、**[Ctrl]＋[C]キー**を押してコピー、空白カンバスに切り替えて**[Ctrl]＋[V]キー**を押してペースト）。写真は自動的に別々のレイヤーに表示されます。

01：２枚の写真をPhotoshopにコピー＆ペーストします

02

［レイヤー］パネルで岩層のレイヤーを選択、パネル下部にあるレイヤーマスクアイコン（白い長方形の中に黒い円）をクリックします。これでサムネイルの横にもう１つのサムネイルができます。これがレイヤーマスクです。周囲の白い枠はマスクが選択されていることを示します。この状態で、カンバス上に白／黒のマークを描くと写真のマスクに影響します。

02：マスクのサムネイルが表示されます

03

マスクの効果をわかりやすくするため、１番上のレイヤー（岩層）の後ろにあるものが見えると便利です。そこで、マスクしているレイヤーの不透明度を少し下げるとよいでしょう。これを行うには、［レイヤー］パネルでレイヤーサムネイルをクリックして選択、不透明度スライダでレイヤーの不透明度を下げます。

03：マスクの不透明度を下げます

04

次は岩層写真の不要な領域をマスクしていきます。 マスクサムネイルをクリックして選択し、黒に設定した [ブラシツール] で隠したい領域をペイントします。 この領域は削除されているように見えますが、実際にはマスクしている（領域を隠している）だけです。この方が消去するよりも融通が利きます。

04：[ブラシツール]を選択、マスクで隠したい領域を黒でペイントします

05

残したい領域の一部を間違って削除した場合でも、白でマスクをペイントするだけで要素を簡単に元に戻せます。 さらに、グレーでペイントとするとイメージの一部が少しだけ表示され、色あせた感じを出せるでしょう。 このカンバスには２つの写真の好みの領域が表示され、[レイヤー]パネルのマスクサムネイルがマスクの効果を表しています。

05：白でペイントすると隠れた領域を再表示できます。マスクは[レイヤー]パネルで別のサムネイルで表示されます

レイヤー描画モード

レイヤーのさまざまな描画モードは、シーンへの「混ざり方」を決定します。つまり、選択したレイヤーとその下のレイヤーをブレンドします。 選択した各描画モードは、ブレンドする上のレイヤーのピクセル・色相・彩度・輝度・色情報を用いて、下のすべてのレイヤーの色や輝度を変更します。 たくさんの描画モードを使いたくなるかもしれませんが、イメージを引き立てるものを選択的に用いましょう。この作業にとらわれてはいけません。 そして描画モードで絵を圧倒しないように注意してください。レイヤーの描画モードにアクセスするには、レイヤーを選択した状態で［レイヤー］パネルの上のメニューを開くか、新規レイヤーを作成したときに表示されるポップアップウィンドウを使用します（**[Shift]＋[Ctrl]＋[N]キー**）。本項では利用可能なレイヤー描画モードと、それらがペインティングに与える影響を考察します。

01

この短いチュートリアルで紹介するのは、複数のレイヤー描画モードを使用して、希望どおりの効果を生み出す方法です。 このプロセスの目的は、一般的によく使われている描画モードで、シンプルなコンクリートの球体イメージを作成することです。 まず空白の新規カンバスを作成して、新規レイヤーを追加（**[Shift]＋[Ctrl]＋[N]キー**）、P.35で紹介した［楕円形ツール］でグレーの円を作成します。真円にするため、形状をドラッグするときは**[Shift]キー**を押しましょう。

［楕円形ツール］でコンクリートの球体のベースとなる基本的な円を描きます

02

コンクリートの球体をペイントするには、まずシェイプレイヤーを右クリック、［レイヤーをラスタライズ］で画像に変換します。次に［自動選択ツール］ で作成した球体の選択範囲を作成し、新規レイヤーを追加します（**[Shift]＋[Ctrl]＋[N]キー**）。このレイヤーの描画モードを利用して、影を追加していきます。 では、紫または青のソフトエッジブラシで球体のエッジ周辺に影の領域をペイントしましょう。 完了したら［レイヤー］パネルで描画モードを［乗算］に変更し、影の効果を強めます。続けて［不透明度］スライダでレイヤーの不透明度を調整し、お好みの影の強さにします。

［ブラシツール］でエッジ周辺に影をペイントし、描画モードを［乗算］に変更。不透明度を下げて調整します

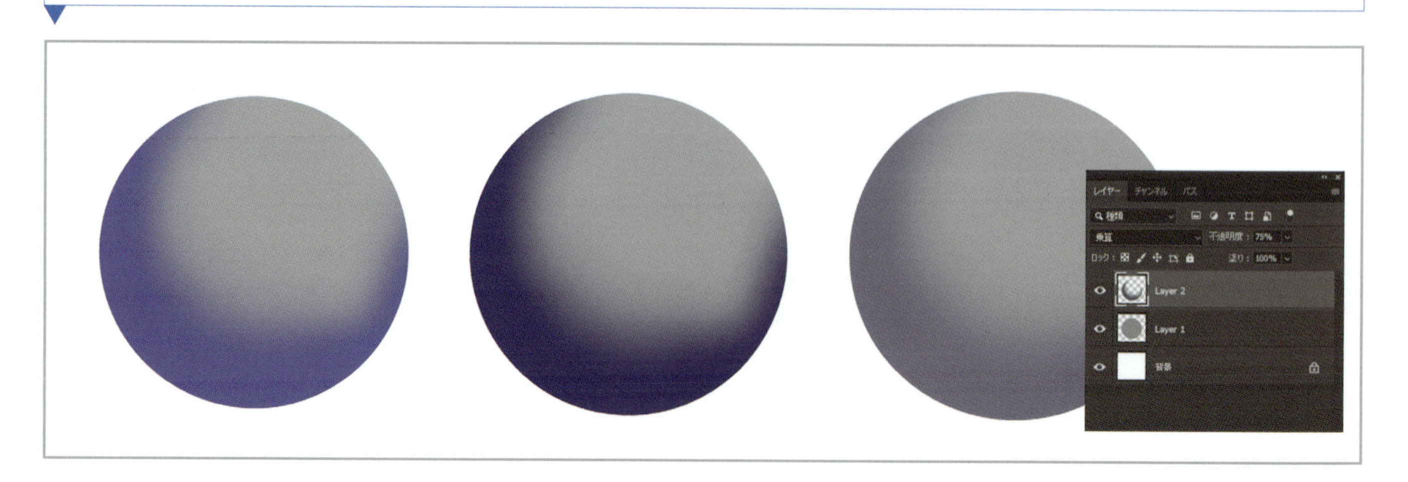

03

球体の選択範囲を維持したまま、新規レイヤーをもう１つ作成、明るい黄色のソフトエッジブラシで、かすかなハイライト領域をペイントします（コンクリートの反射性はあまり高くないため、強いハイライトは描きません)。完了したら、[レイヤー] パネルでこの新しいレイヤーの描画モードを [スクリーン] に変更し、ソフトなハイライトを作ります。この段階で、ハイライトと影のある極めて基本的な球体ができているはずです。

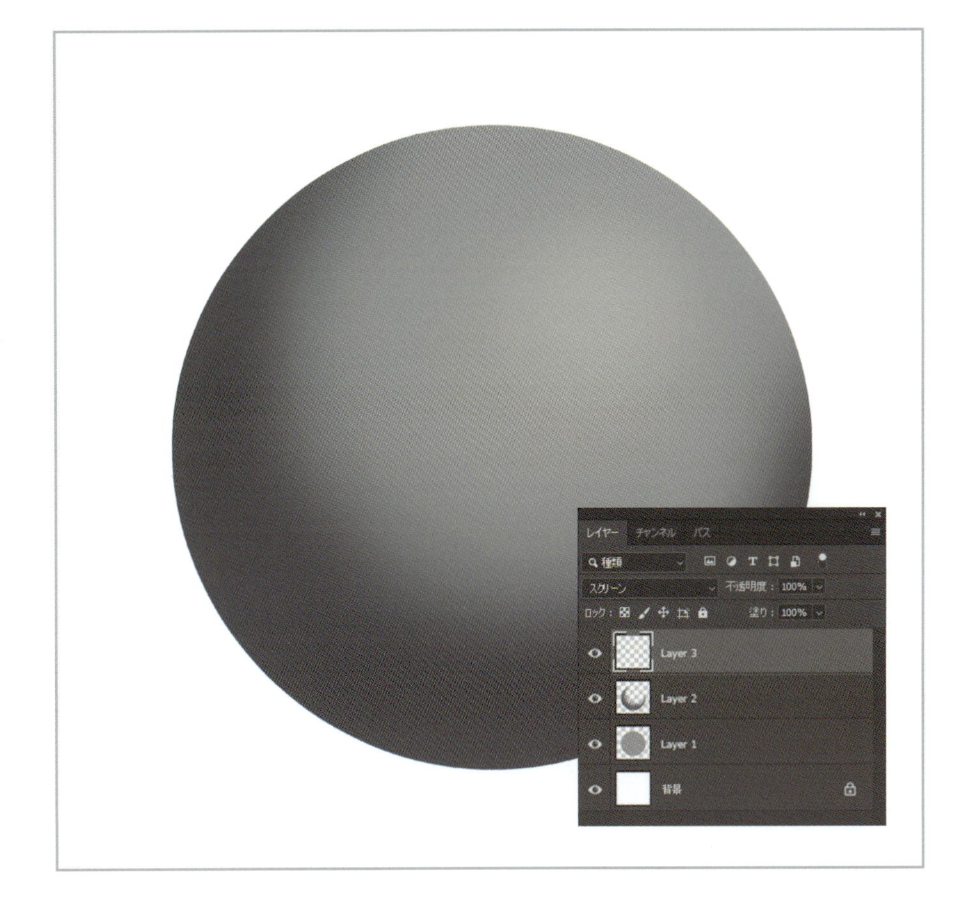

04

新規レイヤーに写真テクスチャを加えましょう。 まずコンクリートの写真を開き、**[Ctrl]+[A]キー**を押して全体を選択します。次に**[Ctrl]+[C]キー**を押して選択範囲をコピーし、球体のカンバスに戻り、**[Ctrl]+[V]キー**を押してペーストします。 これでコンクリートの写真テクスチャが新規レイヤーに表示されます。

コンクリートの写真を追加したら、[レイヤー]パネルで描画モードを[オーバーレイ]に変更します。これはテクスチャを貼り付けるのに最適なモードです。 完了したら希望どおりの効果になるまで、レイヤーの不透明度を下げましょう。

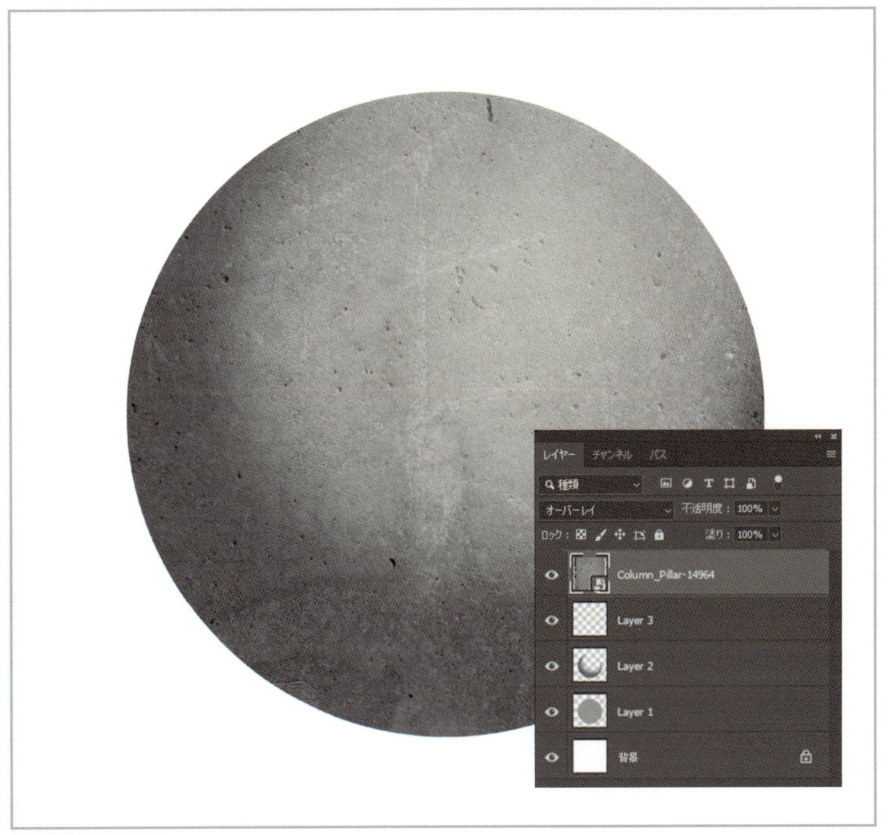

描画モード	説明
ディザ合成	［ディザ合成］描画モードは下のレイヤーのピクセルをブレンドするのではなく、ブレンドレイヤー（描画モードを適用したレイヤー）の不透明度を下げたときに、それに応じて下のピクセルを表示します。したがって、下のピクセルはノイズ効果を通じて表示されます。 このモードはイラストやコンセプトに視覚的なノイズを入れるときに便利です。
比較（暗）	［比較（暗）］描画モードは各RGBチャンネルの輝度に影響を与え、ベースカラーとブレンドカラーのうち暗い方を選択します。ブレンドレイヤーと他のすべてのレイヤーの色が同じなら、まったく変化しません。デジタルペインティングでは、明るい領域を暗くするときに便利です。
乗算	［乗算］はPhotoshopで最も有名な描画モードの1つです。これはベースレイヤーの色とブレンドレイヤーの輝度をかけ合わせます。 その結果、色は必ず暗めになります。 白と黒の明度は同じままですが、さまざまなレベルの暗さを生み出します。このモードは主にデジタルペインティングの影の作成に使用されますが、色にも興味深い効果を生むことがあります。
焼き込みカラー	［焼き込みカラー］描画モードはイメージを暗くするのに使用され、主な機能はコントラストの作成です。ベースレイヤーとブレンドレイヤー間のコントラストを上げることにより、［乗算］よりも暗い効果を生み出します。 その結果、非常に高彩度の中間調や低減されたハイライトになります。 場合によっては、新鮮なアイデアに繋がるような興味深い効果が得られるでしょう。
焼き込み（リニア）	［焼き込み（リニア）］描画モードは［焼き込みカラー］と同様に機能します。これはブレンドレイヤーの色の明度に基づいてベースカラーの明るさを低減します。その結果、より暗い低彩度のイメージになります。［焼き込み（リニア）］は暗い色に高コントラストを生み出すので、暗いイメージにコントラストを作るには良い選択肢です。
カラー比較（暗）	［カラー比較（暗）］は［比較（暗）］描画モードと同様に機能します。これはベースレイヤーとブレンドレイヤーの色を比較し、最も暗い明度を保持します。ただし、それぞれのRGBチャンネルを個別に見るのではなく、RGB合成チャンネルを見ます。
比較（明）	［比較（明）］描画モードはベースレイヤーとブレンドレイヤーの色を比較し、明るい明度を保持します。両レイヤーの色が同じ場合は変化しません。［比較（明）］はシーンの中の明るい領域を強調するのに使用できます。
スクリーン	［スクリーン］も有名な描画モードの1つで、色を明るくします。ブレンドレイヤーの輝度に応じて、さまざまなレベルの明るさを生み出します。 こうして透明度を変化させるとハイライトが鈍くなり、汚れて見えることもあるため、イメージのレベルを調整して明度を下げる必要があるかもしれません。

描画モード	説明
覆い焼きカラー	[覆い焼きカラー]描画モードは、[スクリーン]よりも明るい効果をもたらします。ベースレイヤーとブレンドレイヤーの色のコントラストを低減し、高彩度の中間調や強調されたハイライトを生み出します。
覆い焼き（リニア）- 加算	[覆い焼き(リニア)-加算]描画モードは、各RGBチャンネルの色情報に従ってベースレイヤーの色を明るくします。こうして、明るさを増すことによってブレンドレイヤーの色を反映しています。非常に明るいトーンは白くなり、色情報がなくなるまで明るくできます。
カラー比較（明）	[カラー比較(明)]描画モードは[比較(明)]とよく似ています。ベースレイヤーとブレンドレイヤーの色を比較し、最も明るい明度を保持します。この2つのモードの最大の違いは、[カラー比較(明)]がRGB合成チャンネルを参照するのに対し、[比較(明)]は各RGBチャンネルを参照することです。
オーバーレイ	[オーバーレイ]も有名な描画モードの1つで、[乗算]と[スクリーン]の効果を組み合わせたものです。この描画モードは50%グレーよりも明るい色に対して、半分の強さで[スクリーン]を使用します。50%グレーよりも暗い色に対しては、半分の強さで[乗算]を使用します。50%グレーは中間色になるため、透明になります。暗い色調は中間調を暗く変化させ、明るい色調は中間調を明るく変化させます。デジタルペインティングでは、明度を改善し、テクスチャをさりげなくブレンドさせ、色味を仕上げるのによく使用されます。
ソフトライト	[ソフトライト]描画モードは[オーバーレイ]とよく似ていますが、もっと控えめです。ベースレイヤーの色の明度に応じて暗くなる、または明るくなる効果を生み出します。 暗い色と明るい色の間に強烈なコントラストは作りません。
ハードライト	[ハードライト]描画モードは[乗算]と[スクリーン]の2つの描画モードを組み合わせたものです。ブレンドレイヤーの色の明るさを使って、高コントラストの修正を加えます。デジタルペインティングで[ハードライト]を使うと強過ぎることもあるので、そのときはブレンドレイヤーの不透明度を下げてください。
ビビッドライト	[ビビッドライト]描画モードは[オーバーレイ]や[ソフトライト]の極端なバージョンです。ブレンドレイヤーの下にある50%グレーよりも暗い色は暗くなり、50%グレーよりも明るい色は明るくなります。[ビビッドライト]を使うときは効果が強くなり過ぎないよう、ブレンドレイヤーの不透明度を調整する必要があるかもしれません。
リニアライト	[リニアライト]描画モードは明るい色のピクセルに[覆い焼き(リニア)-加算]を、暗い色のピクセルに[焼き込み(リニア)]を使用します。通常[リニアライト]描画モードは極端な色を生み出すため、[レイヤー]パネルの不透明度や塗りスライダで結果を調整することも珍しくありません。
ピンライト	[ピンライト]描画モードは最も極端な結果になります。[比較(暗)]と[比較(明)]を同時に使用し、ベースレイヤーの暗い明度と明るい明度を強調します。

Photoshopでシーンを作る

これまでPhotoshopのツールやレイヤーを使ったことがないなら、理解を深めるために、この短い演習に取り組みましょう。詳細なペイントチュートリアルに着手する前に、Photoshopのウォームアップになります。新しいワークスペースで自信を持ってツールや機能を扱えるようになると、将来的にハイレベルな作品を生み出せるでしょう。

01

まず**[Ctrl]+[N]キー**をクリックして新規ドキュメントをセットアップします。3,840 x 2,160ピクセルの寸法を入力して横長のフォーマットを選択、カラーモードを[RGBカラー]に設定して[作成]を押します。今回はワークスペースプリセットの[ペイント]を選択します(右上隅にあるドロップダウンメニューから選択)。次は背景レイヤーの上にペイント用の新規レイヤーを作成しましょう。[レイヤー]パネル下部の「新規レイヤーを作成」(折り目の付いた紙のアイコン)をクリックするか、トップバーから**[レイヤー]>[新規]>[レイヤー]**(**[Shift]+[Ctrl]+[N]キー**)を選択します。

最初に使用するツールは[グラデーションツール]です。ツールバーから選択するか**[G]キー**を押します。空白のカンバスから始めるのが怖いときは、[グラデーションツール]で空白を埋めましょう。オプションバーで[線形グラデーション]を選択し、グラデーション効果をソフトにするため不透明度を少しだけ下げます。[カラー]パネルで黒を選択し(表示されていない場合は、**[ウィンドウ]>[カラー]**)、カンバスの下から上まで縦方向に線をドラッグします。こうすると、カンバスの下の方は暗く、上に行くにつれて明るくなるグラデーションになり、地平線の位置の目安になります。グラデーションが暗過ぎると感じるときは、[レイヤー]パネルでグラデーションレイヤーの不透明度を下げて調整しましょう(不透明度のドロップダウンメニューをクリックし、スライダでその割合を変更します)。

このグラデーションによって空の位置を正確に示し、「雨模様」「もの悲しさ」「明るく晴れた雰囲気」などを設定できます。あとでイメージのカラーグレーディングを行うため、ここではグレースケールにします。

02

[Shift]+[Ctrl]+[N]キーで新規レイヤーを作成します。ツールバーで[なげなわツール]を右クリックして、表示されるメニューから[多角形選択ツール]を選択します。

[多角形選択ツール]でカンバスにまっすぐな斜線を引いていき、始点と終点をつなげて閉じます。こうしてカンバスの下部に選択範囲を作成します。では[ブラシツール](**[B]キー**)に切り替え、[ハード円ブラシ]などの標準ブラシを選択、太いストロークで選択範囲を塗りつぶしましょう。ここでも引き続きグレースケールで作業するため、ブラシの色を濃いグレーまたは黒に変更し、前景プレーンを作成します。これは[塗りつぶしツール]で塗りつぶさないでください。[ブラシツール]でブラシストロークを重ねれば、面白いテクスチャが生まれます。このブロックをペイントできたら[多角形選択ツール]を再び選択し、選択範囲の内側をクリックして選択解除します。

最初の地平線を描けたら別の新規レイヤーを作成します。再び[多角形選択ツール]で2つめの選択範囲を描き、カンバスを反対方向に走る斜めのブロックを作成しましょう。[ブラシツール]で2つめの選択範囲をペイントするときは、奥行き感を出すために明るいグレーの明度を使用してください。[多角形選択ツール]で選択範囲の内側をクリック、2つめのブロックの選択解除したら、[レイヤー]パネル内でこのレイヤーを下にドラッグし、グラデーションレイヤーと1つめのブロックレイヤーの間に入れます。

01：[グラデーションツール]で、新しいイメージのベースを作成します

02：[多角形選択ツール]で、カンバスに最初のマークを簡単に描きます

03

ラフな構図に奥行きとテクスチャを取り入れましょう。**[Shift]+[Ctrl]+[N]キー**を押して新規レイヤーを作成、［レイヤー］パネル内で他のレイヤーの下にドラッグします。再び［なげなわツール］で背景に山や岩のラフな形状を描いていき、**[Shift]+[F5] キー**を押して選択範囲を塗りつぶします。ポップアップウィンドウで岩の色を選択するため、[内容]：[カラー]にして[カラーピッカー］ウィンドウを開きます。[スポイトツール]で地平線と同じグレーを選択し、[OK]を2回続けてクリックします。

次は［Shift］キーを押しながら［なげなわツール］で小さい「ディテール」をたくさん加えていき、この大きな岩に崖や石のテクスチャを作ります。ディテールの選択範囲をたくさん描くほど、岩がより自然に見えます。ある程度の数を描けたら、より明るいグレーの色調で塗りつぶします（**[Shift]＋[F5] キー**）。写真テクスチャ（ステップ05）やカスタムブラシ（P.51～53）を用いても同様の効果を得られるでしょう。

さまざまな業界

デジタルペインターが就職する5つの主要な業界は、テレビゲーム、映画、TV、アニメーション、出版です。これらは条件や労働環境の面で異なりますが、ほぼすべての職種でPhotoshopの実践的な知識が要求されます。

04

ベース作りを終えたので、［カスタムシェイプツール］で前景に小さなディテールやテクスチャを入れましょう。このツールを使えば、どんな形でも素早く配置できます。木・茂み・建物・人物・宇宙船など、ライブラリの内容次第でいろいろなものを配置できます。今回は茂みのシェイプ（形状）です。

カスタムシェイプを作成するには、まず茂みをペイントして、何度も使えるシェイプに変換しましょう。まず新規レイヤーを作成し、ツールバーで[ブラシツール]を選択。ブラシプリセットから植物のブラシを選択し、[カラーピッカー］で黒を設定してペイントします（このストロークから茂みの抽象的なベクトル画像を作成します）。もしカンバス上にブラシが見えないなら、［レイヤー］パネルでレイヤーの場所を確認してください（レイヤースタックの別要素の下にある場合もあります）。ここでは階層の上の方にレイヤーをドラッグします。次はツールバーで[自動選択ツール]（**[W]キー**）を選択、茂みをクリックして選択範囲を作成します。

［レイヤー］パネルの隣の［パス］タブに切り替え、右上隅にあるメニューから[作業用パスを作成］を選択、ポップアップウィンドウで[OK]をクリックします。最後に**[編集]>[カスタムシェイプを定義]**を選択し、ポップアップウィンドウがもう1つ表示されるのでシェイプに名前を付け、［OK］をクリックします。これでカスタムシェイプは完成しました。

作成したカスタムシェイプを使用するには、ツールバーで［カスタムシェイプツール］を選択します。次に、オプションバーでツールモードを[シェイプ]に、[シェイプ]メニュで新しいシェイプを選択します。では新しく作成したカスタムシェイプで、さらに2つ茂みを描きましょう（茂みは別レイヤーとして表示されます）。最初の茂みとまったく同じに見えないように、［自由変形ツール］（**[Ctrl]＋[T] キー**）で拡大・縮小を行います。右クリックし、コンテキストメニューから[自由な形に]を選択。マーカーをクリック&ドラッグして新しい茂みを変形します。

新しく作成した2つの茂みレイヤーを両方選択し（**[Ctrl]キー**を押しながらクリック）、**[Ctrl]＋[E]キー**を押して同じレイヤーに結合します。これで2つの茂みが1つのレイヤーになり、［レイヤー］パネルには2つの茂みがレイヤー残ります（元の茂み、結合した茂み）。最後に新しく結合した茂みのレイヤーサムネイルをダブルクリック、[カラーピッカー］ポップアップウィンドウから明るいグレーを選択し、レイヤー同士を馴染ませましょう。

03：[なげなわツール]はディテールやテクスチャの追加にも使用できます

04：カスタムシェイプは作業を手早く進め、シーンの第1印象を作るのに非常に役立ちます。左が結合した新しい茂み、右が元の茂み

05

写真テクスチャを使って、都市の背景を追加しましょう。都市の写真（背景が空）を探し、Photoshopにコピー&ペーストします。これで新規レイヤーとして加わります。写真のサイズを大きくするには、**[Ctrl]+[T]キー**を押し、[Shift]キーを押しながらコーナーのマーカーをドラッグ、[Enter]キー押して変形を確定します。写真レイヤー全体を確認するには、[レイヤー] パネルの１番上に一時的にドラッグする必要があるかもしれません。

では都市の使いたい部分を［多角形選択ツール］で選択、領域を右クリックして、［選択範囲を反転］を適用します。これで**[Delete] キー**を押すと、選択した領域以外は写真からすべて削除されます。空をダブルクリックして選択を解除しておきます。次は**[Ctrl]+[U]キー**で[色相・彩度]パネルを開き、[彩度] スライダを１番左まで動かして [OK] をクリックしましょう。これで都市がイメージの他の部分に合うグレースケールになります。

このレイヤーをレイヤースタックの下の方にドラッグし、前景要素の後ろに表示されるようにします。レイヤーを選択した状態で再び**[Ctrl]+[T]キー**を押し、都市をドラッグしてシーンに配置。[Enter] キー押して移動を確定します。都市がシーンの中で遠方にあることを表現するため、不透明度を下げるとよさそうです。では [レイヤー] パネルの右上にある[不透明度] スライダで不透明度を下げましょう。

引き続き、カスタムシェイプや写真テクスチャ、カスタムブラシテクニックを使って、テクスチャを追加していきますが、これらは後述のチュートリアルでも詳しく学びます。この段階でカスタムブラシを試したいなら、P.51～53を参照してください。そうでなければ、ここではシンプルに都市や植物と同様にディテールを追加してください。雲などの要素をブレンドするときは、[指先ツール] を使用しましょう。そのぼかし効果はブラシ設定に応じて変化します。例えば、散布ブラシは不均一性が増し、テクスチャブラシは別の方法でぼかします。自分のニーズにぴったり合ったオプションを見つけるには、[指先ツール] と [ブラシツール] を入念に試す必要があります。

思いどおりのシーンができるまで、引き続きテクスチャを加えていきます。新しいテクスチャを新規レイヤー上に追加すると、あとで編集がグッと楽になることを忘れずに。イメージを完成させたあともそれらのレイヤーを修正できるので、これ以上の編集を加える必要がなくなります。

06

イメージの調整に移りましょう。[レベル補正] (**[Ctrl]+[L]キー**) でイメージの色調を補正し、もっと暗く憂鬱な雰囲気を作ります。ポップアップウィンドウが表示されたら、[入力レベル] と [出力レベル] を左右に動かしてレベルを調整しましょう。その影響はカンバス上で確認できます。希望どおりの効果が得られたら、[OK]を押します。

[レイヤー]パネルの下部で「調整レイヤー」を適用することもできます。「塗りつぶしまたは調整レイヤーを新規作成」（白黒の円のアイコン）をクリックして [レベル補正] 調整レイヤーを選択。これは、前述の[レベル補正]と同様に機能しますが、別レイヤー上で行うため、自由にオン／オフを切り替えられます。

07

シーンに色を付けていきましょう。前のステップで説明した調整レイヤーアイコン（[レイヤー] パネルの下部にある白黒の円）をクリックします。今回は表示されるメニューから [カラーバランス] 調整レイヤーを選択します。これをレイヤースタックの１番上に配置してください。ワークスペースに［属性］パネルが表示されるので、中間調、ハイライト、シャドウを選択してシーン全体を色付けします。３つの値でカラースライダを左右に動かして、青みがかった色調を作ります。こうしてイメージのベースカラーを設定できるので、好きな色になるまでこのプロセスを繰り返します。

05：イメージをより面白くするために、写真テクスチャをシーンに追加／変形／ブレンドします

06：[レベル補正]調整を使って、シーン全体の雰囲気を変更できます

07：[カラーバランス]調整レイヤーで、ベースカラーを加えます

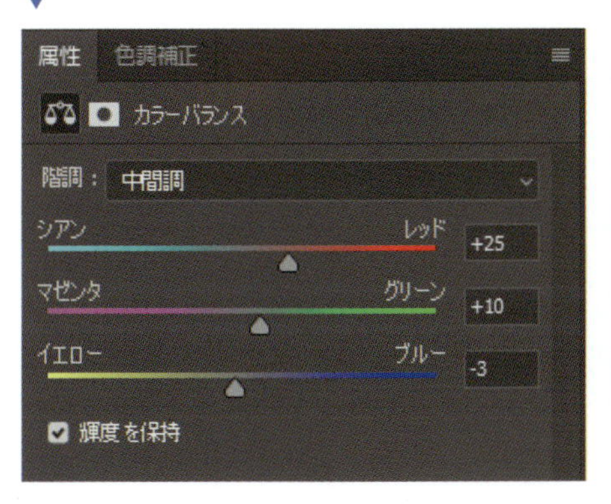

08

このイメージは中間調の青のトーンになったので、さらに色を追加していきましょう。ツールバーで［多角形選択ツール］を選択、イメージの下部の周囲をクリックしていき、選択範囲をつなげてアクティブにします。再び［レイヤー］パネル下部の「塗りつぶしまたは調整レイヤーを新規作成」（白黒の円アイコン）を選択し、表示メニューから［色相・彩度］調整レイヤーを選択します。この調整レイヤーには、選択範囲を基にレイヤーマスクが作成されます。

［レイヤー］パネルで色相・彩度サムネイル（マスクサムネイルの隣）をクリックします。［属性］パネルの［色相・彩度］スライダで青みがかったトーンを茶色に変更して、暖色と寒色の間のコントラストを保ちます。調整レイヤーと［属性］パネルでいつでも色を調整できます。

09

１つの重要なタスクが「カンバスの反転」です。これはシンプルな手順ですが、イラストやスケッチ、あるいはコンセプトの品質を高めるのに役立ちます。イメージを新鮮な目で見て、欠陥を見つけたり、シーンのおかしい所に気づけたりするかもしれません。カンバスを反転させるには、トップバーで**［イメージ］>［画像の回転］>［カンバスを左右に反転］**をクリックします。

10

カンバスを反転して確認したら、再び**［イメージ］>［画像の回転］>［カンバスを左右に反転］**で元に戻します。ではツールバーで［長方形選択ツール］を選択し、イメージの上に選択範囲を作成してフレーミングを変更しましょう。続けて［切り抜きツール］を選択すると、選択範囲の周囲にマーカーが表示され、ダブルクリックすると選択範囲で切り抜かれます。このイメージでは、上下を削除することによって幅を広くしました。これにより映画的な雰囲気が増すとともに、よりダイナミックなシーンに仕上がりました。

定期的な練習

学習プロセスで重視してほしいのは、「一貫性」と「持続性」です。たまに不定期に行うよりも、１日１時間練習する方が身につくでしょう。

08：[色相・彩度]調整レイヤーで、マスク領域の色を修正できます

09：カンバスを反転させると、新鮮な目でカンバスを観察できます

10：イメージを切り抜くと、構図がグッと良くなることがあります

ファンタジーの風景

03

はじめに

デジタルで仕事をすると、他の媒体にはないあらゆる可能性が開きます。しかし、最初はPhotoshopに手こずるかもしれません。そこで、このチュートリアルでは「デジタルペインティングを学習するときに、初心者が直面する多くの課題を明らかにすること」を目指しました。利用可能なツール、調整、ペイント手法を学びながら、ドラゴンが守る神秘的な峡谷の描画プロセスを１歩ずつ進めていきましょう。

新規ドキュメントのセットアップ方法を学び、初期スケッチの段階を踏んだあと、Photoshopのツールを使ったデジタルペインティングの手法を紹介します。また、各プロセスで使用するレイヤーによって、アート制作が劇的に変化する様子を目のあたりにすることでしょう。レイヤーのおかげで手順を振り返る柔軟性が生まれ、イメージ全体を損なうことなく独立した領域に変更を加えることができます。作品が完成したら各レイヤーを統合し、１つのレイヤーにします。このチュートリアルを通じて、レイヤーによる素早いペイントプロセスと、作品の仕上げに役立つレイヤー調整を学んでいきます。

ここで重要な学習目標の１つが「専用のデジタルブラシの作り方／使い方を理解すること」です。イメージ内で特定のニーズを満たすことのできるブラシや、何度も重複する領域で手間を減らすブラシを作成すれば、ペイントプロセスで重宝することでしょう。カスタムブラシはあとで使用するために保存したり、アーティスト同士で共有したりできます。これは複数のアーティストがプロジェクトを通じて同じ効果を作成する、あるいは同じツールでシーンのイテレーションを開発するような状況で、特に有用です。ここではカスタムブラシの作り方と使い方を学びます（このシーン専用に作成されたカスタムブラシをダウンロードできます）。

ファンタジーの風景

JAMES WOLF STREHLE
コンセプトアーティスト
jamiestrehle.com

Jamesは、ワシントン州シアトルに拠点を置くコンセプトアーティストです。周囲の土地探索が趣味で、多くの時間を空想のデジタル風景制作に費やしています。プロのデジタルペインターとして10年以上のキャリアがあります。

主なスキル

- ▶ カンバスのセットアップ
- ▶ 構図
- ▶ レイヤーの使用
- ▶ パースの確認
- ▶ カスタムブラシ
- ▶ レイヤーマスク
- ▶ 明度構造
- ▶ 大気ライティング
- ▶ ディテールの改善
- ▶ 特殊効果の作成

使用ツール

- ▶ ブラシツール
- ▶ ペンツール
- ▶ 消しゴムツール
- ▶ 混合ブラシツール
- ▶ なげなわツール
- ▶ 塗りつぶしツール
- ▶ グラデーション
- ▶ スポイトツール
- ▶ 自由変形
- ▶ ぼかしフィルター

セットアップ

01

Photoshopを開き、必要なパネルを設定して準備しましょう。トップバーの［ウィンドウ］メニューで、各パネル名をクリックして表示します。すでに開いているパネルは、ドロップダウンリストでチェックマークが付いています（多くの場合、オプションバーとツールバー）。このペイントプロセスで重要な３つのパネルは、［ナビゲーター］［ツールプリセット］［レイヤー］パネルです。

P.31で学んだように、［ナビゲーター］パネル（**図01a**）はカンバスを小さくしたビューウィンドウです。ズームスライダを通じてフルサイズのカンバス内を移動できます。ズームインしたとき、画面に表示される領域は［ナビゲーター］パネルの赤い長方形で示されます。［ナビゲーター］パネルのビューウィンドウをクリックすると、ズームインした状態でカンバスのあちこちの領域にスクロールやジャンプできます。このパネルを使うと作品の全体像がわかり、ペインティングの大まかな進捗を見失うことなく細かい作業を行えます。

［ツールプリセット］パネル（**図01b**）には、最もよく使用するツールとその設定がリスト表示されます。これはデジタルの「工具差し」と考えてください。Photoshopを初めて使うとき［ツールプリセット］パネルは空ですが、［切り抜きツール］や［ペンツール］などのツールをクリックすると、デフォルト設定がプリセットとして保存されています。

最後の［レイヤー］パネル（**図01c**）は、絵に含まれるすべてのレイヤーの集まりを表示します。このパネルで作業したいレイヤーを選択したり、選択したレイヤーに全体的な変更を加えたりします。

ペイントするときは、これらの３つのパネルを常時開いておき、定期的に参照すると便利です。これらは画面の右側に沿って配置されていることが多いですが、自分に最も適した場所に動かすこともできます。パネルをクリック＆ドラッグして画面上を移動し、好みの場所でカーソルを放します。パネルの位置はPhotoshopに記憶されるので、このプロセスはプロジェクトの開始時に１度だけ行えばよいです。

02

最初のカンバスをセットアップしましょう。**［ファイル］>［新規］**を選択すると、サイズに関するいろいろなパラメータとファイル名を入力するポップアップが開きます。私のイメージは大抵コンピュータの壁紙になるため、一般的なモニターサイズと一致する比率を採用します。この場合「3,840 × 2,160ピクセル」が代表的なサイズです。

［新規ドキュメント］ポップアップウィンドウでは、状況に応じてドロップダウンメニューの右側で、［幅］や［高さ］を「ピクセル」から「インチ」や「センチ」に切り替えられます。また［解像度］（イメージの鮮明さ、または視覚的なシャープさ）も設定できます。Photoshopでは［ピクセル／インチ］（ppi）で表示されている「300dpi」を使用してください。これが標準のプリント解像度で、高解像度と考えられています。練習用の作品や、画面上でのみ表示するイメージには「72dpi」などの低解像度を使用します。ただし、低解像度は高解像度と同じレベルのディテールにはなりません。お好みのカンバスサイズと設定を指定したら、［OK］を押しましょう。

カンバスサイズ

プリント用のイメージを作成する場合、カンバスサイズは9 x 12インチや11 x 14インチなど一般的なフレームサイズに設定します。テレビゲームや映画で要求されるサイズにはばらつきがあり、クライアントのニーズによります。制作している作品が初期のコンセプトなら、その意図を伝えるのに十分な大きさであればよいので、1,500 x 3,000ピクセルのカンバスで十分でしょう。クライアントに提示するアセットやイラストを制作する場合は、もっと大きくなければいけません。短い辺が4,000ピクセル以上あるとよいでしょう。

01a：[ナビゲーター]パネルはズームインしたときにカンバス全体を表示します

01b：[ツールプリセット]パネルは右側にあり、いろいろなツールが表示されます

01c：[レイヤー]パネルでは、特定レイヤーを選択、移動できます

02：[新規ドキュメント]ウィンドウには、必要なサイズのカンバスを作成するためのパラメータがあります

03

[新規ドキュメント] ウィンドウで [OK] を押すと、白いカンバスが現れます。[レイヤー] パネルには「背景」レイヤーが追加されています。 このレイヤーにある小さな鍵のアイコンは、レイヤーの中身が保護されていることを示します。 今回は必要ないので、鍵アイコンをごみ箱アイコンにクリック&ドラッグしましょう。 背景レイヤーがロックされていると、レイヤースタックの順序・描画モード・不透明度などを調整できないため、初期段階では不便です。 レイヤー名が「レイヤー 0」に変更されたら、それをダブルクリックして「Background」と入力し、名前を変更します。

次に [レイヤー] パネル下部にある「新規レイヤーを作成」(折り目のついた紙のアイコン) を押し、新規レイヤーを追加します (キーボードショートカット : **[Shift] + [Ctrl] + [N] キー**)。これで [レイヤー] パネルには、背景レイヤーと同じモードとサイズの新しい透明レイヤーが表示されます。これは背景レイヤーの上にあるので、ここに描いたものは背景レイヤーの上に重なります。 この新規レイヤー (レイヤー1) が最初の作業レイヤーです。 さあ、カンバスの準備が整いました!

04

プロのデジタルペインターとして頻繁に使用する設定は、[レイヤー] パネルの「目のアイコン」です。 これをクリックすると、そのレイヤーの表示／非表示を指定できます。 例えば、前景レイヤーの目のアイコンをクリックすると非表示になるため、前景レイヤーに覆われている下のレイヤーで作業したいときに便利です。 こうして、前景要素を気にすることなくイメージの他の部分を自由にペイントできます。私は時々、レイヤーの表示／非表示を切り替え、現在の作業がイメージの改善につながっているか否かを確認します。

03：[レイヤー]パネルの右下にある折り目の付いた小さな紙のアイコンで、新規レイヤーを素早く作成します

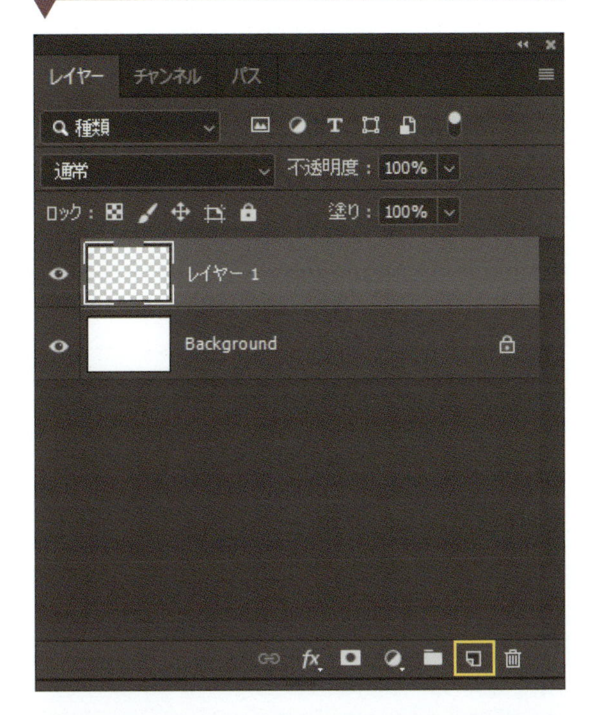

04：目のアイコンでレイヤーの表示／非表示を切り替えます。これはペイントプロセスを通じて役立ちます

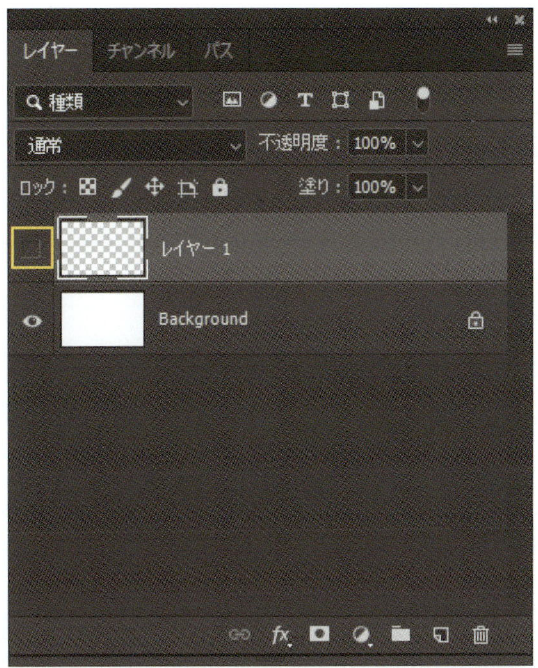

レイヤー構造

レイヤー構造は（特にチームで作業している場合）、順調な作業プロセスに不可欠です。自分自身や同僚に対してレイヤー構造を明確にするとファイルの扱いがグッと楽になるため、できるだけ早い段階でレイヤーの管理方法を学びましょう。

まず、自動で割り当てられるあいまいなレイヤー番号の代わりに、中身がわかるような名前を付けましょう（名前を変更するにはレイヤー名をダブルクリック）。次に、具体的なディテールを探しやすいように、類似した中身（衣装パーツなど）のレイヤーをグループ化します。これを行うには、グループ化したいレイヤーを選択し、**[Ctrl]＋[G]キー**を押します。

最後は、作業中に一目で見分けがつくようにレイヤーを色分けします（目のアイコンを右クリックし、お好みの色を選択）。これは、別の部署が作業するレイヤーや、プロセス後半で見直したいレイヤーを識別するときに役立ちます。

わかりやすくするため、レイヤーに名前を付けて色分けします

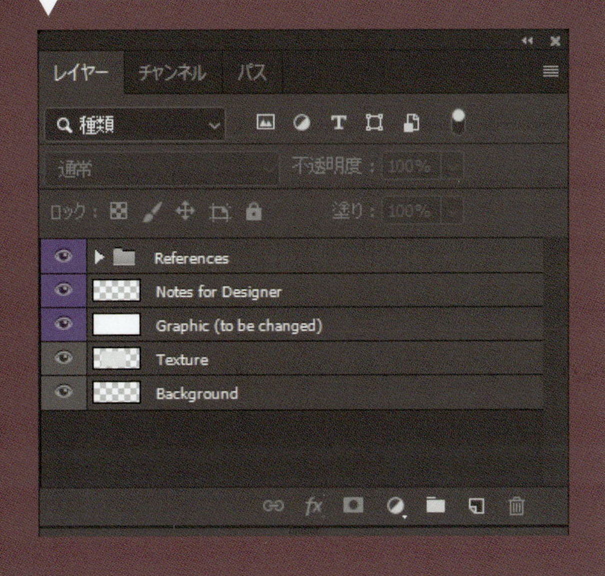

ブラシの選択

05

カンバスにスケッチの用意ができたので、次は描くのに適したツールを選択しましょう。ツールバーで[ブラシツール]をクリックします。スケッチには[鉛筆ツール]を使用したくなるかもしれませんが、[ブラシツール]の方が柔軟に自然な効果を生み出せます。

オプションバーで左から2番めの下向き矢印をクリック、[ブラシプリセットピッカー]パネルを開きます。この矢印には、ブラシ先端の外観と大きさを示す小さなアイコンが付いています。旧バージョンでは、デフォルトのオプション(あるいは読み込んだブラシプリセット)からいずれかのブラシ先端を選択します(**図05a**)。カーソルをブラシ先端アイコンに重ねると、ブラシ名が表示されます。どのブラシを使用すべきかわからないときは、[ハード円ブラシ]をお勧めします。これは手軽に調整できるブラシです。

Photoshop CCの標準ブラシパックには[汎用ブラシ][ウェットメディアブラシ]などのフォルダが含まれています(**05b**)。これらのフォルダには、その効果を表すブラシストロークのサンプルが表示され、各サンプルの下には具体的なブラシ名が付いています(オプションでブラシ先端を表示できます)。お好みのサンプルをクリックしてブラシ先端を選択します。

06

ブラシ先端を選択したら、思いどおり使えるようにさまざまなパラメータを調整しましょう。オプションバーでブラシフォルダアイコンをクリックすると、ワークスペースの右側に[ブラシ設定]パネルが開きます。では[ブラシ設定]パネルで[シェイプ]をクリックして選択します。

「チェックボックス」を直接クリックするとその設定がオンになりますが、設定名をクリックするとさらにオプションが表示されます。[シェイプ]オプションを開き、[サイズのジッター]の下でコントロールを[筆圧]に、[最小の直径]を20%程度の低い値に、[角度のジッター]の下でコントロールを[一定方向]にそれぞれ設定します。これでブラシにより自然な感じが生まれます。

続けて[その他]をクリックし、[不透明度のジッター]の下でコントロールを[筆圧]にします。これで、タッチペンを強く押せば押すほど太い線が作成されます。[ハード円ブラシ]では、[滑らかさ]が自動選択されています。これは多くの標準ブラシのプリセットになっていて、描画やペインティングで曲線を滑らかにします。これらの設定を合わせると、望ましい基本的なスケッチブラシができ上がります。

お気に入りのブラシグループ

同じブラシを繰り返し何度も使用する場合は、お気に入りブラシの「ブラシグループ」を作成するとよいでしょう。[ブラシプリセット]パネルで既存グループを右クリックし、表示されるメニューから[新規ブラシグループ]を選択。グループに名前を付け、お気に入りブラシをドラッグ&ドロップします。こうすると頻繁に使用するブラシに手早く簡単にアクセスできます。このグループフォルダを[ブラシプリセット]パネルの1番上にドラッグしておくと便利でしょう。

05a：ツールバーで[ブラシツール]を選択、[ブラシプリセットピッカー]から
ブラシ先端を選択します(旧バージョン)

05b：Photoshop CCには、線のサンプルを含むブラシの
フォルダがあります

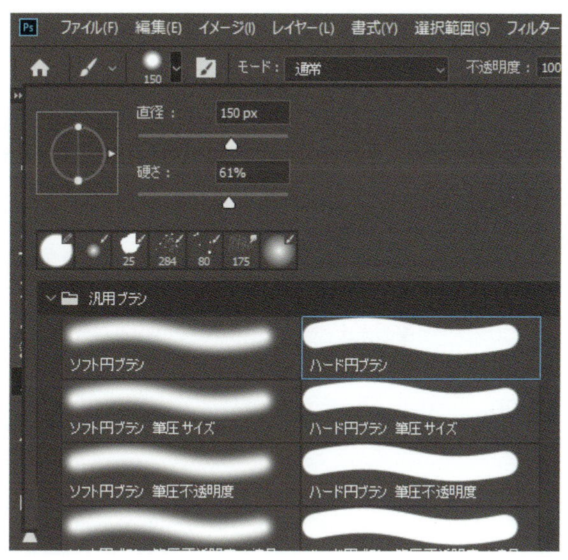

06：[ブラシ設定]パネルにはブラシの機能を微調整する
ためのさまざまなパラメータがあります

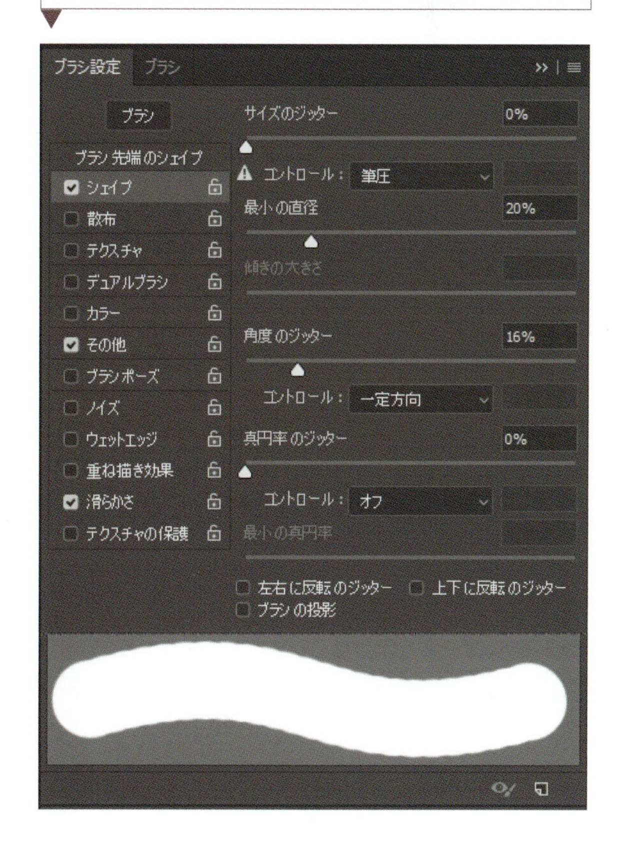

07

ブラシの最後の調整は、ブラシ先端のサイズです。いくつかの方法があるので、お好みのやり方を選んでください。例えば、[ブラシプリセットピッカー] パネルの [直径] スライダを左右にドラッグして、ブラシ先端のサイズを増減します。他にもカーソルをカンバス上に置いて右クリックし、[クイックブラシ] メニューの [直径] スライダを使用する、あるいは**[Alt]キー ＋ 右クリック**で、カーソルを左右にドラッグしてもよいでしょう。ブラシ先端の新しい [直径] に合わせて、カーソルの輪郭サイズが増減します。

最初は小さなマークでスケッチし、あとでサイズを大きくして広い領域を塗りつぶせば、同じブラシタイプのまま作業できます。このように、ブラシ先端の調整機能は非常に便利です。

08

ブラシのセットアップが完了したら、プロセス後半でも簡単にブラシを選択／使用できるように設定を保存しましょう。最初のステップで開いた [ツールプリセット] パネルに進み、右上隅のメニューアイコンをクリックしてオプションリストを開きます。リストから [新規ツールプリセット] を開くと (**図 08a**)、旧バージョンではツール名を付けるポップアップウィンドウが表示されます。「sketch brush 1」という名前を付けて [OK] を押し、ツールプリセットとしてブラシを保存します。これでいつでも [ツールプリセット] パネルから設定したブラシを選択できます。

Photoshop CCで [ブラシツール] のプリセットを作成するときに [新規ツールプリセット] をクリックすると「代わりにブラシプリセットを作成しますか?」と表示されます。[はい] を選択すると、ブラシプリセットに名前をつける新規ウィンドウが表示されます (**図08b**)。ブラシに名前を付けて [OK] を押すと、そのプリセットが [ブラシ] パネルに保存されます (**図08c**)。この操作は [ブラシ設定] パネルメニューの [新規ブラシプリセット] からも行えます。

[ツールプリセット] パネルで [現在のツールプリセットを表示] にチェックを入れておくと、選択したツールに保存されたプリセットが表示されます。例えば、画面左側のツールバーで [修復ブラシツール] をクリックすると、このツールのプリセットがすでにPhotoshopに組み込まれているとわかります。将来保存するツールもすべてここに表示されます。これは、時間内に作業を終えるために頻繁にツールの切り替えを行うプロの環境で、非常に役立ちます。

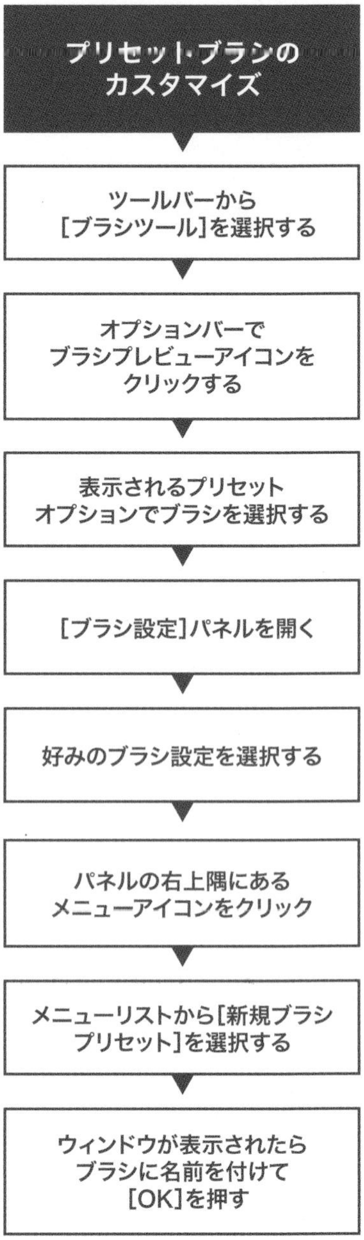

プリセット・ブラシのカスタマイズ

1. ツールバーから [ブラシツール] を選択する
2. オプションバーでブラシプレビューアイコンをクリックする
3. 表示されるプリセットオプションでブラシを選択する
4. [ブラシ設定] パネルを開く
5. 好みのブラシ設定を選択する
6. パネルの右上隅にあるメニューアイコンをクリック
7. メニューリストから [新規ブラシプリセット] を選択する
8. ウィンドウが表示されたらブラシに名前を付けて [OK] を押す

07：ディテールと広い空間の両方で作業している場合、ブラシ先端のサイズを調整すると非常に便利です。

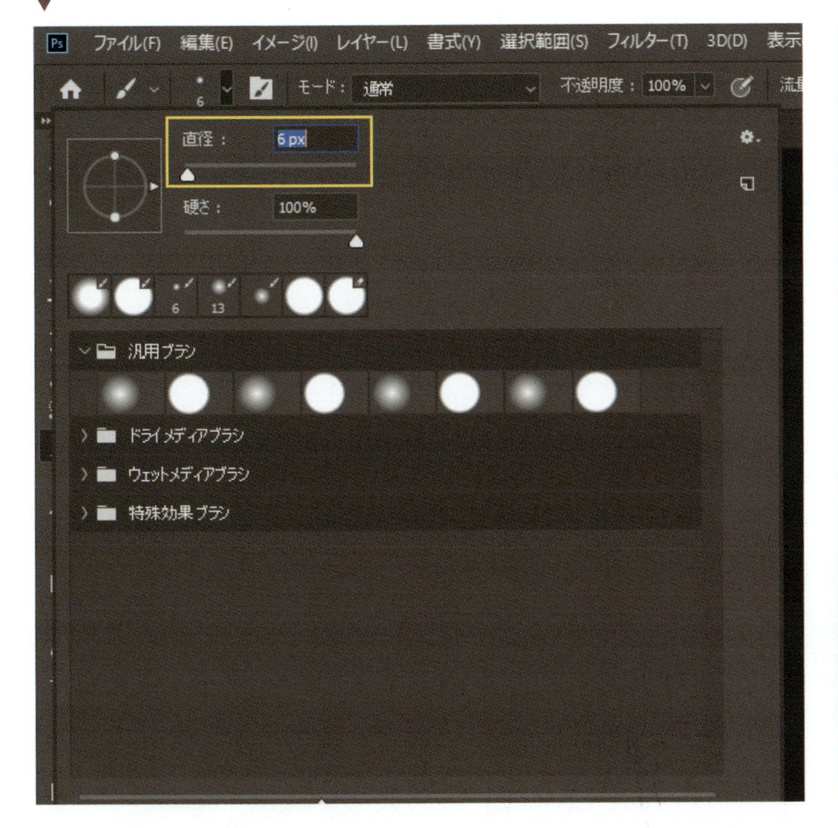

08a：ツールは[新規ツールプリセット]として[ツールプリセット]パネルに保存できます

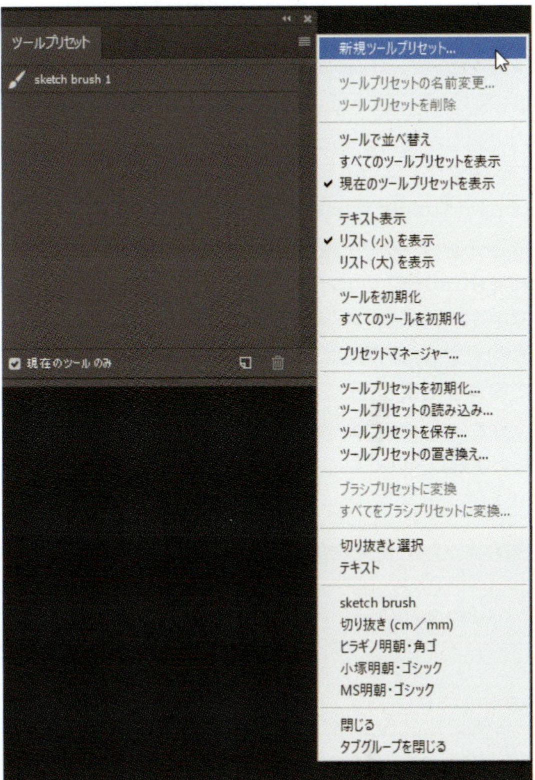

08b：新規ツールに名前を付けるポップアップウィンドウが表示されます

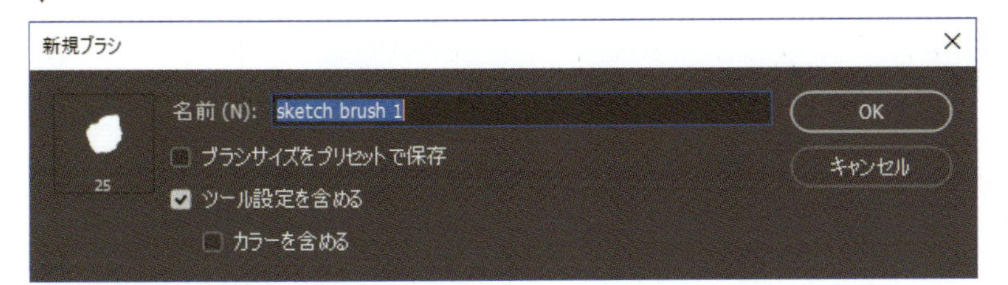

08c：ツールが[ツールプリセット]に表示されるように、ブラシは[ブラシ]パネルに表示されます

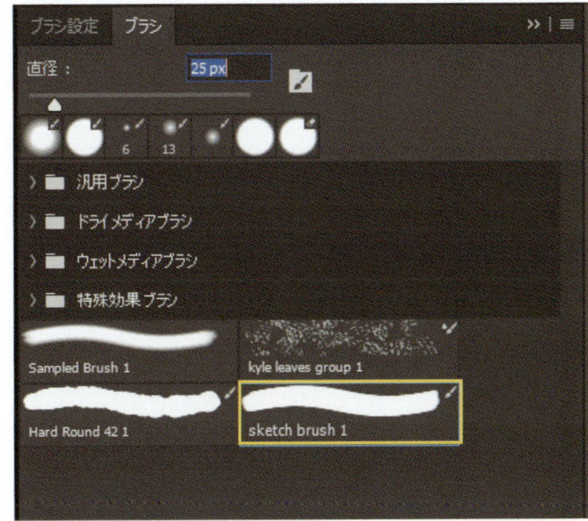

構図をスケッチする

09

ブラシができたので、初期スケッチに着手しましょう。新しくペインティングを始めるときは、実行したい構図のシンプルなレイアウトを描くとよいでしょう。こうしてシーン内で関心が集まる場所を計画し、鑑賞者の目を確実にページのあちこちに誘導します。レイアウトを決めるには、まずカンバスを横に３分割し、続けて縦に３分割します。これで９つのセクションに分かれたグリッドができるので、「関心が集まる場所」をその境界線や交点に配置します。イメージの中央に焦点を配置すると、この手法に比べてとてもインパクトが弱くなります。ではグリッドを作成しましょう。

[レイヤー] パネルに新規レイヤーを作成し（折り目の付いたアイコン、または **[Shift] + [Ctrl] + [N] キー**を押す）、新しいブラシで薄い横線を引いて、カンバスを３つに分割します。直線を描くには、カンバス上の線の開始点にブラシカーソルを置いてクリック、[Shift] キーを押しながら水平にドラッグします。別の新しい線を始めるには、[Shift] キーを放して、次の線の開始点にブラシカーソルを置いてクリック、再び [Shift] キーを押しながらドラッグします（注：[Shift] キーを放さないと、２本の線がつながります）。このプロセスを繰り返し、カンバスを縦にも３つに分割してグリッドを作成します。

10

レイヤー１に戻り、グリッドレイヤーを表示したままイメージのスケッチを開始します。グリッド線が濃すぎるなら、レイヤーの不透明度を下げて目立たなくしましょう。[レイヤー] パネルの上部に、100%に設定された不透明度メニューがあります。このメニューをクリックするとスライダが表示されるので、ドラッグしてレイヤーの不透明度の割合を変更します。

渓谷を見渡すドラゴンを描いていくので、同じスケッチブラシで騎士とドラゴンをグリッドの交線内にきちんと入れてください。背景を構図の線（グリッド）と大まかに合わせて、鑑賞者の視線をシーン内で誘導します。

アセットとオーバーレイ

イメージの構築に使用される「アセット」と「オーバーレイ」の組み合わせについて説明しましょう。大まかに言うと、**アセット**はイメージの特定の場所に追加される要素で、「写真」「テクスチャ」「レイヤーにペイントされたもの」も含まれます。**図10**では、ファンタジーの風景のラフスケッチがカンバスの最初のアセットになっています。**オーバーレイ**は、**図09**のグリッドのように、イメージ全体に影響する要素です。よくあるペインティング オーバーレイには、[カラー] オーバーレイやフィルターがあります。

例えばこのイメージでは、ドラゴンと岩が別々のレイヤー上にペイントされ、空の背景も独立しています。これにより他の要素に影響を与えることなく、個別に要素をペイント／移動／削除できるようになります。また、[カラー] オーバーレイレイヤーを追加して全体の色を修正できますが、効果的に見えなければ簡単に削除できます。他にも、元のドラゴンレイヤーを変更することなく、新規レイヤーで「角」などの新しいアセットを追加できるので、いろいろなアイデアを試せるでしょう。

新しいアイデアを試すときに、現在のイメージを損なうリスクを負いたくなければ、新規レイヤーを使いましょう。レイヤーの数に関して明確なルールはないため、使用数は個人的な好みによります。作業の柔軟性を高めるためにたくさんのレイヤーで作業したい人もいれば、簡潔さを維持するためにほとんど使用しない人もいます。

アセット

オーバーレイ

新しいアセットを追加して変更

09：新規レイヤーを作成し、構図のグリッドガイドを描きます

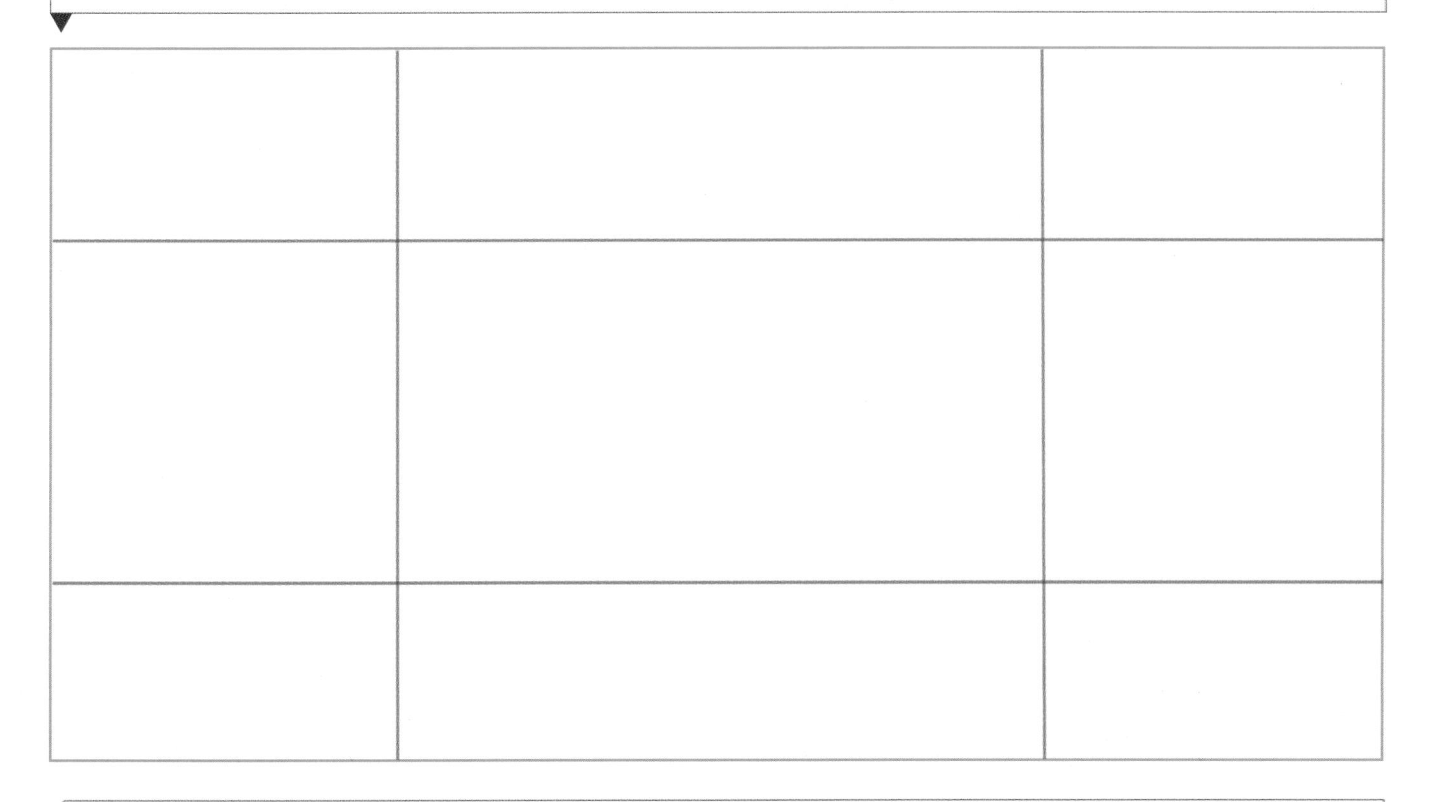

10：これらの線は落書きのように見えますが、シーンの土台となります

11

構図のレイアウトを定めたら、「ラフスケッチ」に取り掛かりましょう。ここではシーンとその中身をより具体的に描いていきます。「シーンに関するアイデアのラフスケッチは、見る人にとって明白でなければならない」と覚えておいてください。なぜなら、プロとしてデジタルペインティングを制作するときは、クライアントやアートディレクターに大まかな計画を提示し、彼らの指示書とあなたのアイデアが合っていることを確認するケースが多いからです。

ステップ 10 で作成した構図スケッチのレイヤーを選択し、その上に新規レイヤーを作成します（**[Shift]＋[Ctrl]＋[N]キー**）。このレイヤーもグリッドレイヤーの下にあります。構図スケッチをラフスケッチのガイドにするため、構図レイヤーの不透明度を下げて、新しい「レイヤー3」に描画を開始します。［ブラシツール］（先ほど作成したsketch brush 1プリセット）で背景とともにドラゴンの位置も大まかにスケッチしましょう。まだシーンの中身を確定する必要はないため、線はラフで大丈夫です。この段階は、主に要素のルックとシーン内の配置を決めることが目的です。

12

私が描いた初期アイデアと、収集したドラゴンや渓谷のリファレンスを見比べながら、徐々にシーンのストーリーを形作ります。ドラゴンが見守る渓谷を舞台にしたいのですが、もっと面白味が必要です。シーンにストーリーを加えるため、私はこのドラゴンには「孤独な騎士」という対立的な存在が必要だと判断しました。では、なぜこの騎士はここにいるのでしょうか？ 彼と馬は水を切実に必要としているのでしょうか？ 複数の異なるシナリオを検討するとストーリー作りに役立ち、より興味深い作品になるでしょう。

ラフスケッチレイヤーに、渓谷の泉で休む馬と騎士の輪郭を大まかに描きます（同じスケッチブラシを使用）。続けて、それらをドラゴンの視線の範囲内に配置するため、新規レイヤーにドラゴンの視線の向きを示す赤い線のガイドをペイントします。まるで、これから襲い掛かる準備のできたドラゴンが岩場から見下ろしているようです。小川の流れる方向は緑で示され、シーン内で対比となる動きの場所を表しています。

カンバス内を移動する

初期段階では頻繁にズームイン／ズームアウトを行います。ディテールをペイントするときにズームイン、作品全体をよく見るときにズームアウトすると便利です。ペンタブレットの場合、タッチホイールやタッチストリップで簡単にズームできます。これがないなら、ツールバーの［ズームツール］（虫眼鏡のアイコン）を選択するか、**[Z] キー**を押します。あるいは**[Ctrl]キー＋[+]キー**でズームイン、**[Ctrl]キー＋[−]キー**でズームアウトできます。ツールを選択した状態でカンバス上を繰り返しクリックすると、ズームイン／ズームアウトの範囲を拡大します。また［ナビゲーター］パネルの下部にあるスクロールバーを使用しても、ズームレベルを調整できます。

絵の中を動き回るのに便利なもう１つのツールが［手のひらツール］です。これはツールバーの手の形のアイコンで、**[H] キー**で選択できます。カンバスをドラッグすると、イメージのあちこちにパンできます。［手のひらツール］を選択し、カンバスをクリック＆ドラッグしてください。イメージが画面にぴったり合っている場合は、最初にズームインして［手のひらツール］を起動します。

別のツールで作業中に素早く移動したい場合は、スペースバーを押します。これでカーソルが一時的に［手のひらツール］に切り替わります。スペースバーを押したままカーソル（手のひらアイコン）をカンバスの他の場所にドラッグし、バーを放すとカーソルが元のツールに戻ります。これは、多くのプロのデジタルペインターが使用するシンプルかつ効果的なテクニックです。

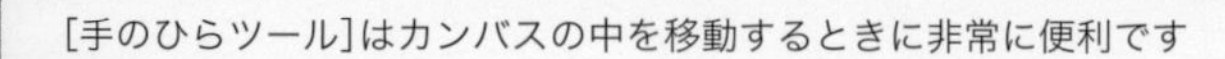
［手のひらツール］はカンバスの中を移動するときに非常に便利です

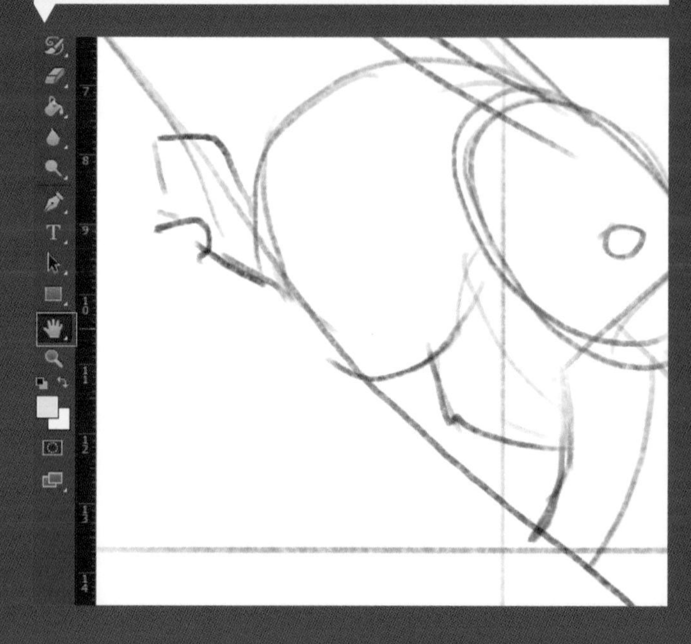

11：ラフスケッチの中でシーンが徐々に形になってきました。ブラシストロークは大まかで試験的です

12：ドラゴンに見張られている騎士の配置によって、作品を特徴づけるストーリーが作られます

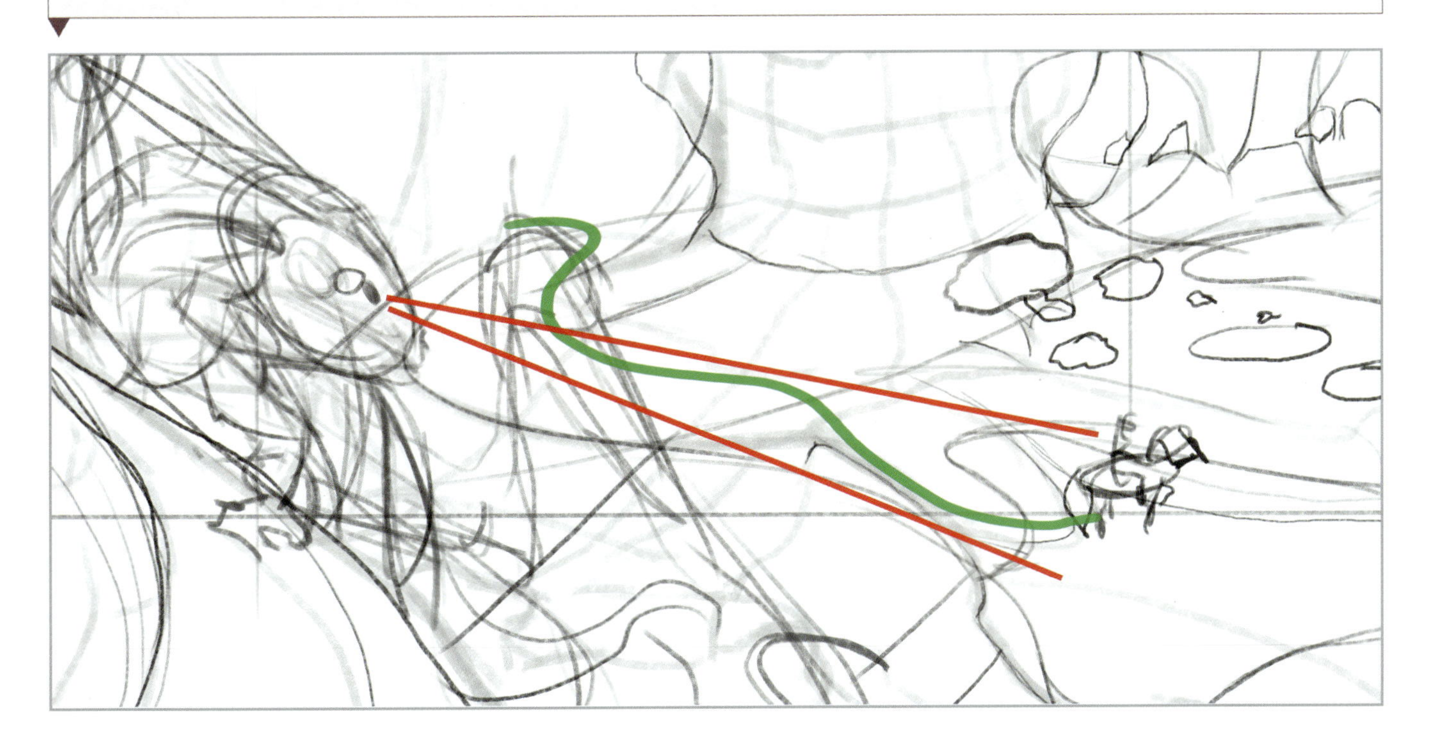

13

シーンのラフスケッチに満足したら、より細かいスケッチに取り掛かりましょう（図13a）。[レイヤー] パネルでラフスケッチレイヤーを選択、右上の不透明度スライダを約 25%まで下げて、ラフスケッチを薄くします。 最初の構図スケッチとグリッドのレイヤーがまだ表示されている場合は、[レイヤー] パネルで各レイヤーの目のアイコンをクリックして、非表示にしましょう。 次に新規レイヤーを作成し、下にある薄いラフスケッチをガイドにしながら描いていきます。

この段階はフリーハンドで描いて、形状を整えます。[ツールプリセット] パネル、または [ブラシパネル] で先ほど作成したスケッチブラシを選択しますが、まずブラシ先端を小さめのサイズに調整してください。[ブラシ]パネルを開き、パネル上部の[直径]スライダでブラシのピクセルサイズを小さくします。 ディテールにはより細かい線と高い精度が要求されるので、小さいブラシが便利です。

ドラゴンのアナトミー（身体構造）を作り（図13b）、渓谷の尾根を描き、そしてシーンに生命を吹き込む細かな風景のディテールを追加します（図13c）。この洗練されたスケッチは、ペイントプロセスを通して参照するテンプレートになります。

パースのガイドを作成する

スケッチを仕上げる前にシンプルなパースのガイドを配置し、シーンとパースが一致していることを確認しましょう。[ペンツール] はカンバスの外の消失点まで描くことができるため、パース線の作成にうってつけです。[ペンツール] で描くとパスが作成されるので、新規レイヤーは必要ありません。このパース線は [パス] パネルに表示されます（[レイヤー]パネルの隣のタブ）。

ガイドを作成するにはカンバスをズームアウトし、ツールバーから [ペンツール] を選択します。まず、最初の消失点の位置（カンバス外）をクリック、続けてシーンの焦点をクリックします（ドラッグしません）。こうするとカンバスを横切る線が作成され、その焦点がパースと一致するかどうかがわかります。 この線を閉じて、他の線と接続されないようにするため、最初にクリックした消失点上にカーソルを移動します。 小さな円が表示されたら、クリックして線を確定します。これで [ペンツール] で別の位置をクリックすると新しい線が始まります。引き続き、シーンのパースに合わせて消失点とパース線を追加していきます。

[ペンツール]で、イメージから独立したパース線をパスとして作成できます

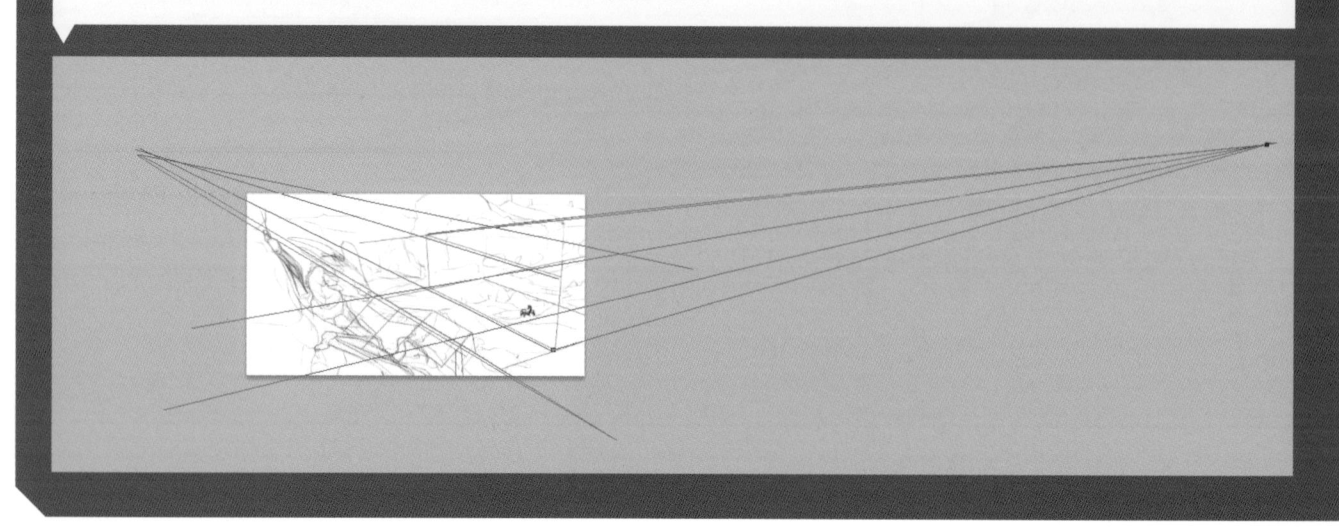

13a：このラフスケッチは残りのペイントプロセスを通して、詳細なスケッチのガイドの役割を果たします

13b：ドラゴンのフォームの線は、シーンのパースに従います

13c：騎士と馬は、シーンにナラティブの面白さを生み出します

ペイントを開始する

14

スケッチを終えたら、各部分を単色のベースカラーで塗りつぶします。こうすると、色を加える前にシーンの明度を確認できるので便利です。[なげなわツール] でカンバス上に選択範囲を作成すれば、周辺部に影響を与えることなく独立して編集できます。例えばドラゴンを選択すると、ドラゴンのみきれいにほどよくペイントできるでしょう。

[なげなわツール] の使い方はさまざまですが、ここでは基本的なものだけを見ていきます。まず新規レイヤーを作成し、このレイヤーを [レイヤー] パネルで線画レイヤーの下にドラッグします。選択範囲を作成するには、ツールバーで[なげなわツール](**[L]キー**)を選択し、分離したいアイテムの周囲をクリック&ドラッグします。カーソルを放すと、ドラッグで指定した領域が動く破線で選択されます。次にツールバーの [塗りつぶしツール]（**[G]キー**)に切り替え、[カラーピッカー] パネルでグレーの色味を選択し、選択範囲を塗りつぶします。[なげなわツール] で最初の選択範囲に追加／削除する場合、オプションバーの「選択範囲に追加」や「現在の選択範囲から一部削除」オプションをクリックして実行します。選択範囲の解除には、**[Ctrl]+[D]キー**を押します。

15

明度を加えるときは幅広い明暗の範囲で、シーンに変化をつけましょう。ドラゴンが座っている前景の岩のように明るくなる領域は、とても淡いグレーにします。このイメージの遠方の崖の下にある洞窟のように、シーンの中で暗くなる領域にはもっと濃いグレーの色味を使用します。

シーンをグレーで塗りつぶすときは、「シーンの中心となる被写体」を目立たせるように心掛けてください。そして、明度構造を簡単に調整できるように、主要な要素の明度は個別のレイヤー上にペイントします。このドラゴンはシーンの中で目立たなければいけないので、必ず背景の影の暗闇で囲まれるようにします。ドラゴンの明度は複雑です。少し暗めになる領域を別のグレートーンでペイントしましょう（デフォルトのソフトブラシを使用)。

騎士も目立たせたいので、水に囲まれた明るい色の空間に配置します。これはドラゴンのコントラストほどのドラマティックな効果はありませんが、ドラゴンの存在を確認したあとに気づいてもらえるでしょう。

[なげなわツール]で選択範囲を作成する

選択範囲を作成したい任意のレイヤーを選択する
↓
ツールバーで[なげなわツール]をクリックする
↓
選択範囲の周りを描く
↓
選択範囲の終点をつなぐ
↓
動く線は、選択範囲がアクティブであることを示す

ハッピーアクシデント（幸運なミス）

ペイントするときは必ずミスが起きるので、そういうときは広い心を持つようにしましょう。「寛容さ」があれば、こういったミスは絶好の機会にもなります！ ハッピーアクシデント（幸運なミス）のメリットは、予測不可能であることです。つまり、検討したこともない新しい形やテクスチャを生み出すことがあるのです。風景をペイントするときは、ランダムな結果が生まれやすいブラシを使用しましょう。自然は不均一なので、ブラシが生み出すミスは、自然の不確実性と非常によくマッチします。

14：［なげなわツール］で選択範囲を作成すると、領域を素早くペイントできます

15：明度を分割して、特定の領域に関心を引きます

トーン、色、明度を作っていく

16

明度構造に満足したら、色を加えていきましょう。[Ctrl] キーを押しながら最初に作業するレイヤーサムネイルをクリック、グレースケールの形状の 1 つを選択します。選択範囲のレイヤーを表示したまま、その上に新規レイヤーを作成し(**[Shift] + [Ctrl] + [N] キー**)、[カラー] 描画モードで色を付けていきます。このモードを選択するには、[レイヤー] パネルの上部で「通常」の隣にある矢印をクリックします。描画モードメニューが表示され、下の方に [カラー] があります (**図 16a**)。このモードを使うと、下にあるレイヤーの明度を保持したまま、上のレイヤーにペイントできます。

ソフトブラシで [カラー] モードレイヤーにペイントし、選択範囲のベースカラーを大まかに塗ります。[カラーピッカー] で色を変更し、のちのペインティング用に詳細なカラーガイドを作りましょう。絵のそれぞれのパーツを塗り終えるまで、各明度の選択範囲でこの手順を繰り返します。

このシーンは、主に赤やオレンジの色味になります。シーンにより調和をもたらすには、深い紫の影や色あせたセージグリーンの水など、赤以外の色になる領域を探しましょう。あまり同じ色ばかりだと、鑑賞者の目が疲れ、視覚的にも面白味がなくなります。

17

作品に色を加えたら、次はラフなテクスチャブラシで新規レイヤー上にもっと変化に富んだ色調(トーン)やテクスチャをペイントしていきましょう。使用しているブラシのエッジが自然なら、そのブラシストロークのテクスチャは絵画調のような見た目になり、視覚的な面白味が加わります。色調に変化をつけると、同じ平坦な色を使用するのに比べ、オブジェクトに味が出ます。

まず大きいブラシストロークから始め、細かい領域に進むにつれて、ブラシ先端の [直径] を小さめのサイズに変更します。これを変更するには、オプションバーの [ブラシプリセット] パネルをクリック、[直径] スライダをドラッグします。スライダの上のボックス内の数字は、ブラシが 1 ストローク当たりでカバーするピクセル数を表します。大きなシーンをペイントするときは、スケール感を出すためにさまざまなサイズのディテールを取り入れることが重要です。

ペイントプロセスの後半になると、小さいディテール用に極小のブラシ先端を使用しますが、ここでは比較的大きめのブラシ先端を使用します (小さなディテールはあとで追加します)。色が濁ったり不明瞭になったりするのを避けるため、むやみに色をブレンドしないように心掛けましょう。

クライアントの指示書を理解する

プロの指示書をもらったら、まずじっくりと目を通し、最も重要な要素を抽出します。そしてイメージに入れるべき主要な要素、クライアントが求めているスタイルやジャンル、カンバスサイズやカラーパレットの選択など、具体的な情報を確認します。こうしてクライアントの求めているものを理解したら、次はリサーチを始めます。信憑性や真実味のある作品を制作したければ、リサーチを入念に行なってください。このフェーズを飛ばしてしまうと、限られた知識に基づいて作品を作ることになり、ありきたりなものになりがちです。きちんと情報やリファレンスを収集しておけば、自信を持ってペインティングに進めるでしょう。

16a：[レイヤー]パネルで[カラー]描画モードを選択

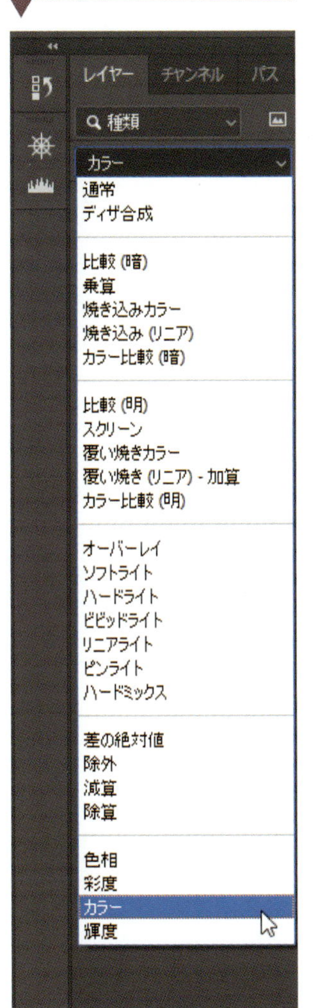

16b：[カラー]描画モードを使うと、明度を保ちながら選択範囲に色付けできます

17：自然なエッジのブラシと変化に富んだ色を使えば、手描きのペインティングと同様の外観が得られます

18

ガイドとなる色を配置したら、描画プロセスに進みましょう。渓谷の壁から着手し、大まかな形状を作成してディテールを追加します。私のように背景ペインティングが大好きな人にとって、このプロセスはじっくりと背景に専念できる楽しい時間です。

プリセットの［ドライメディアブラシ］から木炭の効果のようなテクスチャブラシを選び、ラフなブラシストロークで岩の形状を作っていきます。テクスチャの中に現れるランダムな形状に明るい色相や暗い色相を加え、光と陰の領域を表現してみましょう。渓谷風景のリファレンス写真を手元に置き、シーンの渓谷の壁に実物とそっくりな特徴を描きます。ステップ 15 で作成した明度構造のレイヤーを見ながら、光と陰をその構造と一致させ、プロセス後半でライティングを加えたときに問題が生じないようにします。

ブラシに設定した色を素早く変更するには、ツールバーの下にある「描画色を設定」アイコンをクリックします。選択範囲を作成できる大きなカラースウォッチとともに、［カラーピッカー（描画色）］ポップアップウィンドウが表示されます。すでにブラシに設定された色が「現在の色」フィールドに表示され、カラースウォッチをクリックすると選択した色が「新しい色」フィールドに表示されます。好みの色の選択して［OK］を押すと、ブラシに新しい色が設定されます。

19

引き続き、シーンの中景と前景に色やテクスチャのディテールをペイントし、風景を描画していきましょう。前景・後景・中景にはそれぞれ別レイヤーを使用します。また、ペイントするハイライトや影の分離にも別レイヤーを使用します。私は前景（鑑賞者）に近づくにつれて説得力が出るように、色やテクスチャをもっとさりげなくブレンドします。このとき［カラー］パネルや［スウォッチ］パネルなどを用いると、色の選択を純粋に保てます。しかし、より柔軟性の高いアプローチとして、ペイントしながら［スポイトツール］で色を選択してもよいでしょう。このツールを使うと、シーンの中から色をサンプルできます。では、ペイントしながら、［スポイトツール］で色を素早く変更する便利なテクニックを紹介しましょう。

ツールバーで［スポイトツール］（**[Ctrl] + [I] キー**）を選択すると、オプションバーに［サンプル範囲］の選択オプションが表示されます。［指定したピクセル］オプションは 1 つのピクセルから色を選択し、他のサンプル範囲はもっと大きく、サンプル領域内で拾ったすべての色をブレンドします。［5ピクセル四方の平均］などのオプションは時間とともに色が濁る傾向があるため、今回は［指定したピクセル］を使用しましょう。［スポイトツール］で色の領域をクリックすると、それを新しい描画色としてペイントできます。

ペイントするときにブレンド感を出すには、「色を選択」→「ストロークをペイント」→「別の色を選択」→「新しいストロークをペイント」を繰り返します。このテクニックによって、より複雑な色のバリエーションができますが、シーンの既存の色と大きく変わりません（［スポイトツール］を使用しているため）。ブラシストローク間で **[Alt] キー**を押すと、ブラシが一時的に［スポイトツール］に切り替わります。このときにシーンから色を選択し、[Alt] キーを放すとすぐにブラシに戻ります。最初は複雑に思えるかもしれませんが、慣れれば手早く簡単に実行できるテクニックです。

色を印刷する

［カラーピッカー］ウィンドウで選択した色の隣に表示される警告サインは、色相が正しく印刷されない可能性を示しています。プロの仕事をしている場合は、安全に印刷できる色を使いましょう。また、ブラシでペイントするのは、「新しい色」に選択された色であると覚えておいてください。

18：背景に光と暗い陰を加え、フォームをはっきりさせます

19：[スポイトツール]でペイントしながら類似色を選択し、岩の色をブレンドします

カスタムブラシ

20

Photoshopの便利な機能の1つが「カスタムブラシ」です。これは、既存イメージやテクスチャのアセットをキャプチャし、ブラシ先端として保存する仕組みです。 こうして作成されたブラシは、他の標準ブラシと同様に使用できます。 これにより、どんなニーズの作業にも最適なブラシを作成できるようになるため、この機能はデジタルペインティングのスタイルにさまざまな可能性を開きます。

このシーンでは多くの曲線的な岩の構造をペイントするため、曲線的な影を模倣するブラシがあると便利です。 カスタムブラシを作成するには、まず**[ファイル]>[新規]**、(**[Ctrl]+[N]キー**)で、1,200×1,200ピクセル、300dpiに設定した新規ドキュメントを開きます(注：ブラシ先端が引き伸ばされないように、カンバスを正方形にする必要があります)。

21

新しいカンバスを準備できたら、新しいブラシ先端を作成しましょう。 取り込まれるブラシ先端には色が考慮されないのでグレースケールで作業します(ペイントするときに色を設定できます)。このグレースケールは画像やテクスチャの明度を表します。 つまり、黒の色調は完全に不透明なブラシストロークの領域、白の色調は完全に透明な領域になります。

Photoshopに画像を読み込み、ニーズに合わせて調整してから作成しても(P.46〜53)、ゼロから作成してもよいでしょう。今回はゼロからまったく新しいブラシイメージを作成します。 ツールバーでデフォルトのテクスチャブラシを選択、色あせた「しみ」を塗るためグレーに設定します。 このしみは濃い状態から次第に薄くしたいので、ペイントしながら不透明度を下げるか、グレーの選択色を調整します。 ブラシになったときにストロークがパターン化するリスクを最小限に抑えるため、できるだけ形状を不規則にペイントしてください。

ブラシの基となるイメージを描けたら、**[編集]>[ブラシを定義]**を選択します。 名前を付けるポップアップウィンドウが表示されたら、自分や同僚があとで見分けられる名前を付けて[OK]を押し、カスタムブラシとして保存します。

22

新しいブラシは[ブラシ]パネルに表示されます。これを選択して[ブラシ設定]パネルを開き、[シェイプ][その他][デュアルブラシ]設定をオンにします。[デュアルブラシ]は2本のブラシ効果を組み合わせ、より複雑なブラシストロークを生み出します。では[デュアルブラシ]をクリックし、設定オプションにあるブラシ先端メニューで、作成したブラシに組み合わせるもう1本のブラシを選択しましょう。 これによりブラシにテクスチャが加わり、それほど線状に見えなくなります。

2本のブラシの相互作用は、パネルの上部に設定されている[描画モード]と、下部にある[直径][間隔][散布][数]スライダで決まります。 各設定を調整し、どのような面白い効果が得られるかをいろいろ試してください。 満足したら[スポイトツール]で適切な岩の色を選択、ドラゴンのすぐ下の曲線的な岩の表面(暗い凹みや割れ目)にペイントしていきます(※本書のサポートページから私が作成した「crevace brush」をダウンロードできます)。

[比較(明)]レイヤー

「一部領域のコントラストが強過ぎるので明るくしたい」こともあるでしょう。そのような場合に[比較(明)]レイヤーを使用すると、その部分全体を塗り直さなくても簡単に解決できます。新規レイヤーを作成し(**[Shift]+[Ctrl]+[N]キー**)、ポップアップウィンドウで描画モード：[比較(明)]、カラー：[なし]で[OK]を選択します。このレイヤーで、その下にあるすべてのレイヤーを明るくすることができます。まず[カラーピッカー]ウィンドウで明るくする色を選択して、[ブラシツール]に切り替えます。次にソフトブラシで明るくしたい領域を薄くペイントしますが、筆圧をかけ過ぎてその領域が色あせないように注意してください。 もし色同士がうまくブレンドしないときは、[色相・彩度]ウィンドウ(**[Ctrl]+[U]キー**)の[色相・彩度]スライダを動かして、見映え良くなるまでこのレイヤー効果(色)を調整しましょう。

20：曲線的な岩の割れ目を模倣するため、カスタムブラシが必要です

21：カスタムブラシを作るには、新規カンバスにグレースケールでペイントして、[ブラシを定義]オプションで保存します

22：新しいブラシを作成したので、手作業でブレンドしなくても影に変化するブラシができました

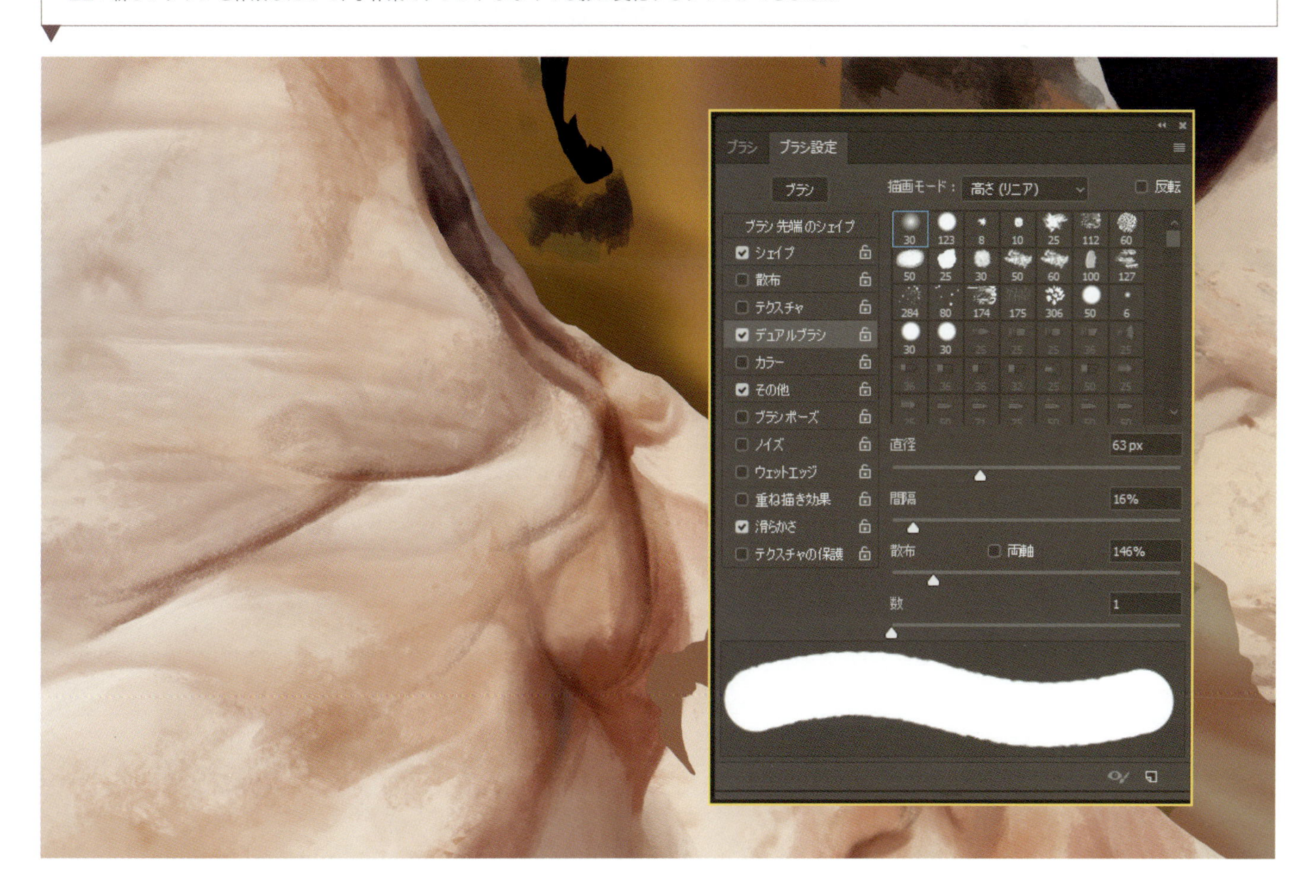

木々と葉をペイントする

23

テクスチャに関連する領域でペイントを始めたら、その作業にぴったりのブラシを用意することが重要です。ラフなエッジ・斑点・シミのような有機的な外観のデフォルトブラシであれば、どれを選択してもよいでしょう。Photoshop CCには、有機的なテクスチャの作成に使用できる[Foliage Mix 2]ブラシがあります(P.49を参照)。次はこの風景に植物をペイントするため、遠くから見ると巨大な葉に見えるブラシを選択します。カスタムブラシをもう1本作成してもよいですが、今回は[ブラシ設定]パネルでプリセットブラシの設定を調整すれば十分です(図23a)。

[ブラシ]パネルでブラシを選択したら、[ブラシ設定]パネルを開きます。今回は[散布]と[デュアルブラシ]の両方をクリックしてオンにします(図23b)。[散布]設定は、ブラシストロークで作成される断片的なマークの量とその分布を変更して、よりランダムに見せます。[散布][数][数のジッター]スライダでこの幅を設定します。

[デュアルブラシ]オプションで2本めの有機的なブラシを選択し、[デュアルブラシ]と[散布]の各設定を調整して、適切な低木の効果を作成します。これは正式なカスタムブラシではありませんが、より具体的なペインティングニーズを満たすのに利用できるもう1つの手法です。ただし、サイズの大きいデュアルブラシやテクスチャの重いデュアルブラシは、反応を遅くすることがあります。

24

適切なブラシができたので、木のペイントを始めましょう。これらの木は一見すると非常に複雑に見えますが、1歩引いて全体を見渡すと、実は単に「不規則な形状の球体」だとわかります。木を描くときは色の塊をペイントし、ハイライト・中間色・影を加えて奥行きを作ります。こうするとハイライトや影でまとまった感じが出ます。またカンバスのビューをズームアウトしたままにすると、フォームに加えるディテールの量を制限しやすくなります。奥行きを念頭に置いて新しく調整したブラシを使えば、基本的な木を素早く描くことができます。

新規レイヤーを作成し、木の葉のベースにする緑の中間色を選択。抽象的な丸い形状で葉の一塊をペイントします(図24a)。次は[消しゴムツール]に切り替え、エッジがシャープな小さめの消しゴムを選択し、木の葉の周囲にあるソフトな形状の一部を削除します。こうすると、鋭い葉の塊のとがった効果が生まれます(b)。

ハイライトを加えるため、調整したブラシを再び選択しましょう。では、より明るい色味の緑をベースカラーの上に重ね、木の葉の上部にハイライトをペイントします(c)。明るい陰のフォームをさらに細かく整えるため、ブラシの直径を小さくし、[カラーピッカー]ウィンドウで濃い緑がかった茶色を選択します。これを木の葉の下側にペイントし、陰になった領域やライトを遮る葉の塊を表現します(d)。

これが最後の手順です。[スポイトツール]に切り替え、すでにペイントした岩陰の領域から暗い色を選択。[ブラシツール]に戻り、この新しい色で木陰の領域をペイントします。この影は高さや形状など、木に関する多くの情報をもたらします。影を木の葉のすぐ下に配置すると、「シーンの視点が渓谷の底にある木よりも高い場所に設定されている」感じが出ます。木がもっと高い位置にある場合は、茶色を選択し、葉と影の間に「木の幹・枝」を大まかにペイントします(e)。

23a：葉の作成に適したテクスチャデュアルブラシのテストサンプル

23b：ブラシに自然な変化をもたせるには、[デュアルブラシ]設定で2本のブラシのテクスチャを組み合わせ、[散布]を加える

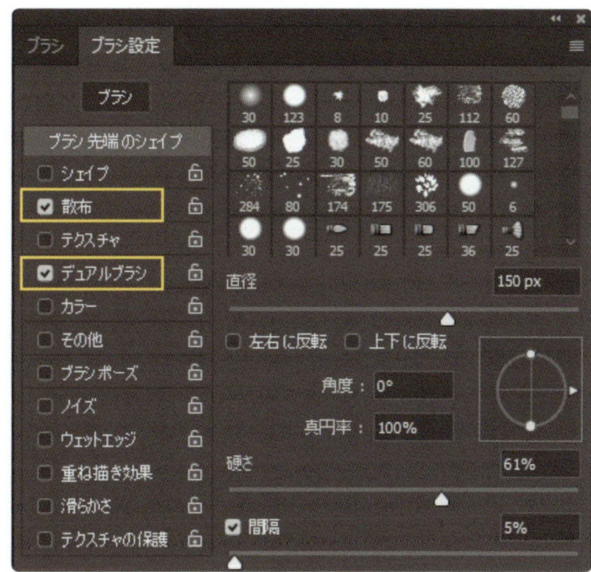

24：基本フォームから始めてハイライトや影を加えると、簡単に木を描けます

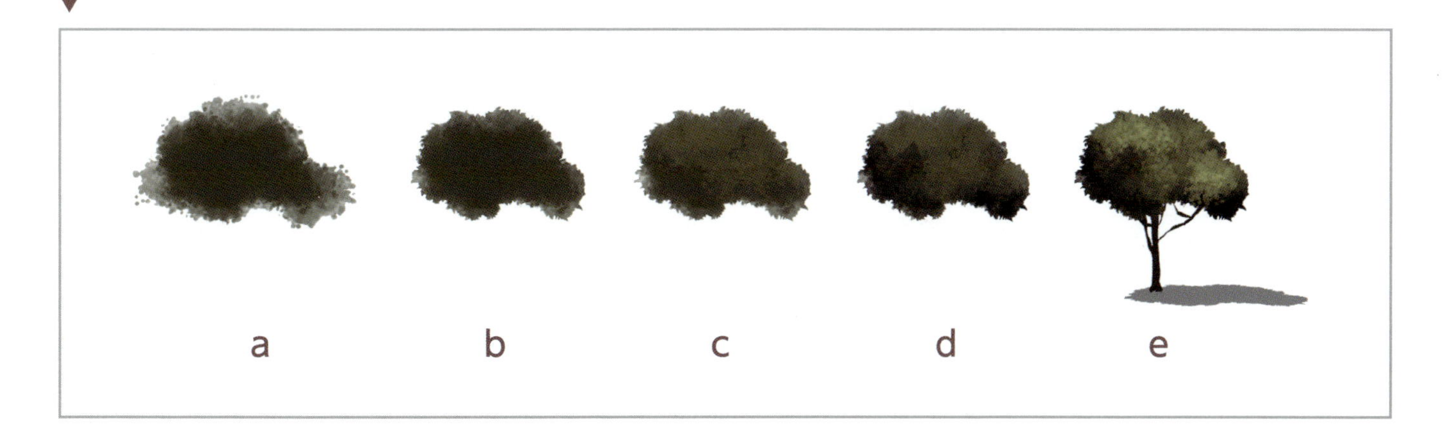

25

私のお気に入りの時間節約テクニックは、「レイヤーの複製」です。１つのオブジェクトで複数のバージョンを作成する場合、そのレイヤーを何度も複製して、シーンのあちこちに配置します。特にこのシーンの木には最適です。

複製したい既存レイヤーを選択し、**[編集]>[コピー]**（**[Ctrl]+[C]キー**）、続けて**[編集]>[ペースト]**（**[Ctrl]+[V]キー**）を押します。あるいは、複製したいレイヤーをクリックして、[レイヤー] パネルの下部にある「新規レイヤーを作成」アイコンにドラッグ&ドロップします。他にもレイヤーを右クリックし、メニューオプションで「レイヤーを複製」を実行できます。いずれの方法でも、元のレイヤーの上に複製レイヤーが作成されます。必要な数の木ができるまでこのプロセスを何度も繰り返します。

木をさまざまな場所に配置するため、木のレイヤーをクリックし、ツールバーで [移動ツール] を選択します。木を新しい場所に配置したら、オブジェクトのエッジの周囲にあるマーカーでサイズを変更します（[Shift] キーを押したままサイズを変更すると、縦横比を維持できます）。さらに [ブラシツール] で数本の木をペイントし、変化をつけましょう。**図 25a** をよく見ると、木の繰り返しを目立たなくするため、複製した要素にブラシストロークで色を加えているのがわかります。

26

「低木」のペイントは、木のペイントによく似ています。複数の低木を素早く作るときは [混合ブラシツール] を使用するとよいでしょう（ツールバーで [ブラシツール] をクリックしたまま、ツールオプションを表示して選択）。このツールは、カンバス上で複数の色をブレンドするのに使用できます。新規レイヤーを作成して [混合ブラシツール] に切り替え、オプションバーで「現在のブラシにカラーを補充」（四角い色のアイコン）をクリック。[カラーピッカー] ウィンドウが開いたら、ペイントする単色を選択します。

引き続き、オプションバーで「全レイヤーを対象」をオン，ツールモードを[ドライ 補充量多量] に設定します。「全レイヤーを対象」オプションは異なるレイヤーの色同士を混ぜることができます。そしてさまざまなツールモードは [混合ブラシツール] で得られるブレンド効果に強く影響します。例えば [ウェット ミックス少量] モードはカンバス上で色同士をよくブレンドし、油絵の具のようににじませます。[ドライ 補充量少量] モードはサンプルされた色がすぐになくなり、新しい色を頻繁に補充するようになります。今回はブレンドしにくい[ドライ 補充量多量] モードを使います。これで色が濁りにくくなり、広い表面積をペイントできます。オプションバーのその他のオプションはチェックを外したままにしておきます。

次は [ブラシ設定] パネルで [シェイプ] に設定し、強く押せば押すほど低木が大きくなるようにします。こうすると、比較的簡単にバラエティ豊かな低木を作成できます。では、新規レイヤーに [混合ブラシツール] を試してみましょう。次のステップに進んで低木をペイントする前に、テストレイヤーは削除するか表示をオフにします。

25a：木を複製して、シーンのあちこちに配置します

25b：レイヤーを複製するには右クリックし、メニューオプションから[レイヤーを複製]を選択します

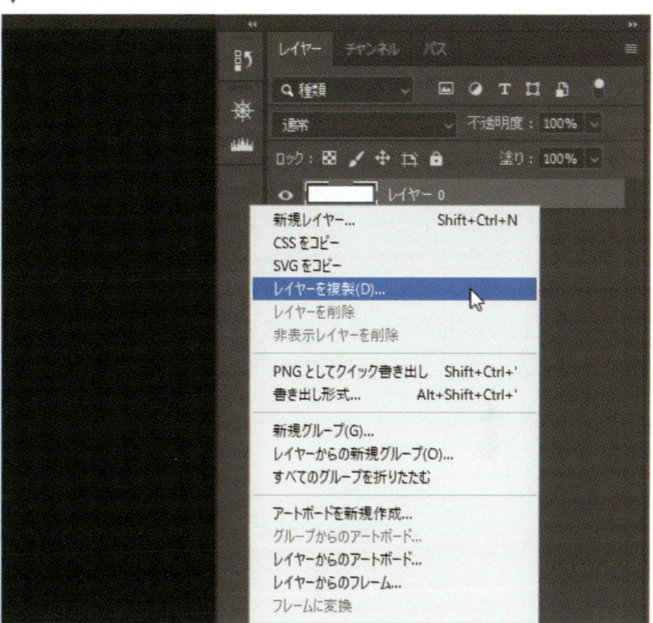

26：[混合ブラシツール]で簡単に滑らかな変化をつけられます

27

[混合ブラシツール]を使うと、シーンをサンプルしてペイントできます。このため、すでに作成したブラシストロークを新しい低木に作り変えることができます。

まず新規レイヤーを作成し、前ステップの設定の［混合ブラシツール］を選択します。ペイントには単色を選ばず、「現在のブラシにカラーを補充」アイコンをクリック、［カラーピッカー］のスポイトツールが表示されたら[Alt]キーを押し、サンプルしたい木の領域をクリックします。これで［混合ブラシツール］にはその領域から複数の色が補充されます。では、カンバスを軽くたたき、低木をペイントしましょう。

28

まず新規レイヤーに、好きなブラシと色を使って大まかな馬のシルエットをペイントします。これで植物のスケール感がわかりやすくなります。

再び木に戻り、木と低木の下に「植物」の最終レイヤーを追加、小さなオアシスというアイデアに説得力を持たせます。鑑賞者の視点と植物は十分離れているため、テクスチャを気にする必要はありません。また、木と岩の対称的な色が不要な関心を集めないように、木の下の地面にも色を加えます。これでその領域があまり目立たなくなります。

新規レイヤーを作成し、木々のレイヤーの下に来るようにスタックの下の方にドラッグします。では標準ブラシで、既存の木や低木から選択した緑色の塊をあちこちペイントしましょう。黄や深緑の色を取り入れて少し変化をつけ、オプションバーでブラシ先端の［直径］を変更します（同じ色や同じブラシストロークを使い過ぎると、現実離れして見えます）。図を見ると、水など背景の一部がさらに描き込まれている様子がわかります。レイヤーマスクを使って内側をペイントし、水の領域をいくつか作成すると、水溜まりの周囲の線が整い、水の見た目にも統一感をもたらします。レイヤーマスクの簡単な使い方については、P.58〜59を参照してください。

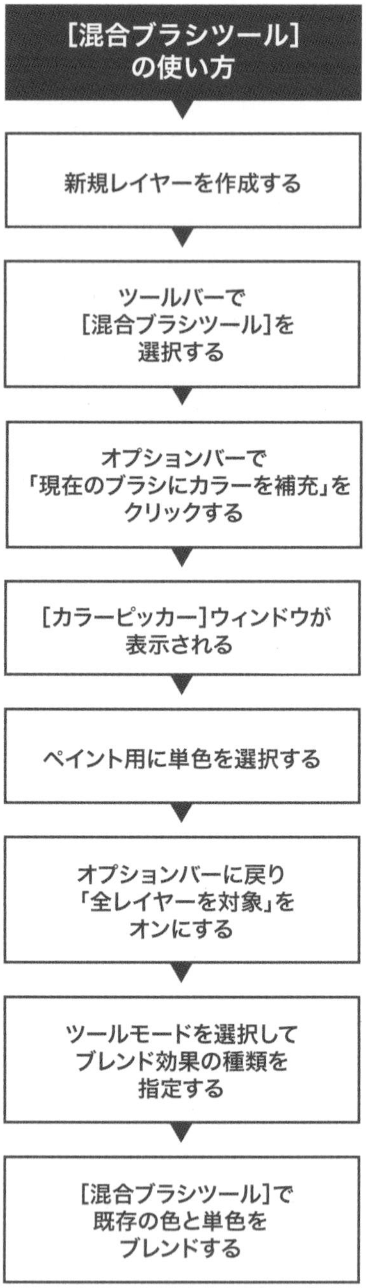

[混合ブラシツール]の使い方

1. 新規レイヤーを作成する
2. ツールバーで[混合ブラシツール]を選択する
3. オプションバーで「現在のブラシにカラーを補充」をクリックする
4. [カラーピッカー]ウィンドウが表示される
5. ペイント用に単色を選択する
6. オプションバーに戻り「全レイヤーを対象」をオンにする
7. ツールモードを選択してブレンド効果の種類を指定する
8. [混合ブラシツール]で既存の色と単色をブレンドする

27：[混合ブラシツール]を使うと、低木を素早く描くことができます

28：地表を覆う植物のレイヤーで青々とした領域を特徴づけ、木と岩のコントラストを和らげます

ドラゴンをペイントする

29

背景を描いたので、次はドラゴンに取り掛かりましょう。新規レイヤーを作成し、ラフにペイントしたドラゴンのレイヤーをガイドにして、テクスチャブラシでより細かくドラゴンをペイントします。

ドラゴンの重要な要素は、その危険な性質を特徴づける「角」です。これを［なげなわツール］の選択範囲に描いていきましょう。まず、角を配置したい領域の周囲に［なげなわツール］をドラッグし、選択範囲を描きます。選択範囲が完成したら［ブラシツール］に戻り、骨のような中間色でその内側をペイントします。

選択範囲の外側で作業して完璧になじませたい場合は、選択範囲を反転させます。これで、その外側をペイントできるようになり、内側の領域には影響しません。選択範囲を反転させるには、いつもどおり選択範囲を作成し、右クリックします。オプションメニューが表示されたら、［選択範囲を反転］（**[Shift]＋[Ctrl]＋[I]キー**）を選択します。きれいなエッジの角は頭部で際立つため、選択範囲を反転させるのは良いアイデアです。角の選択範囲を作成し、選択範囲の内側をエッジぎりぎりまでペイントしたら、選択範囲を反転させて角の周囲の皮膚をペイントしていき、シャープな輪郭を作ります。

引き続き、ドラゴンのディテールをペイントしていきますが、輪郭をはっきりとペイントするように心掛けてください。影を作るときは、皮膚のシワも考慮して輪郭に従い、ペイントしている表面に光と影が与える影響を捉えましょう（これに対応するため、ブラシを明るい色や暗い色に変更するなど）。皮膚の突起に小さなハイライトと影を加えると、その表面を理解しやすくなるでしょう。

作品の水準を上げるには、一つひとつのブラシストロークを積極的に意識することが重要です。何のために加えているのかわからないまま、やみくもにペイントしてはいけません。

マテリアルのコントラスト

デジタルペインティングでは、さまざまなマテリアル（素材・材質）を正確にペイントすることが極めて重要です。特にコンセプトアーティストとして仕事をしているなら、あなたのイメージは制作の初期段階でアイデアを説明するのに使用されます。
正確にペイントするには、それぞれのマテリアルの特色を把握する必要があります。マテリアルの主な２つの要素は、「テクスチャ」と「反射性」です。例えば岩の隣に金属がある場合、金属には光沢を、岩には多孔質のテクスチャを加えることによって２つのマテリアルを簡単に区別できます。これにより、鑑賞者の視認性と理解度が大幅に向上します。コンセプトアーティストとしてこれらを心掛けておくと、制作パイプラインの後半で作業するモデリングアーティストやテクスチャアーティストの手助けになります。

29：選択範囲を反転させると、非常にシャープなエッジをペイントできます

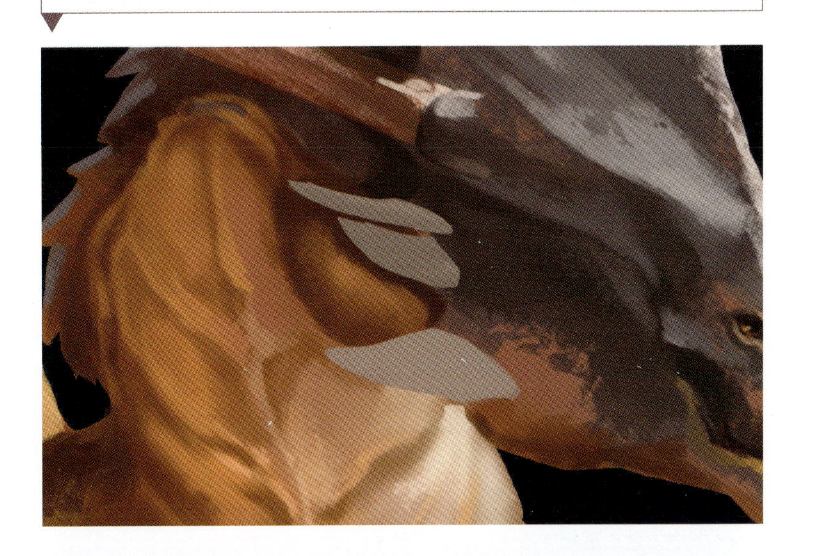

選択範囲のエッジをペイントする

選択範囲を使ったペインティングは素晴らしい連携ですが、完璧なエッジのままではいかにも「デジタル」に見えてしまい、作品の美しさを左右する「絵画調の表現」が損なわれるかもしれません。それを解決するには、選択範囲を解除し、クリーンな選択範囲のエッジの上にブラシストロークを重ねます。小さな凸凹やディテールで直線的なエッジの境界を崩すと線がより自然に見えてきます。メインの焦点にはくっきりしたエッジを残し、コントラストを作ってもよいでしょう。もちろん、シャープでリアルな見た目を好むアーティストもいれば、もっと絵画調の雰囲気を好むアーティストもいるので、あくまで好みの問題です。

ドラゴンの選択範囲のエッジの一部がシャープ過ぎますが、わずかなブラシストロークでこの問題を解決できます

30

ドラゴンの頭部のフォームを整えましたが、角はとても平坦で非現実的に見えます。 このような場合、角を曲線的に見せて立体的な効果を生み出しましょう。 何かを丸く見せたいときは、まずライトが丸みのあるオブジェクトに当たる様子を理解するとよいでしょう。 丸みのあるオブジェクトにライトを当てた際の３つの基本要素は「ハイライト」「影」「反射光」です。 カンバス上で水平なこの角の場合、ハイライトが上部に、影が中心部分に、そして反射光が下部にかかるはずです。 また、光源の種類についても考慮しなければいけません。 暖かい光と冷たい光では異なる色調が要求され、光源の種類によって強さも異なります。

こういった色調の効果をペイントするには［ブラシツール］を選択、ツールバーで［描画色］をクリックします。［カラーピッカー］ウィンドウで色を選択する際は、ハイライトに明るい色を、反射光に中間色を、影に暗い色を使用します。 滑らかなブラシを選択し、角のカラーパレットの範囲内で作業しつつ、自然な骨の効果を維持します。 このライティング手法はどんな丸いフォームにも適用できます。

31

イメージの進展を評価する便利な方法は「イメージの反転」です。 これによりシーンの見え方が変わります。 １つのイメージに長時間取り組んでいると目が慣れてきて、目の前にある問題に気づきにくくなります。イメージを反転させると見え方がガラッと変わり、それまで気づけなかった問題が目に飛び込んできます。 カンバスを反転させるには、トップバーから**［イメージ］>［画像の回転］>［カンバスを左右に反転］**を選択します。［画像の回転］メニューには、お好みに応じてイメージを特定の角度まで回転させる、あるいは上下に反転させるオプションもあります。

スケール感を出す

スケール感を出すことは、特に何かの大きさ／小ささを伝えたいときに重要です。 簡単なコツとして、前景から近い場所と遠い場所の両方に、反復するオブジェクトを配置します。例えば。木などのわかりやすいアイテムを前景に配置し、遠景の巨大な岩の隣にも別の同じ木を配置すると、鑑賞者はそれらを比較して岩が巨大であることを察知できます。

30：角に「ハイライト」「影」「反射光」を加えると丸みが出ます

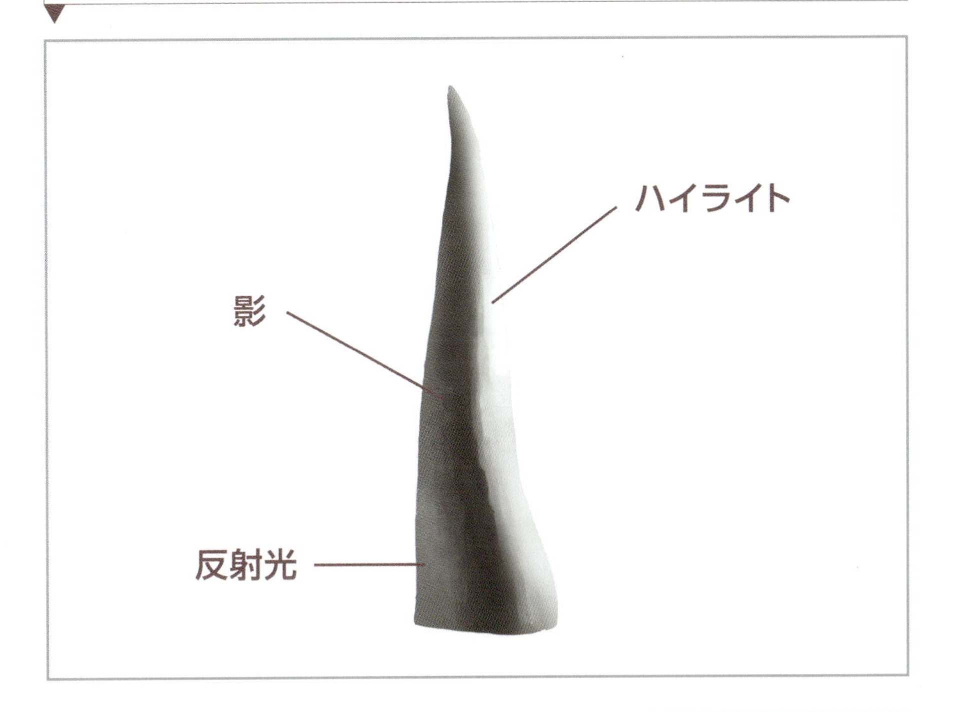

31：カンバスを左右に反転させると、見過ごしていた間違いが明らかになります

32

イメージを見直していると崖の角度が完全に正確ではないこと、そしてパースが鋭すぎることに気づきました。 これを修正するには、角度をもっとシーンのパースの線に揃える必要があります。 その部分を塗り直してもよいですが、もっと簡単な方法として崖の一部を複製し、[ゆがみツール] を使用しましょう。

まず崖のレイヤーを選択します（[Ctrl] キーを押しながら [レイヤー] パネルで各レイヤーをクリック）。 続けて右クリック、表示メニューから [レイヤーを結合] を選択して崖のレイヤーを 1 つに結合します。 では複製とゆがみを行うため、[なげなわツール] で崖の周囲に選択範囲を作成しましょう。 選択範囲を右クリックし、ポップアップメニューから [選択範囲をコピーしたレイヤー] を選択します。こうすると元のレイヤーから選択範囲を切り抜く代わりに、新規レイヤー上に変更可能な崖のコピーが作成されます。

[なげなわツール] を選択したまま選択範囲を右クリック、メニューから[自由変形]を選択して再び右クリック、表示される新しいメニューから [ゆがみ] を選択します。 あとは崖の遠端をドラッグし、パースに合わせて素早く調整します。

33

パースを補完する直線がないときは、注意してください。 領域があいまいに見える場合は表面のテクスチャを微調整し、パース線をさりげなく自然に表現する必要があるかもしれません。 このシーンの崖にはすでに垂直の割れ目が入っているため、崖の長さに沿って割れ目をいくつか追加し、パースを明確にします。

割れ目を作成するには [ブラシツール] に戻り、岩の表面をペイントするのに使用したのと同じテクスチャブラシを選択します。ツールバーの [描画色] をクリックして暗めの影の色をブラシに設定したら、[カラーピッカー]のスポイトツールで既存の割れ目から色を選択。崖の表面に沿って小さな垂直の割れ目を不規則にペイントします。また、すでにペイントした領域から明るい色調を抽出して色を変更し、垂直の隆線を何本かペイントすると、さらに多様性が生まれます。この調整は細かいですが、鑑賞者がシーンのパースを理解するのに十分な情報を与えます。**図33**に調整前／後の崖を示します。

1 歩引いて見る

イラストのディテールに没入することはよくあるので、たまに 1 歩引いて見て、作品が望ましい方向へ進んでいるか確認しましょう。特定の部分に時間をかけすぎてバランスが損なわれ、無駄な情報が多く加わったことに気づかないこともあります。したがって、定期的にイメージを全体として見ることが重要です。Photoshop 上で実際に 1 歩引いてイメージの全体像を確認するには、ツールバーの[ズームツール] を使用するか、**[Ctrl] キー+ [+] キー／[−]キー**を押します。

また、作品に長時間没頭していると方向を見失いやすいため、適度に休憩を取るとよいでしょう。 休憩してからイメージに戻ると、内容をよりはっきりと認識できます。 必要であれば新規レイヤーを作成し、基本ブラシで改善の必要な領域をペイントしましょう。

1 歩離れて見ると、修正が必要な領域が簡単にわかります

32：[ゆがみツール]で崖のパースを修正する

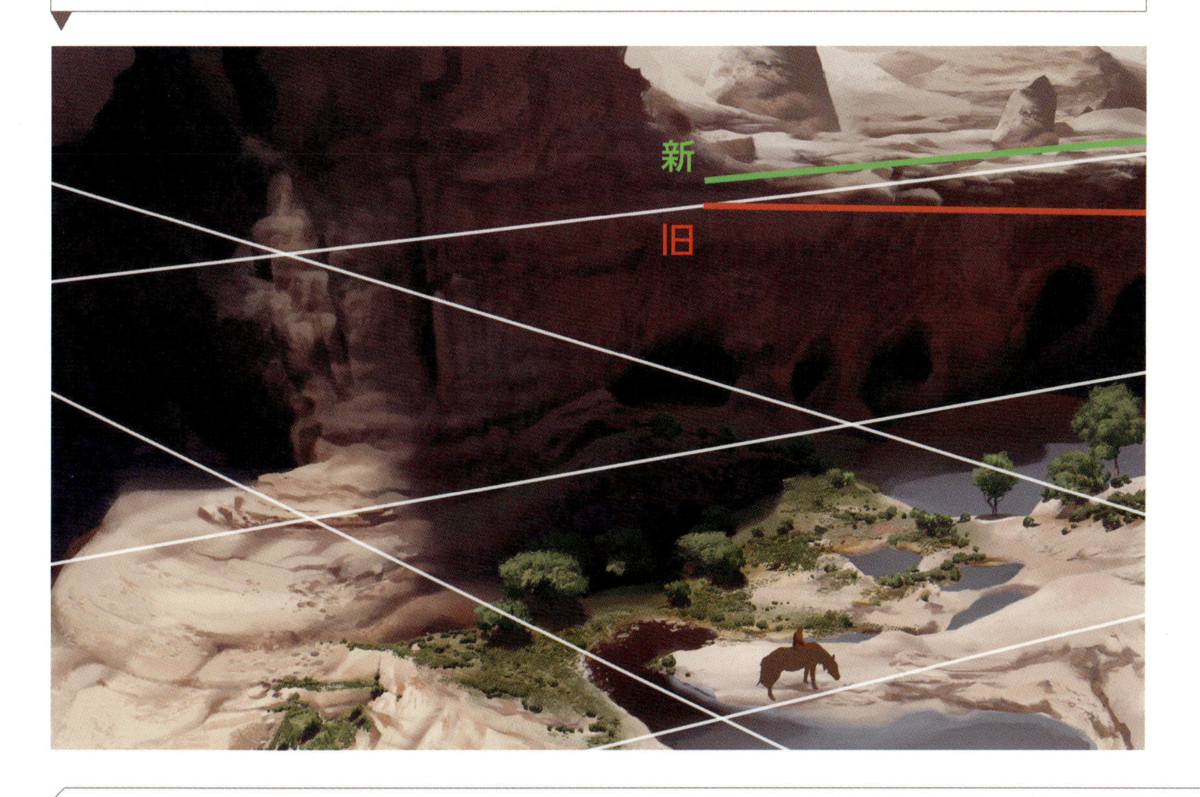

33：岩の割れ目などの細かいクリエイティブな追加は、あいまいなパースをはっきりさせる効果があります

変形ツール

34

作品の中でサイズや形状を変更する場合、最初に頼るべきツールは［自由変形］です。オブジェクトの拡大／縮小、ワープ、ゆがみ、回転、さらには遠近法の適用など、自由に操作できます。オブジェクトが過度に大きい／小さい、あるいは正確な形状ではない場合、簡単に調整できます。

これを起動するには**［編集］＞［自由変形］**（**［Ctrl］＋［T］キー**）に進みます。ツールが起動したら、選択したレイヤーのオブジェクトの周囲に細い枠が表示されます。このエッジにあるコーナーのマーカーを［Shift］キーを押しながら引っ張ると、オブジェクトの形状を均一に変更できます。行なった調整に満足したら、枠の内側をダブルクリックするか［Enter］キー押して変形を適用しましょう。

崖の角度にゆがみを適用したときに気づいたかもしれませんが、［自由変形］では他のさまざまなオプションにアクセスできます。選択したオブジェクトの周囲に表示される枠の内側を右クリックすると、新しいオプションメニューが現れます。［ワープ］はストレッチできるので、オブジェクトの変形に便利です。特に選択範囲を背景などの指定空間に固定したり合わせたりする場合に役立ちます。

絵の一部を［なげなわツール］で選択、右クリックして［選択範囲をコピーしたレイヤー］を選択、コピーを作成します。ここではドラゴンの頭部の突起をもっと面白くしてみましょう。新規レイヤーに選択範囲をコピーし、［自由変形］（**［Ctrl］＋［T］キー**）に切り替えたら、選択範囲の枠の内側を右クリックします。ポップアップメニューから［ワープ］を選択すると、枠にグリッドが追加されます。枠の周囲のマーカーでグリッドを変形させ、選択範囲を新しいパーツに移動します。私は［ワープ］でドラゴンの突起を右側にカーブさせながら引き延ばしました。印象的に見えますがシーン内で注意をそらし、ドラゴンの頭部も重く見えるため、結局この変形は使いませんでした。もし行なった変更を気に入ったら［Enter］キーを押して保存しましょう。

35

ステップ32で見たように、［ゆがみ］変形は要素をシーンのパースに合わせたい場合に便利です。このシーンではドラゴンの後頭部にペイントした角を調整し、もっと危険に見せる方法を試してみます。

再び［なげなわツール］で選択範囲を作成し、［自由変形］（**［Ctrl］＋［T］キー**）を選択します。右クリックして［選択範囲をコピーしたレイヤー］を選択、選択範囲を新規レイヤーにコピーします。では選択範囲の枠内で右クリックし、［ゆがみ］を選択しましょう。この枠は［自由変形］の枠と似ていますが、マーカーが内外に動くのではなく、水平方向のエッジでは左右に、垂直方向のエッジでは上下に動きます。［ゆがみ］は要素を傾けたり、フォームをまっすぐにしたりするのに便利です。コーナーのマーカーをドラッグするとオブジェクトの傾斜具合を細かくコントロールできるようになり、鋭角や鈍角の台形を作成できます。

ここでは最も大きい角を選択してゆがませ、より目立たせて恐ろしく見せます。では枠左上コーナーのマーカーを引っ張って他の角から引き離し、枠上部のマーカーで角を外側に引き伸ばします。これで角は獲物を捕えるのに利用できる危険な角度になりましたが、やはり目立ち過ぎるため、使わないことにしました。ゆがませた要素を使用する場合は、［Enter］キーを押して調整を確定します。

34：[ワープ]は、ドラゴンの頭部など既存の要素を劇的に変化させるのに便利です

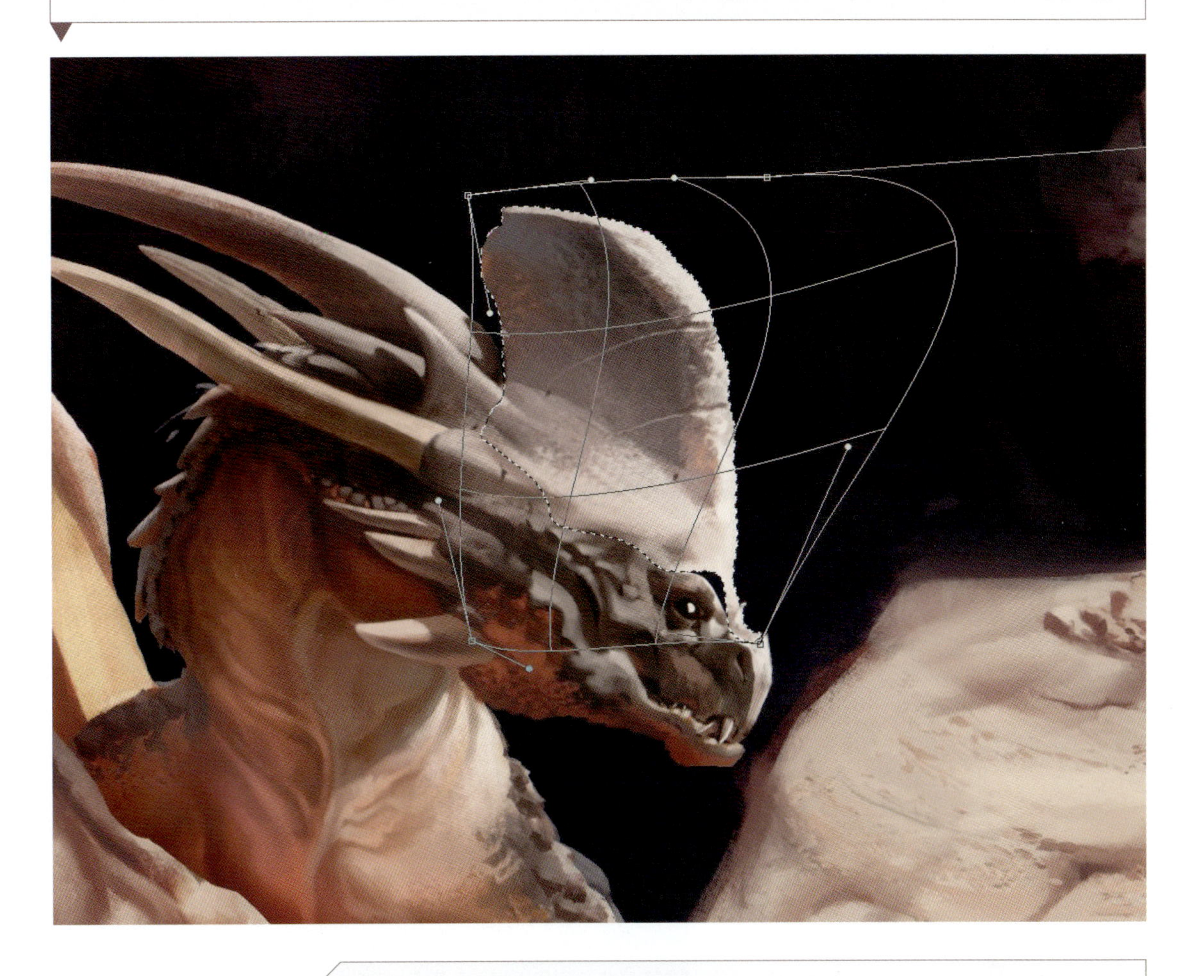

35：[ゆがみ]は、オブジェクトの再調整や角度の変更に役立ちます

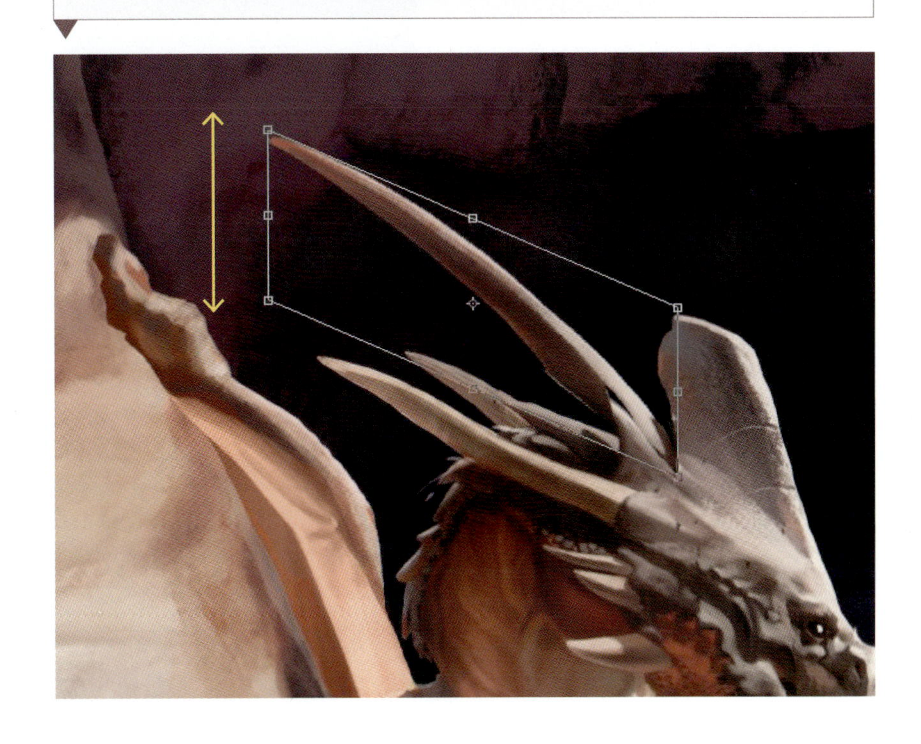

滝をペイントする

36

「騎士が立ち寄る小さなオアシス」というアイデアと「パースの感覚」を強めるため、この渓谷に滝を加えましょう。 これによって鑑賞者の意識がシーンの端に流れるのを防ぎ、視線を馬と騎士に戻します。

滝を作るにはまず新規レイヤーを作成し、[ブラシツール] を選択。 白に設定したラフなブラシで、水が崖から水たまりに落ちる様子を大まかにペイントします。 水が水たまりに落ちたときに生まれる「波紋」や「霧」を表すため、印象的なブラシストロークをペイントしましょう。

より滑らかなソフトブラシに切り替え、ラフなストロークの上に同じ色を重ねて、ネガティブスペースを埋めます。 こうして滝の周囲にある「霧」のように見せます。エフェクトをもっとリアルにするため、明るめの白い色相を選択、崖のてっぺんで明るい水がライトを反射している様子を加えます。 さらに小さめのハードブラシ（同じ明るい白）で水たまりに細かい波紋を描いて、水に乱流の感じを出します。

波紋を加えていると、滝の下にある水たまりが渓谷の色を正しく反射していないことに気づきました。 では、これを修正しましょう。崖の表面のレイヤーに移動し、[カラーピッカー] のスポイトツールで赤みがかった色を抽出します。 水たまりのある元のレイヤーに戻り、[ブラシツール] をソフトブラシに変更したら、水たまりに滑らかなストロークをペイントして色を調整します。

グレースケール校正設定を確認する

途中で絵をグレースケールにすると便利です。 明度を見れば、わかりやすさと構図的に正しいことを確認できるでしょう。 これを行うにはグレースケール校正を作成します。トップバーで**[表示]>[校正設定]>[カスタム]** を選択。[校正条件のカスタマイズ] ウィンドウが表示されたら、カスタム校正条件：[作業用グレー – Dot Gain 15%]に設定、[OK]を押します。これでイメージの明度を確認するときは **[Ctrl] + [Y] キー**を押すと、カンバスがグレースケールに切り替わります。 グレースケールから色付きのカンバスに戻るには、再び同じキーを押します。

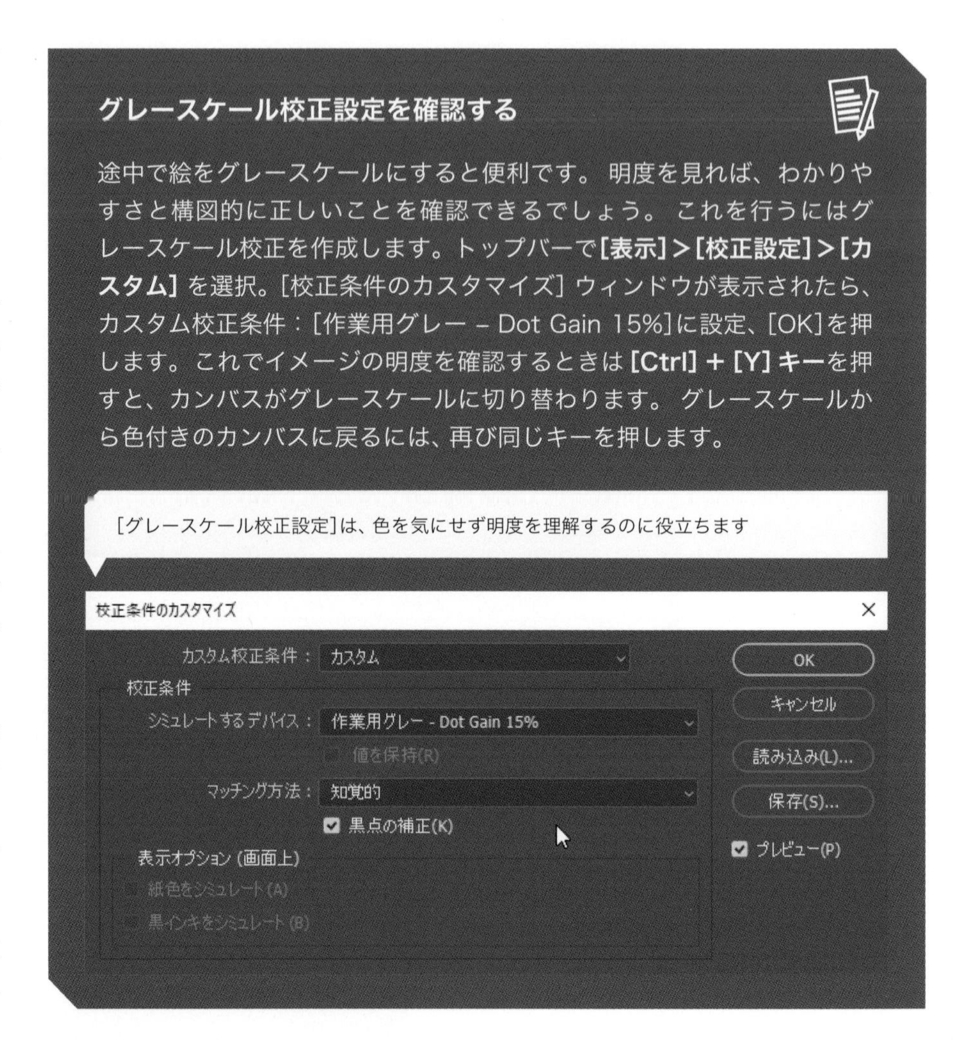

[グレースケール校正設定]は、色を気にせず明度を理解するのに役立ちます

37

滝は描けましたが、明度構造と比較してみると、少し明るいことに気づきました。 この領域は渓谷の影の中にあるため、全般的にもっと暗くなければいけません。 この場合、主に 2 つの選択肢があります。 1つは前に戻って各レイヤーを手作業で編集します。もう1つは[比較（暗）]レイヤーで調整の必要なすべてのレイヤーを同時に編集します。プロにとって最適な選択肢（最も効率的な方法）は後者です。新規レイヤーを作成して(**[Shift]+[Ctrl]+[N]キー**)、描画モードを[比較（暗）]に設定しましょう。

[比較（暗）] 描画モードのレイヤーを作成したら、次に [カラーピッカー] のスポイトツールでシーン内の影から色を選択、この色を白い滝に合わせて明るく調整します。準備ができたら、低い不透明度のソフトブラシで滝の上を塗りましょう。 この方法を使えば、影に選んだ色よりも暗い色は変化しません。影に選んだ色よりも明るい色は、ストロークに合わせて暗くなります。つまり[比較（暗）] は、選択した色よりも明るい明度のみに影響を与えます。 これで滝はシーンの明度構造に溶け込みました。

36：滝はラフなブラシストロークとソフトなブラシストロークを組み合わせて作成します

37：[比較(暗)]調整レイヤーは、滝の影の領域に合わせて明度を抑えるのに使用します

光と影をさらに調整する

38

[グラデーションツール] の使い方は一目瞭然に見えますが、実はデジタルペインターに役立つ機能がたくさんあります。 まずツールバーで[グラデーションツール]（**[G]キー**）を選択します。 オプションバーを見ると左側にプレビューアイコンがあり、その隣にある矢印をクリックすると複数のグラデーションプリセットから選択できます（**図38a**）。プレビューボックスをクリックして、独自のグラデーションを作成したり、さらにオプションバーでグラデーションの「形状」と「モード」を選択したりできます。ただし、複数のグラデーションを併用すると、それぞれの形と向きが干渉し合うでしょう。

デジタルペインターにとって［グラデーションツール］の最大の使い道は、太陽光などの光源のグラデーションです。［円形グラデーション］オプションは絵の一部を明るく鮮やかに見せて、徐々に暗い色調へと変化させることができるため人気があります。［円形グラデーション］を［オーバーレイ］モードにすると、明るいスポットライトを作成できます。 これはシーンの明度に影響することを覚えておいてください。

このシーンで［円形グラデーション］を使用すると、断崖の上に当たる強い光を表現できます。また、これによって崖の影のコントラストも強くなります（**図38b**）。まず新規レイヤーを作成し、ツールバーで[グラデーションツール] を選択します。次にオプションバーで[円形グラデーション]、[オーバーレイ] モードに変更し、その効果が明るくなり過ぎないように不透明度を下げます。 ではカンバスでグラデーションの中心になる場所をクリック&ドラッグし、カーソルを放すと、グラデーションが適用されます。

グラデーションの詳細は
P.39をご覧ください

39

イメージを反転させたときに気づいたもう1つの問題点は、ドラゴンの鼻先に隣接する影の領域がわかりにくいことです。 まるで頭部と背景が同じパース平面上にあるように見えます。 影の領域がドラゴンの後方に来るように、少しだけ左に移動させると問題は解消され、空間感覚が大幅に強化されます。

この影を動かすには、渓谷の崖の端を再調整したテクニックを用いましょう。 まず影のレイヤーを選択し、［なげなわツール］でドラゴンの鼻先の隣にある領域を囲みます。 この選択範囲を右クリック、オプションメニューから［選択範囲をコピーしたレイヤー］を選択します。 新しい選択範囲のレイヤーで**[Ctrl]＋[T]キー**を押して右クリック、表示メニューで[ワープ]を選択します。 ではマーカーで影と光の領域間にある曲線状の溝を延長しましょう。 結果に満足したら[Enter]キーを押すか、選択範囲をダブルクリックします。

グラデーション効果の作成

ツールバーで[グラデーションツール]を選択する
▼
オプションバーでグラデーションプリセットを選択する
▼
オプションバーでグラデーションの形状を選択する
▼
カンバス上に線をドラッグする
▼
タッチペンを放すと線に沿ってグラデーションが表示される

38a：グラデーションのオプションで、状況に適したグラデーションを作成できます

38b：[円形グラデーション]を背景に適用すると、その領域が明るくなります

39：オブジェクトが隣同士にあると、距離感が損なわれることがあります

40

デジタルペインティングでは、表面やマテリアルの特徴をはっきり描くことが重要です。例えば、水は非常に反射性が高くキラキラしており、ザラザラした岩とは違います。したがって、水面に光を加えると、区別しやすくなるでしょう。

水面に光を加えるため、[オーバーレイ] モードの新規レイヤーを作成。[ブラシツール] (ライトブルーのソフトブラシ) で水の上を薄くペイントして、水面に明るい青空が映っている様子を示唆します。 次に 2 つめの新規レイヤーを作成し、白の小さいブラシに切り替えます。 これで水際の周囲に小さなディテールをペイントし、明るい光の反射を表現しましょう。

最後に新規レイヤーをもう 1 つ追加し、明るいグレーの大きなソフトブラシで、水面に映る雲を模倣します。 このブラシストロークをソフトにするため **[フィルター] > [ぼかし]** に進み、メニューオプションからぼかしの種類を選択します。基本の [ぼかし] を選択するとリアリズムがさらに加わり、「明るく晴れた日」というアイデアに説得力が出ます。

41

このシーンの騎士と馬は比較的小さくなるため、過度なディテールは不要です。 最も大事なのは目立たせることなので、馬をこげ茶色でペイントし、騎士には鮮やかな赤の戦闘用スカートを描きます。 これらをペイントするには約 300%までカンバスにズームインするか、[なげなわツール] で選択範囲を作成・コピーし、[移動ツール] でその選択範囲を拡大します。 馬と騎士を描き終えたら、再び [移動ツール] で選択範囲を縮小し、[自由変形] で適切な位置に配置します。

ペイントするときはリファレンス画像をガイドにして、馬と騎士のフォームの光と影の場所に注意します。 これらの要素はすべて遠くから見られるので同じブラシでペイントしますが、必ずブラシの色を変更し、広い領域のペイントや簡単なディテールの追加など、目的に応じてブラシ先端の直径を調整します。(よく目立つ) 形状やフォームは、鑑賞者が見たときにそれを理解する手助けとなるので集中しましょう。濃い単色のソフトブラシで馬の下に影を追加して、馬と騎士に関心を集めるとともに、リアリズムを加えます。

雲の効果

風景のペインティングでよく忘れられる要素に「雲が背景に与える影響」があります。 初心者はたいてい、太陽光に満ちたシーンをペイントしたり、風景の後ろに平面として雲を追加したりします。 しかし、雲は風景の上をダイナミックに移動するオブジェクトなので、それを考慮して描くとシーンは見映え良くなります。 特定の領域を目立たせる奥の手として、あるいはシーンの雰囲気を調整するために雲を利用しましょう。 このシーンでは雲を水たまりに映して、イメージの枠外の世界をほのめかしています。

40：水面に光と空の映り込みがあれば、周囲の背景と区別しやすくなります

41：騎士と馬を大きめにペイントし、最終的な地形に合わせてサイズを変更します

42

水面の映り込みによって、シーンにたちまちリアリズムが加わります。私はシーン内に水があるときは、必ずその機会を生かします。映り込みを作る簡単な方法は、映したいオブジェクトをコピーして上下反転させ、適切な見た目になるまで明度を調整します。映り込みは水の種類によって大きく異なるため、このプロセスではリファレンスの助けを借りてください。ここでは馬と騎士を[なげなわツール]で選択し、[選択範囲をコピーしたレイヤー]オプションでコピーします。では、作成された新規レイヤーで**[編集]>[変形]>[垂直方向に反転]**を実行しましょう（あるいは、選択範囲を右クリックして[自由変形]を選択、再び右クリックして[垂直方向に反転]オプションで反転させます）。[自由変形]や[移動ツール]で選択範囲を馬の下にドラッグすると、反転した要素のひづめが元のひづめと対応するはずです(**図42左**)。

映り込みを正しい場所に配置したら、[消しゴムツール]（**[E]キー**）を選択、水に接していない馬の領域を丁寧に消します。この馬は水たまりの際から少し離れて立っているので、後ろ脚の下部と前脚の大部分を消します（**図42中央**）。ただし、この方法は「実物そっくりの映り込みを作るわけではない」と覚えておいてください。完全に正確な映り込みにしたいなら、ブラシでゼロからペイントする必要があります。

映り込みを配置して部分的に消去したら、実物のフォームではなく映り込みであることを示すため、選択範囲の明度を調整します。**[イメージ]>[色調補正]>[レベル補正]**（**[Ctrl]+[L]キー**）を押すとポップアップウィンドウが開くので、「黒」「白」「グレー」のスライダを動かして、選択範囲の明度を暗くしましょう(**図42右**)。

43

ペイントを続けると、先ほどの調整によって生じた「不要な線」に気づきました。ここでは[コンテンツに応じる]機能で対応しましょう。これは周囲のテクスチャを利用して、領域の塗りつぶしや修正を行える便利なツールです。今回の状況にもうまく対応できるでしょう。

テクスチャの多い領域から特定要素を削除するとき、塗り直したくないなら、[なげなわツール]で選択範囲を作成して右クリックします。メニューオプションリストを下にスクロールして[塗りつぶし]を選択すると、塗りつぶす「内容」を指定するポップアップウィンドウが開きます。[コンテンツに応じる]を選択すると、選択範囲の周囲にあるテクスチャデータで選択範囲が塗りつぶされます。[OK]を押すと、ブラシストロークを1本も描くことなく、選択範囲が周囲に同化します。

ミスした領域を消去する

時には[コンテンツに応じる]で修正できないミスもあるでしょう。その場合、マスクや[消しゴムツール]の代わりに[なげなわツール]で消去しましょう（これはプロの現場でも役立ちます）。[なげなわツール]は選択範囲を作成するだけでなく、いったん領域を選択して簡単に削除することもできます。特にスケッチの段階で、1つの領域を素早く丁寧に消したい場合に便利です。

これを行うには[なげなわツール]をクリック&ホールドし、消したい領域の周囲をドラッグしてから放します。選択範囲の線が関連領域をハイライトする破線に変わるので、消去する場合はキーボードの[Delete]キーを押してください。

42：水面に馬が映っていると、馬がシーンに溶け込みます

43：編集によって生じた不要な線は、塗りつぶしの[コンテンツに応じる]で簡単に修正できます

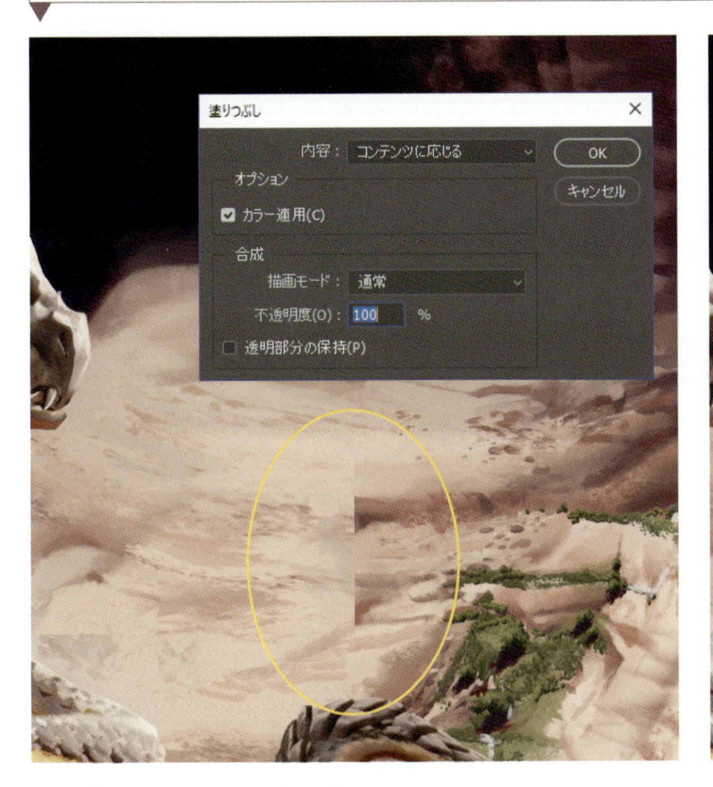

ドラゴンを手直しする

44

影を描くときは、ペイントしている表面の色相を考慮してください。初心者によくあるミスは「影は黒である」という思い込みです。現実の影は、表面の色と明度、そしてシーン内のライティングによって変化します。

今回、影をペイントする表面は、晴れた日の明るい黄褐色の岩です。まずドラゴンレイヤーの下に影用の新規レイヤーを作成します。次はドラゴンの体のすぐ下に［ブラシツール］で鮮やかな珊瑚色（黄色がかった赤）の色相をペイントし、影を作ります。接点に近い領域は暗く、ドラゴンから離れた領域は明るくなるはずなので、ブラシの色調を適宜調整してください。

影を簡単に作る方法はもう 1 つあります。［なげなわツール］で影を描きたい岩の領域を選択、**［イメージ］>［色調補正］>［レベル補正］**（**［Ctrl］+［L］キー**）で選択範囲を暗くします。好きな方を選んでください。

45

ドラゴンはこの構図の中で極めて重要な要素なので、目立たせるために「何か」が必要です。 私はドラゴンの翼に新しい色を取り入れることにしました。これにより人目を引くと同時に、シーン全体を引き立たせます。ここでは黄色を選びました。 理由は明るい黄褐色の岩と同じ色グループに属しているため、ドラゴンと背景の親和性を印象づけ、十分に目立つからです。

まず新規レイヤーを作成し、描画モードを［カラー］に設定します。次に［ブラシツール］と黄色の色相を選択し、ペイントします。平坦な印象を避けるには、翼に少しだけ色の変化をつける必要があるので、一部のブラシストロークの色を濃い黄色に調整しましょう。 これによって翼が少し複雑に見えます（有機的な要素が平坦な単色になることは、ほとんどありません）。

色域指定を選択する

選択範囲や作品全体の中で色域を選択したいなら、［色域指定］ピッカーを使用します。 これはシーン内の特定色を選択して、そのテクスチャの編集・変更を行える便利なツールです。トップバーで**［選択範囲］>［色域指定］**を選択すると、ポップアップウィンドウが開いてカーソルがスポイトに切り替わり、シーンから色を選択できるようになります。選択範囲は［色域指定］ウィンドウのプレビューに表示されます。色を選択したら［範囲］スライダを動かして色域範囲を加減し、［許容量］スライダでテクスチャ効果を変更します。［OK］を押すと色が選択され、作業の準備は完了です。

［色域指定］ウィンドウは、色を選択してその範囲内で編集します

44：ドラゴンの影をペイントすると、ドラゴンと岩に一体感が出ます

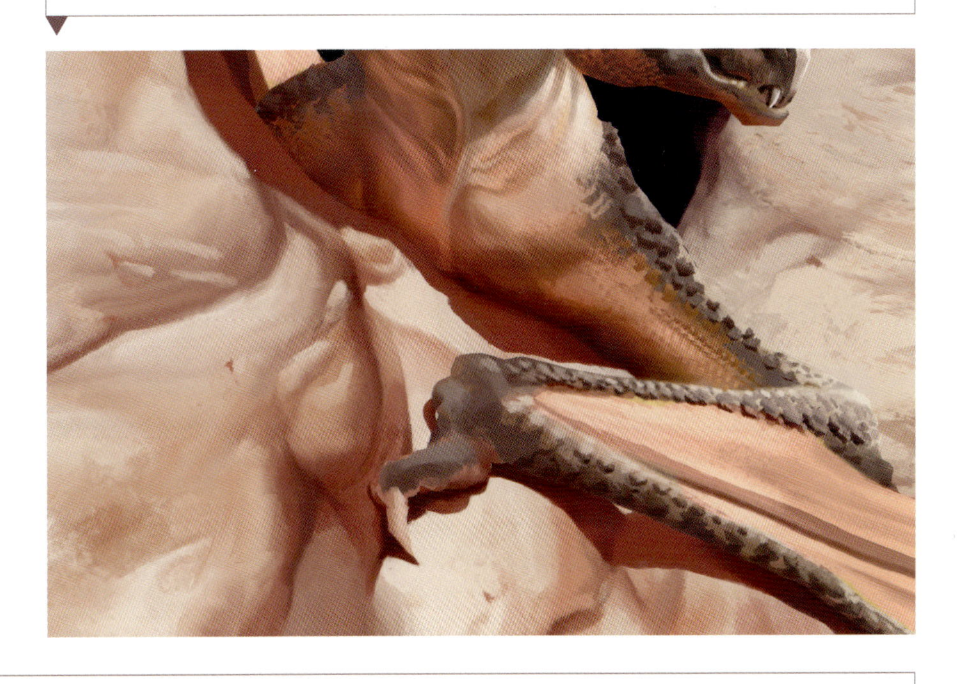

45：ドラゴンの翼に黄色をペイントすると、背景との調和を保ちながら注意を引きます

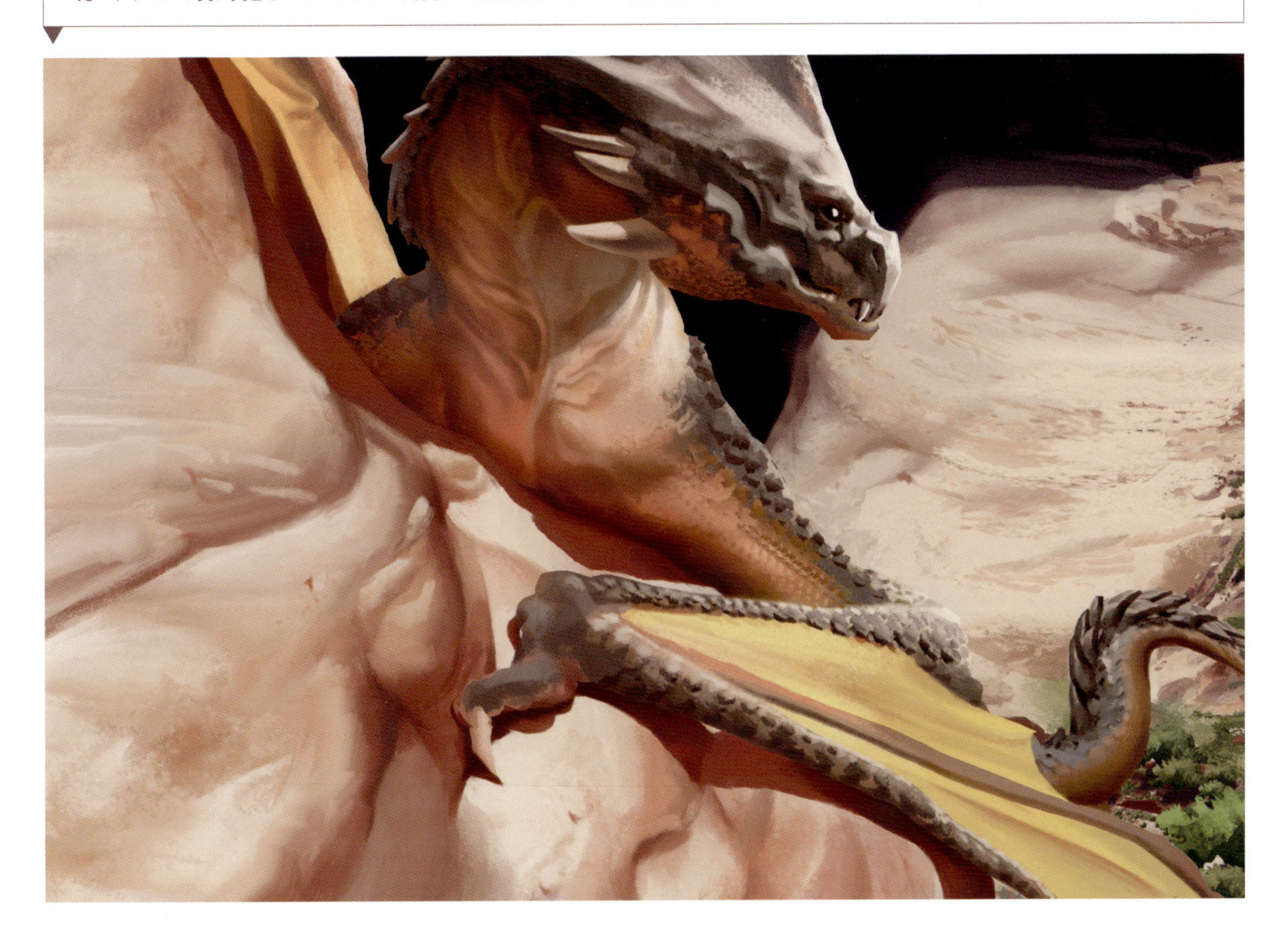

46

現時点でドラゴンの皮膚はあまり爬虫類らしく見えません。これを改善してひと目でドラゴンとわかるように、「うろこ」のディテールを加えましょう。[ブラシツール]でうろこをペイントするときは、標準ブラシとさまざまな「斑点ブラシ」を交互に使うと、より複雑な効果が出ます。

ペイントしながら[カラーピッカー]のスポイトツールで色のバリエーションを選択し、面白いテクスチャができるまで斑点ブラシで皮膚の上をなぞります。次は標準ブラシで同じ領域を塗り、しみではなく「うろこ」に見えるように斑点のマークを微調整します。テクスチャが強過ぎるときは、低い不透明度に設定した標準ブラシでその上にブラシストロークを薄くはらうように重ね、トーンダウンさせましょう。テクスチャの明るい部分と暗い部分の間にある色を選択し、領域の上にブラシをさっと塗ります。これを行うたびに明度や色相がブレンドされ、領域を自然に抑えられます。

鑑賞者が起伏のある表面のフォームを理解しやすいように、所々に影を加えます。テクスチャはすぐに認識できないこともあるので、ディテールや影のヒントを加えると、頭の中でシーンの視覚情報を位置付けるのに役立ちます。

47

テクスチャが施された皮膚に大きめのうろこを加えるには、ペイントした1〜2枚のうろこを複製し、[変形]で適切な場所に配置します。この手法を用いると時間の節約になり、より細やかな見た目を生み出せます。

新規レイヤーを作成し、[カラーピッカー]のスポイトツールでドラゴンの頭部から茶色っぽい色を選択します。では標準ブラシで、ドラゴンの背中に大きなうろこを数枚ペイントしましょう。再びドラゴンの頭部から新しい色を選択、丸みのある三角形をペイントして小さいハイライトや影を加えます。

思いどおりにうろこを描けたら、[なげなわツール]で1〜2枚のうろこの周囲に選択範囲を作成します。その選択範囲をコピーし(**[Ctrl]+[C]キー**)、うろこレイヤーの上に新規レイヤーを作成して、そのレイヤーにペーストします(**[Ctrl]+[V]キー**)。続けてこのレイヤーを右クリックし、表示オプションから[レイヤーを複製]を選択すると、好きなだけ複製できます。複製したうろこを適切な位置に調整するには、該当レイヤーをクリック、[自由変形]でうろこをドラゴンの背中の新しい位置に移動し、選択範囲のマーカーで形状や角度を微調整します。

うろこを配置したら、[Ctrl]キーを押しながら各レイヤーを選択して右クリック、ポップアップメニューの[レイヤーを結合]でそれらを結合します。次に結合したうろこレイヤーの上に新規レイヤーを作成し、いくつかのうろこの上を標準ブラシでペイントし、ドラゴンの残りの部分と溶け込むようにします。手を加えないと、単一のうろこのコピーは不自然に見えることがあります 。

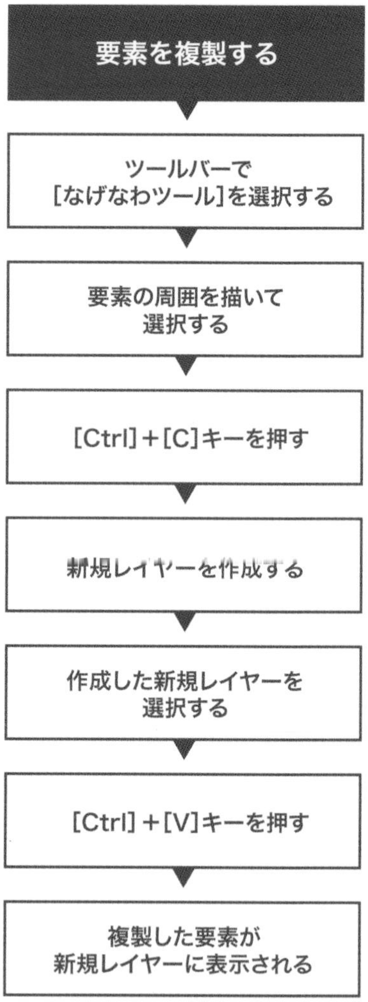

要素を複製する

▼

ツールバーで[なげなわツール]を選択する

▼

要素の周囲を描いて選択する

▼

[Ctrl]+[C]キーを押す

▼

新規レイヤーを作成する

▼

作成した新規レイヤーを選択する

▼

[Ctrl]+[V]キーを押す

▼

複製した要素が新規レイヤーに表示される

46：ドラゴンに小さいうろこを加えると、皮膚のテクスチャがよりわかりやすくなります

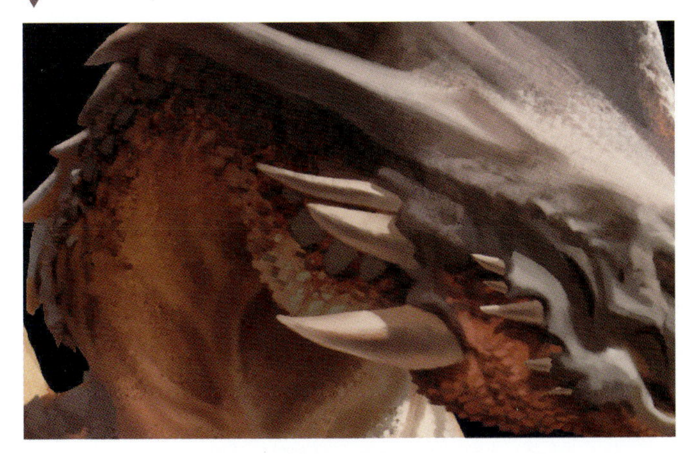

47：大きいうろこを複製して適切な場所に配置すると、素早くディテールを描き込むことができます

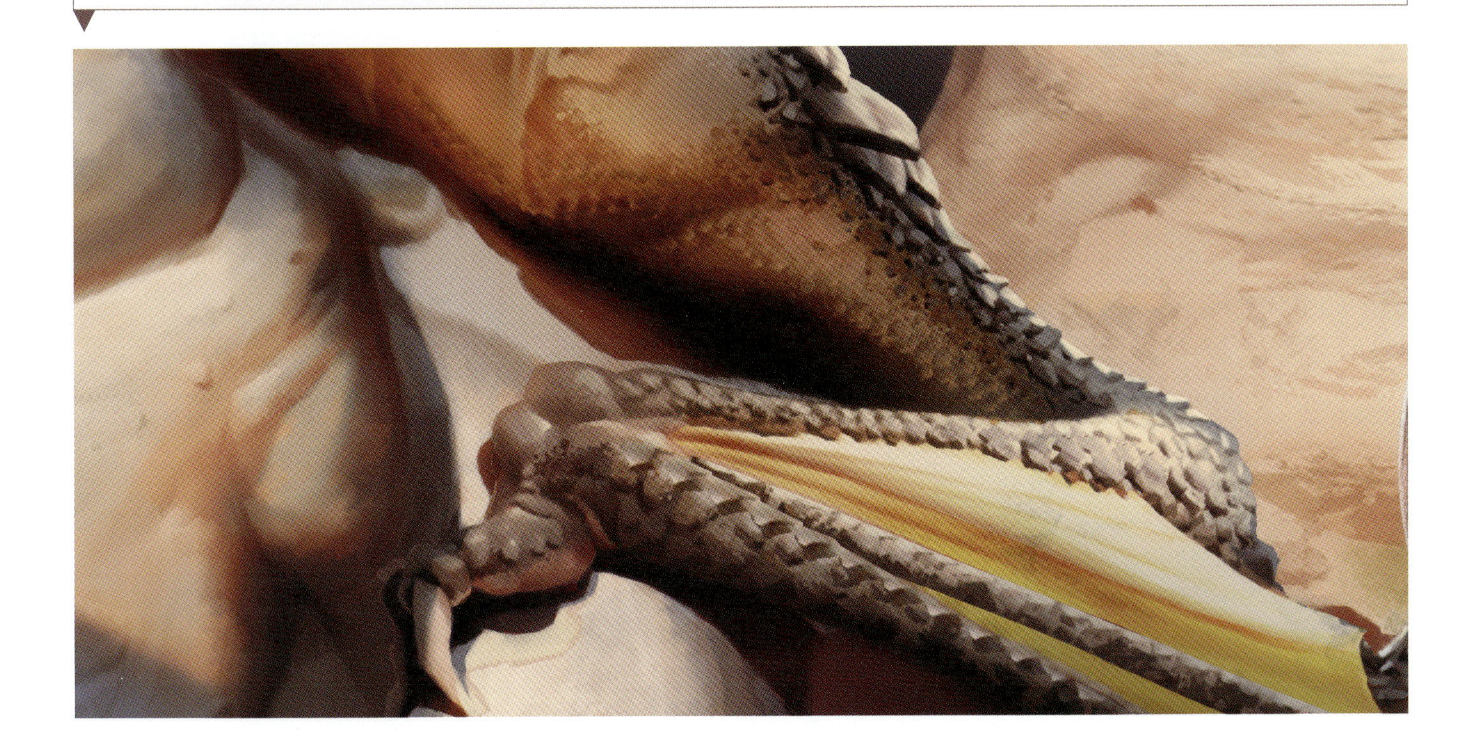

さらなるディテール

48

このシーンでは太陽がさんさんと降り注いでいます。 鑑賞者にそれをわかりやすく示すため、ドラゴンに強いハイライトを加えましょう。[Ctrl]キーを押しながら、プロセスの初めに作成した元のドラゴンのレイヤーサムネイルをクリック、ドラゴン全体の選択範囲を作成します。これで、ドラゴンのシルエットからはみ出ることなく、エッジにハイライトをペイントできます。

通常のブラシ(明るい薄茶色)で、太陽が直接当たる皮膚の部分を余すところなくペイントしましょう。 フォームが影に変わるにつれて、ブラシストロークを暗めの色調に変化させます。 初心者の多くは白で輪郭を描くというミスを犯しますが、これはフォームの立体感を損ないます。 日差しが直接当たる表面は最も明るくなり、フォームが光から遠ざかるにつれて徐々に暗くなります。

作品に一工夫加えるため、ドラゴンの口と首元に光る部分を加えて、特殊効果を作成しましょう。この「光る効果(グローエフェクト)」を生み出すには、通常のブラシを新規レイヤー上で使い、鮮やかな青のブラシストロークを何本かペイントします。 次に[レイヤー]パネル下部にある「FX」アイコン(「レイヤースタイルを追加」)をクリック、表示メニューから[光彩(外側)]を選択すると、[レイヤースタイル]ポップアップウィンドウが開きます(該当レイヤーをダブルクリックしてもウィンドウを開きます)。

構造セクションで描画モード:[スクリーン]、不透明度:75%に設定します。 次にエレメントセクションで、テクニック:[さらにソフトに]、サイズ:4ピクセルに設定します。 画質セクションの下で輪郭の上半分を白、下半分をグレー、[範囲]:50%に設定、他の設定はすべて0%のままにします。[OK]をクリックして[光彩(外側)]をオンにすると、ペイントした青い効果の周囲にきれいな光る効果が加わります。

49

ペイントプロセスは終わりに近づいてきました。 あとはシーンにディテールをもう少し追加して、全体をまとめるだけです。 岩や小さな影を定義し、大まかにテクスチャをクリーンアップしましょう。 これらにはすべてシンプルなブラシストロークを使い、必要に応じていくつかの領域で作業します。

主な焦点に意識の大半を向けるようにしてください。 例えばドラゴンが座っている大きな岩は、ディテールレベルがドラゴンと同程度になるようにクリーンアップしてもよいでしょう。 異なるレベルのディテールが隣同士にあると、鑑賞者にとって紛らわしい場合があります。 最後に、渓谷の地面がむき出しになっている場所など平坦に見える領域に、テクスチャブラシで小さい小石などのディテールをペイントします。

アートディレクター

プロの制作プロセスの後半では、作品のフィードバックを得るためアートディレクターに見せる必要があるかもしれません。 アートディレクターはモデレーターの役目を担い、制作に関わっている全員が同じ考えを持ち、統一されたビジョンに向かって努力していることを確認します。 問題点を指摘し、作品を改善するために不可欠な見識を与えてくれるので、彼らに仕事の進捗を監督してもらうのは非常に重要です。 あなたがテレビゲーム業界で働くつもりなら、アートディレクターと密接に仕事をする可能性が高いので、そのアドバイスを進んで受け入れるようにしてください。

48a：[光彩(外側)]レイヤースタイルで作品に光る効果を加えます

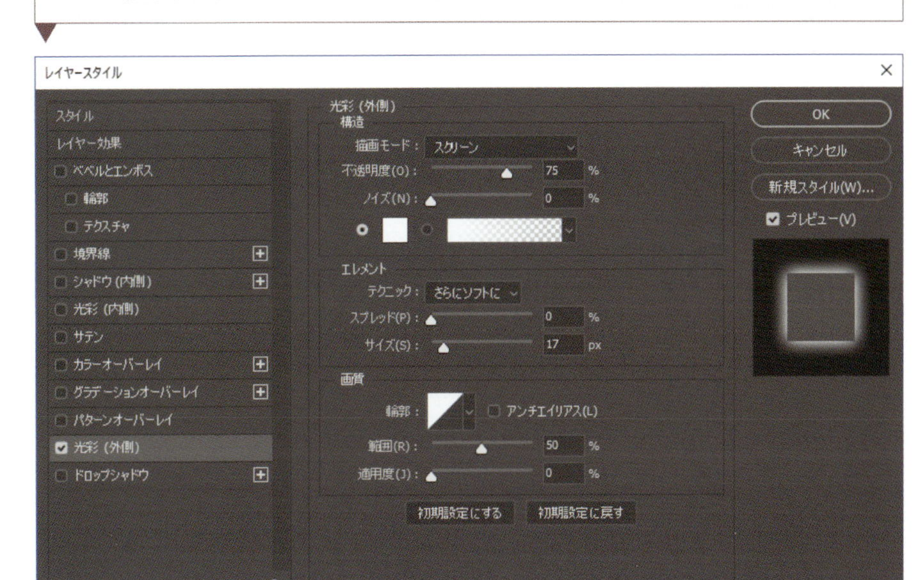

48b：ドラゴンのハイライトは、明るく晴れた日の背景を強調します

49：最終ディテールをペイントして作品に統一感を出し、シーン全体にリアリズムを加えます

空気遠近法

50

仕上げの重要なステップは「空気遠近法」の追加です。 これによって鑑賞者がシーン内の空間を理解しやすくなります。オブジェクトが遠く離れるにつれてコントラストは弱まり、色相は色あせ、奥行き感が出ます。これは空気中に粒子が存在するからです。「遠くほど多くの粒子を通して見えるため、遠くのオブジェクトはぼんやりします」。 遠くに暗い(濃い)オブジェクト、前景に明るい(薄い) オブジェクトがあるとイメージが平坦に見え、奥行き感が損なわれることがあります。 私のシーンでは遠くの崖が少し暗いため、空間がわかりにくくなっています。

シーンに空気遠近法を加えるには、非常に大きいソフトブラシ(低い不透明度に設定)で、明るくなる後景部分を明るい色調でペイントします。このステップで使用する色を選択するときは、後景の大気の色調を考慮してください。 このシーンは乾いた砂漠なので、砂色のオレンジを選択します。 もし青空と山のシーンであれば、青い色相が望ましいでしょう。

この効果を増幅するにはソフトブラシでシーンに光線を追加し、特定の領域を何度もペイントします。大気の効果をペイントするときは、[通常] レイヤーを使用してください。[比較 (明)] レイヤーでもかまいませんが、ここではいくつかの明度のみ明るくすればよいでしょう。ソフトブラシは暗い領域の前にある薄い雲だと考えてください。

51

ドラゴンに特殊効果を加えたので、今度は風景にも魅力を加え、シーンの中のアイデアに一貫性を持たせる必要があります。 私はこのドラゴンが「光を放つ鉱物を食べて光る効果を得ている」と想像しました。

まず新規レイヤーを作成し、ステップ 48と同じ手法で渓谷の岩や低木に青い要素をペイントします。 再び [レイヤー] パネルの「FX」アイコンをクリックするか、該当レイヤーをダブルクリックして [レイヤースタイル]ウィンドウを開きます。では[光彩(外側)]を選択、不透明度:75%、描画モード:[スクリーン]、サイズ:4ピクセル、テクニック:[さらにソフトに]、範囲:50%で白とグレーが半分ずつの輪郭に設定しましょう。これで[OK]をクリックすると、青いレイヤーに不思議な光る効果が生まれます。

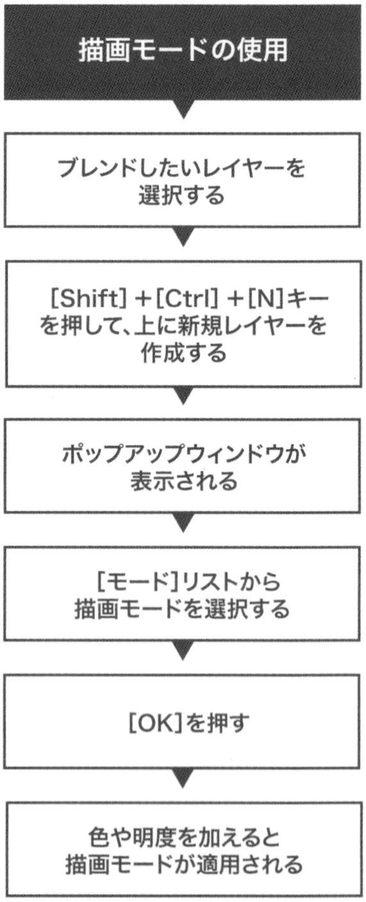

描画モードの使用

▼ ブレンドしたいレイヤーを選択する

▼ [Shift]+[Ctrl]+[N]キーを押して、上に新規レイヤーを作成する

▼ ポップアップウィンドウが表示される

▼ [モード]リストから描画モードを選択する

▼ [OK]を押す

▼ 色や明度を加えると描画モードが適用される

50：シーンの奥の暗い領域に明るいペイントレイヤーを重ね、明度を明るくします

51：「光る効果」を風景にも再現し、作品にまとまりを出します

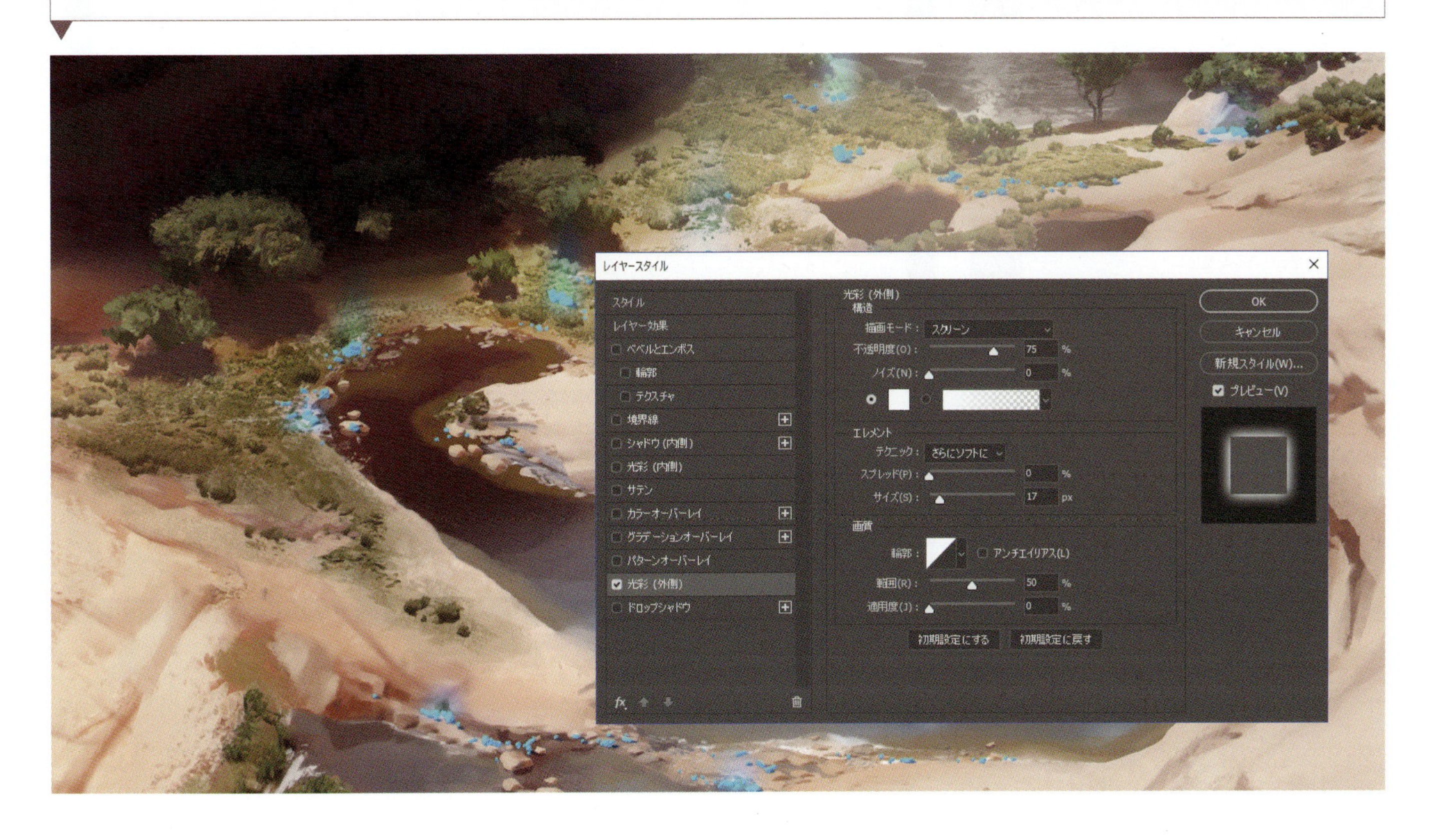

52

絵が完成したので、きれいに整えましょう！まず**［レイヤー］＞［画像を統合］**を選択し、レイヤーを統合します。ここで［保存］を押すと、すべてのレイヤーが永久に失われてしまうので、押さないでください！ 代わりに**［ファイル］＞［別名で保存］**（**［Shift］＋［Ctrl］＋［S］キー**）を押します。

［名前を付けて保存］メニューが表示されたら作品に名前を付け、保存形式を選択します。プロの完成イメージで最もよく使用される形式は、JPEGファイルです。イメージをネット上で共有したい場合はJPEGのコピーを作成し、**［イメージ］＞［画像解像度］**でサイズを変更します。もしイメージを印刷する場合は、高品質のTIFFファイルが最適なオプションになります。一連のプロセスと完成イメージを以降の数ページで紹介しています。

あなたがプロとして（特にゲーム業界で）仕事をしたいなら、Photoshopは必要不可欠です。私たちは目まぐるしく変化し、ネットワーク化が進んだ世界に生きています。最高のツールで仕事に励めば、繋がりは保たれ、必要とされるでしょう。あなたはこのチュートリアルに取り組んで最初のイメージを作成し、最初の課題を克服しました。その中で、レイヤーの使用／整理に関する基礎、デジタルツールでペイントする方法、そして独自のカスタムブラシの作り方を学びました。引き続き、次のチュートリアルでPhotoshopの機能を学んでいけば、自分の能力や効果的な使用プロセスに、ますます自信を持てるようになるでしょう。

52：JPEGとしてイメージを保存します

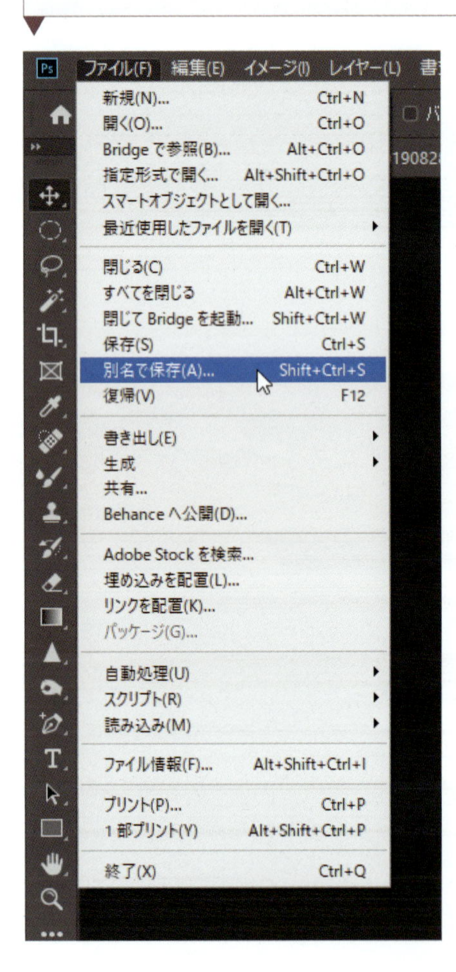

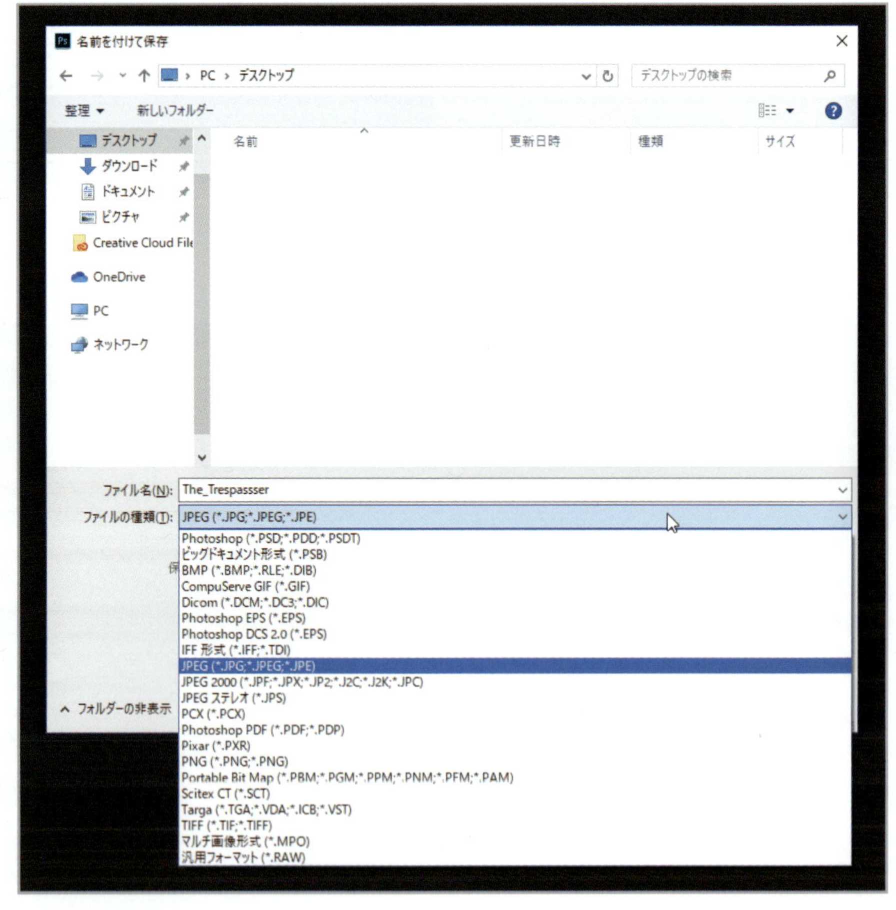

提出前にファイルを整理する

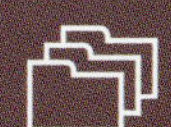

クライアントは作品のPSDファイルを要求するかもしれないので、提出前にファイルを整理するとよいでしょう。クライアントや同僚が変更を加えたり、ファイルから特定のアセットを取り出したりするケースに備え、レイヤーを整理しておくことは重要です。整理整頓のコツがわかれば、複雑な作業用ファイルでも扱いやすい体裁の良いドキュメントになります。

・グループを利用する

作品の整理整頓に役立つ方法の1つが「レイヤーのグループ化」です。レイヤーグループを作成するには、[レイヤー]パネルで[Ctrl]キーを押しながらグループ化したいレイヤーを選択します。次に**[Ctrl]+[G]キー**を押すか、これらのレイヤーを[レイヤー]パネルの「新規グループを作成」(フォルダアイコン)にドラッグします。グループには内容がわかるような適切な名前を付け、必要であれば同じ手順を繰り返して、グループ内にサブグループを作成します。

・非表示レイヤーを削除する

最終イラストに必要ない非表示レイヤーがある場合、トップバーで**[レイヤー]>[削除]>[非表示レイヤー]**を選択します。こうすると表示レイヤーのみ残ります。

・レイヤーを結合する

レイヤー同士を結合するには、複数のレイヤーを選択([Ctrl]キーを押しながらレイヤーを選択)、右クリックして[下のレイヤーと結合]を選択します。ただし、調整レイヤーを結合するにはベースレイヤーが必要です。調整レイヤー単体では結合できません。

・カラーマーカーを使う

整理に役立つもう1つのツールが、レイヤーやレイヤーグループに「カラーマーカー」を追加する機能です。[レイヤー]パネルでレイヤーやグループを右クリックすると、さまざまなカラーオプションが表示されます。これは作品の色を変更するのではなく、[レイヤー]パネル内の各レイヤーに色を付ける機能です。似たようなレイヤーがたくさんあり、区別したい場合に便利です。

レイヤーをグループ化するとファイルが整理され、レイヤーに色を付けると素早く識別できるようになります

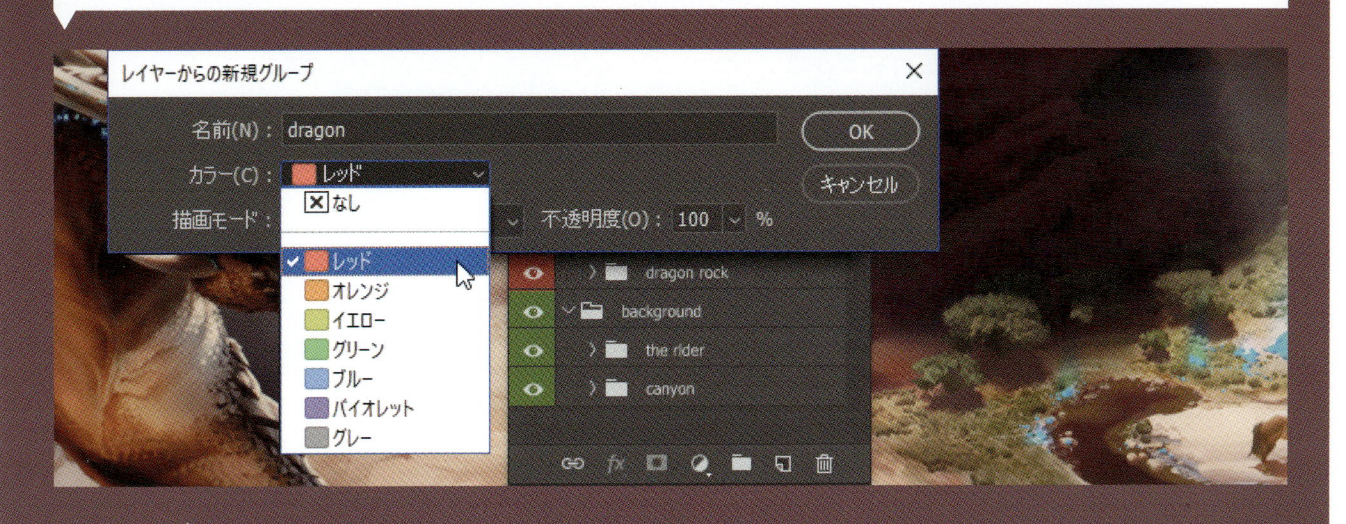

プロセスのまとめ

完成イメージ © James Wolf Strehle

異世界の墜落現場

04

はじめに

このチュートリアルの概要は「異世界のジャングルに墜落した宇宙船」のシーンをデザインし、描くことです。 初期の大まかなスケッチから洗練されたフォトリアルなイラストまで、プロのプロセス全体を見ていきましょう。

フォトリアルなイラスト（フォトリアリズム）は、リアルに見せることを目的としたアートスタイルで、非常に高いレベルの複雑なディテールを用います。 デジタルペインティングでは「フォトバッシュ」と呼ばれるテクニックを用いて制作されることがあります。 これは、写真やテクスチャを絵に読み込み、調整し、合成することによって、手描きでは何時間もかかるようなディテールを素早く忠実に加えるテクニックで、ワークフローを飛躍的に高速化します。 構図・ライティング・色・パースといったアートの原則の深い理解とともに利用すれば、厳しい締め切りで高い精度を要求される業界において、非常に役立つでしょう。 フォトリアリズムはテレビゲームや映画業界でよく見られるスタイルです。 絵の中で写真を効果的に使う方法を学び、あなたの作品をプロのレベルに押し上げましょう。

このプロジェクトの目的は「できるだけイメージをフォトリアルに描くこと」なので、すべての要素を手で描くのではなく、写真を取り込んで加工する手法に焦点を当てます。 その中で［チャンネル］を使った調整、クリッピングマスクで写真アセットを効率的に重ねる方法、フィルターで写真をシーンに馴染ませる方法など、幅広い具体的なテクニックを学びます。

異世界の墜落現場

MATT TKOCZ
コンセプトアーティスト
mattmatters.com

Mattは1986年にポーランドで生まれ、ドイツで育ちました。2008年にロサンゼルスに移住し、カリフォルニア州パサデナにあるアートセンター・カレッジ・オブ・デザインで学びました。 現在はロサンゼルスを拠点とし、映画やテレビゲーム業界のコンセプトアーティストとして働いています。

主なスキル

- ▶ カンバスに写真を追加する
- ▶ アセットの操作
- ▶ 写真を絵にブレンドする
- ▶ チャンネルの使用
- ▶ 彩度の加減
- ▶ 色調補正
- ▶ 変形ツールの使用
- ▶ 明度構造の理解
- ▶ レイヤー構造の管理
- ▶ レイヤーの複製
- ▶ マスクの使用

使用ツール

- ▶ カラーの適用
- ▶ エアブラシ
- ▶ ブラシ
- ▶ トーンカーブ
- ▶ ノイズ フィルター
- ▶ チルトシフト フィルター
- ▶ クリッピングマスク
- ▶ 消しゴムツール
- ▶ オーバーレイ 描画モード
- ▶ 自由変形
- ▶ 指先ツール
- ▶ スマートオブジェクト

環境を作る

01

Photoshopを開き、10,000×5,000ピクセルの新規カンバスを設定します。 少なくとも300dpiで作業しますが、できればコンピュータで実行できる最も高い解像度を使用してください。 こうしておけば、ペイントプロセスの後半でシーンに深くズームインし、小さなディテールを追加しやすくなります。ここでは**[表示]>[ズームアウト]**(**[Ctrl]+[−]キー**)で、カンバスのビューを縮小しておきましょう。 こうするとディテールではなく、構図の全体像に集中しやすくなります。

新規レイヤーを作成して[ブラシツール]を選択、お好みのブラシでラフな構図をさっと描きながら、クリエイティブプロセスを開始しましょう。 複雑で実物そっくりのブラシは注意をそらすことがあるため、私がよく構図のスケッチに使用するのは「筆圧感知をオフにしたシンプルな円ブラシ」です。 できるだけシンプルなドローイングツールを使用すると、芸術的な制限はあるものの、「構図」という目の前のタスクのみに集中できます。背景レイヤーには手を付けず、それぞれの新しいスケッチ用に新規レイヤーを作成します(**[Shift]+[Ctrl]+[N]キー**)。

これらのラフスケッチの主な目的は、シーンおよび頭の中でストーリーテリングを簡潔に描くことです。 比較的曖昧な指示書の場合は、複数の構図アイデアをスケッチしておくと役立つでしょう。 ストーリーの方向性には無限の可能性があるため、最初のアイデアだけにとらわれないでください。

プロの制作において、クライアントがこの段階のスケッチを目にする可能性は低いため、品質は重要ではありません。 通常こういったスケッチは自分しか見ないため、描いたものを理解できるなら落書きで十分でしょう。もしクライアントやアートディレクターが初期スケッチを見たいと言ったら、これらのラフスケッチを参考にしながら、もっと構図の洗練されたバージョンを作成します。

02

最終的な構図に発展させるスケッチを1枚選んでください。 構図を決めるときに最も重要な要素は「シーンの明瞭さ」です。 シンプル過ぎる構図というものはありません。イラストに、色・テクスチャ・ライティングを加えて仕上げると、そのシンプルさはさまざまな面白い効果に変わるでしょう。

過度に複雑な構図スケッチは、イラストの明瞭さをたちまち損なうことがあります。また、すでに複雑なシーンを単純化するよりも、ペインティングの発展とともに複雑にしていく方がずっと楽です。 私が選んだ構図は、重要な要素が2〜3つあるのみです。これらはシーンの中心にある「墜落した宇宙船」に、鑑賞者の意識を明確に向けさせます。

ストーリーを検討する

スケッチするときは、自分の選択について自問してください。このシーンに何らかの宇宙船を描くことは決めていますが、それは異世界のものですか? パイロットは誰ですか? シーンの視点は宇宙船のパイロットから見たものですか、それとも宇宙船を発見した人から見たものですか? こういった決断は、今後あらゆる芸術的選択を左右します。 構図・色の選択・光の雰囲気などはすべてストーリー次第です。

01：複数の構図アイデアを別々のレイヤー上に大まかにスケッチします

02：作業を進めていくスケッチを選択します

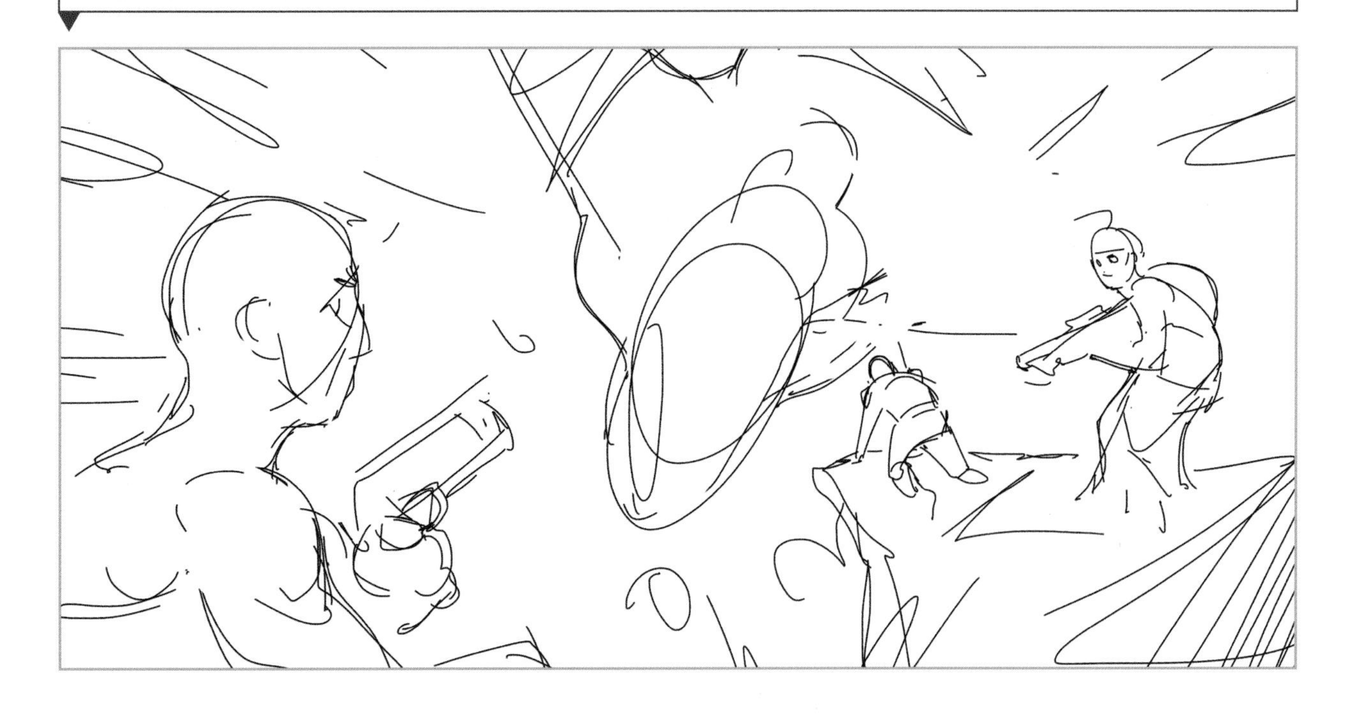

03

構図に入れる要素のアイデアがはっきりしてきたので、次は背景の基礎となる写真やテクスチャを探しましょう。Adobe Stockなど、画像の使用許諾を取得できるストックフォトサイトから写真を購入するか、著作権の制約を受けないように自分で写真を撮影します。拡散光を使ったニュートラル ライティングの写真はシーンの中でも格段に扱いやすいので、できればこういったものを使用します。加工写真の様式化されたライトや色は、扱いがより複雑になります。あとから自分でシーンにライティングを加える方が効率的でしょう。

このシーンの背景はジャングルにするつもりなので、有機的な素材が必要です。ただし、これは異世界の風景でもあるので、馴染みのあるわかりやすいモチーフやオブジェクトは避けてください。自然界のもので、本来の意味から外れて使用できるものを探しましょう。果物・キノコ類・木の根っこなどは、色とサイズを変更すれば別のものに変えられます。まず分厚い根っこの模様を使い、シーンがどのように変化するかを見ていきます。

前もって計画する

プロの環境で最も大変な課題の１つが納期です。私が強くお勧めするのは、行き当たりばったりで作品を考えるのではなく、前もって計画を立てておくことです。最初に少し時間を割いてイメージとプロセスを大まかに計画すると、あとで時間を大幅に節約できます。作品に取り組む順序がわかるように、イメージの進捗に関するタスクリストやサムネイルを作成しましょう。前もってイラストの重要な要素がわかれば、何時間もかけてペイントした領域が最終的にもっと重要なものに塗り替えられるのを回避できます。

写真の追加

写真をダウンロードして
コンピュータに保存する
▼
Photoshopを開いて
カンバスを作成する
▼
[ファイル] > [開く]
に進む
▼
コンピュータから
写真テクスチャを選択する
▼
[OK]をクリックし、ファイルを
2つめのカンバスに開く
▼
[選択範囲> [すべてを選択]
([Ctrl] +[A]キー)で、
写真テクスチャを選択する
▼
[編集] > [コピー]
([Ctrl] +[C]キー)で
コピーする
▼
最初のカンバスを選択する
▼
[編集] > [ペースト]
([Ctrl] +[V]キー)を
実行する
▼
写真テクスチャが
新しいレイヤーに表示される

04

デスクトップからPhotoshopのカンバスに写真を取り込みます。**[ファイル] > [開く]**で写真を選択すると、作品のカンバスとは別のカンバスに開かれます。この写真を作品のカンバスに移動するには、トップバーの**[選択範囲] > [すべてを選択]**（**[Ctrl] + [A] キー**）、続けて**[編集] > [コピー]**（**[Ctrl] + [C] キー**）に進みます。次に作品のカンバスに戻り（作品のタブをクリック）、**[編集] > [ペースト]**（**[Ctrl] + [V] キー**）で写真をペーストします。カンバスに新しい写真をペーストするたびに、新規レイヤーが自動で作成されます。

いろいろな写真をカンバス上にコラージュし、スケッチのパースに合うように**[編集] > [自由変形]**（**[Ctrl] + [T] キー**）で調整しましょう。元の比率を保ったままイメージサイズを変更するには、[Shift]キーを押しながらコーナーの選択マーカーの１つをドラッグします。調整に満足したらオプションバーの［確定］（○アイコン）をクリックするか、キーボードの[Enter]キーを押します。写真を［自由変形］で好きなだけ調整し、別の写真に切り替えるときは［レイヤー］パネルでそれぞれのレイヤーを選択します。

私は[消しゴムツール]を不透明度100%で使用し、写真の上部を削除しました。これをジャングルの地面として、他の写真と組み合わせます。プロセスの後半になるにつれて不完全な部分の大半が消えるので、この初期段階では非常にラフな作業で大丈夫です。

03：あとで加工しやすいように、自然なライティングの写真を探しましょう

04：写真同士をコラージュし、不要な領域は削除します

05

キノコ類のテクスチャは、ジャングルの背景をより異質なものに見せてくれます。用意したマッシュルームの写真をカンバスにコピー&ペーストして、**[編集] > [自由変形]**（**[Ctrl]+[T]キー**）で背景のパースに合わせて引き伸ばしします（**図05a**）。[自由変形] がアクティブなときにカンバスを右クリックして変形オプションメニューを開くか、**[編集]>[変形]**に進みます。私は写真の加工に[ゆがみ]や[ワープ]をよく使用します。[ゆがみ] 変形は選択範囲をあらゆる方向に引き伸ばし、[ワープ] 変形は選択範囲を曲げたりねじったりできます。

さらに [カラーの適用] でマッシュルームの色に統一感を持たせましょう。このツールを使うと好きな色をサンプルし、お好みのレイヤーに適用できます。[レイヤー] パネルで色を変更したいレイヤーを選択、**[イメージ]>[色調補正]>[カラーの適用]**に進み、オプションウィンドウを開きます（**図05b**）。[ウィンドウ] の [画像の適用設定] セクションで、色をサンプルするファイルとレイヤーを選択し、[画像オプション] のスライダで現在選択されているレイヤーの色の度合いを調整します。ここでは [カラーの適用] によってマッシュルームが明るいオレンジから、木の根の写真の茶色や緑に合わせて変化しています。

06

コピー&ペーストしながらカンバス上にさらに写真を重ねていくと、それぞれの写真が個々のレイヤーとして追加され、背景がより複雑になります。私は根っこの上にトリュフの写真も追加し、異世界の風景を印象付けています。これらの多くは、遅かれ早かれ前景要素に覆われるので、この時点で、きれいな見映えにこだわる必要はありません。

前述のとおり、多くの写真を追加するときはできるだけプロセスの先を見越して計画することをお勧めします。さもなければ、どのみち上から覆われる領域に、多くの無駄な時間とエネルギーを費やすことになるかもしれません。イメージの方向性についてのアイデアが明確であればあるほど、多くの時間を節約できるでしょう。

レイヤー構造をわかりやすくする

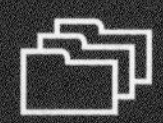

仕事をうまくこなすために必要なだけレイヤーを使うべきですが、使い過ぎに注意してください。レイヤーを整理し、名前を付けて、グループフォルダも使用しましょう。個人プロジェクトにこのような丁寧な手法は必要ないかもしれませんが、プロの環境では「調整の注意書き」や「変更依頼」が必ずあります。これらに素早く対応できる能力は高く評価されるでしょう。複雑なレイヤー構造にしなければ、素早く修正を行うことができます。

また、制作パイプラインの他の関係者があなたのPhotoshop ファイルに調整を加えることもあります。したがって、整頓され、わかりやすい名前の付いたレイヤーを含むファイルを提供するように心掛けてください。

05a：[自由変形]と[カラーの適用]で調整し、写真をシーンに合わせます

05b：[カラーの適用]ウィンドウには、カラーの適用と手動の調整オプションがあります

06：比較的ラフに描きながら、引き続きディテールを加えます

ナラティブの要素を加える

07

地面のアセットを配置したら、次は墜落した宇宙船をラフにデザインしましょう。 新規レイヤーを作成し、[ハード円ブラシ] などの基本ブラシで宇宙船の大まかなフォームをペイントします。まず、大きいサイズのブラシでグレーの領域を大まかに描き、主なフォームを作成します。次に、ブラシサイズを縮小し、黒またはグレーの色味に変えてガラスとエンジンの領域を描きます。

宇宙船のデザインはその都度改善していくことになります。 このシーンでは宇宙船の大部分が異世界のジャングルの暗がりの中にあるので、描くのは大まかなフォームで大丈夫です。この時点で大事なのは、全体の構図です。 プロセス後半で写真を使用して宇宙船を改良していくので、現時点でディテールをペイントする必要はありません。

08

[レイヤー] パネルで宇宙船レイヤーの不透明度を下げ、その上に新規レイヤーを作成。グレーの基本ブラシで大ざっぱなキャラクターをスケッチします。 ブラシ先端のサイズを縮小するか、もっと細い線が描けるブラシに切り替え、黒でより細かいスケッチ風の線を加えます。これらは宇宙船と同様に、あとで写真に置き換わるため、通常の人物の描き方よりもずっとラフで大丈夫です。主にキャラクターのポーズと構図の目安になります。

焦点を合わせる

シーンに焦点を配置する方法は「コンテクスト焦点」と「抽象的焦点」の2つです。 コンテクスト焦点の例は、焦点の配置や鑑賞者の目の誘導に利用できる人物です。他にも、車・動物・建物などわかりやすく馴染みのあるものであれば、何でも鑑賞者の注目を集めるでしょう。 こういった要素は親しみを感じるので焦点になります。

抽象的焦点の主な目的は、視覚的なコントラストの作成です。 例えば、暗い背景にある明るい点や、幾何学形状でいっぱいのカンバスにある有機形状などは目立つので、注目を集めます。 一般的に「基準から逸脱したもの」「意表を突くもの」は、すべてコントラストの1種であり、焦点となります。

(特にコントラストを通じた) 焦点は、自由に使えるツールの中で最も強力な1つなので慎重に利用することをお勧めします。 コントラストでイメージの彩度を過度に上げたくなりますが、これはごちゃごちゃした結果につながります。焦点が効果的なのは、「目を休める領域に囲まれている」からです。このことを忘れないでください。

07：基本ブラシで宇宙船の形状を大まかに描きます

08：新規レイヤーにキャラクターを大まかにペイントし、それぞれの位置とポーズを決めます

09

作業を進めるにつれて、修正したい部分に気づくかもしれません。ここでは中央の人物のサイズを調整し、シーンのパースを強めましょう。まず人物を選択し、**[編集] > [自由変形]**（**[Ctrl] + [T] キー**）を選択します。人物の周囲にマーカーの付いた枠が表示されるので、これを使って選択範囲を調整しましょう。[Shift] キーを押しながらマーカーをドラッグし、選択範囲の縦横比を維持したままサイズを変更します。

作業を進める前に青空の写真を追加し、構図にまとまりを出しましょう。このシーンはうっそうとしたジャングルの背景にしたいので、完成版ではまったく見えなくなる可能性が高いですが、空を取り入れた方が役立つと思います。ではお好みの空の写真をペーストし、レイヤーマスクでジャングルの地面・キャラクター・宇宙船を表示していきます。

レイヤーマスクを追加するには、まず [レイヤー] パネルでマスクを適用したいレイヤー（この場合は空の写真レイヤー）を選択します。次に [レイヤー] パネルの下部で、四角の中に円のあるアイコンをクリックします（カーソルをアイコンの上に置くと「レイヤーマスクを追加」と表示されます）。これで選択したレイヤーサムネイルの隣に、2つめのレイヤーマスクサムネイルが表示されます。このときマスクサムネイルの周囲に白い枠が表示されていなければ、クリックして選択してください。こうすれば、写真ではなく確実にマスクにペイントできます。

では黒に設定した[ブラシツール]で、イメージの下半分のレイヤーマスクをペイントしましょう。これで、青空の写真の下のレイヤー（木の根っこ）が表示されます。白のブラシでペイントすれば、空の領域で再び覆うことができます。レイヤーマスクの機能については、P.58〜59を参照してください。

10

明るい青空の色のままでは、あまり異世界の雰囲気が出ません。簡単に色を調整して、これをもっと異質に見せましょう。トップバーで**[イメージ] > [色調補正] > [トーンカーブ]**を選択すると、グリッド付きの[トーンカーブ]ポップアップウィンドウが開きます（**図 10a**）。グリッド上の斜線を曲げると、シーンのパレットに応じて色が変化します。赤みや青みを抑えると、空の青が黄緑の色相に変化し、より異世界（別の惑星）の雰囲気が出ます。[トーンカーブ] は習得の難しいツールなので、いろいろ試すだけでもよい練習になります。

[トーンカーブ]調整

▼

調整したいレイヤーを選択する

▼

[イメージ] > [色調補正] に進む

▼

リストから[トーンカーブ]を選択する

▼

[トーンカーブ]ポップアップウィンドウが表示される

▼

[トーンカーブ]のグリッド上のマーカーをドラッグする

▼

好みに応じてグリッドの下のスライダを調整する

▼

終わったら[OK]をクリックする

▼

ウィンドウが消えてレイヤーが調整される

09：たとえプロセスの後半で見えなくなるとしても、空を加えると構図にまとまりが出ます

10a：[トーンカーブ]は、レイヤーの色を変更して調整します

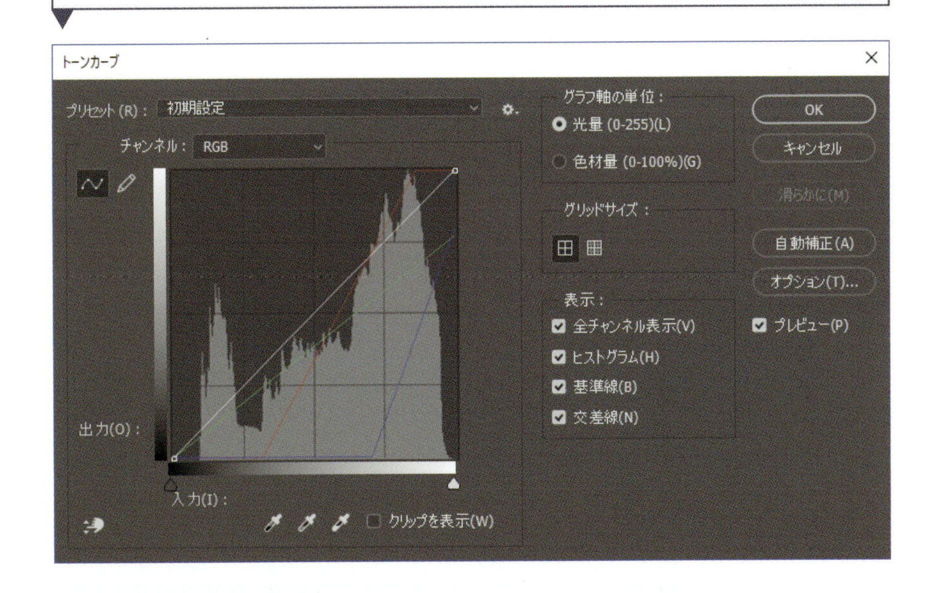

10b：[トーンカーブ]で空の色を素早く変化させると、シーンがより異質に見えてきます

11

シーンに大気の奥行きを加えるため、大きなソフトエアブラシで新規レイヤーにペイントします。エアブラシを選択するには、まず［ブラシツール］でソフト円ブラシなどを選択。次にオプションバーで、エアブラシのペンに似た「エアブラシスタイルの効果を使用」アイコンをクリックします（**図11a**）。ペイントするときに薄い霧の効果を出すには、［流量］を低く設定します。［カラーピッカー］のスポイトツールで空から色をサンプルし、霧の色を設定します。

ジャングルの地面と宇宙船が接する場所にかすかな黄色い霧をペイントしたら、［レイヤー］パネルでそのレイヤーをドラッグし、宇宙船レイヤーとキャラクタースケッチレイヤーの間に配置します。これは業界で「深度（デプス）パス」と呼ばれています。霧を取り入れて大気の奥行きを作ると、形状を正しい視点で捉えることができます。

「大気」はコントラストの増減にも最適なツールです。ある形状をもっと目立たせたい場合は、単純にその後ろに大気を追加します。「空気遠近法」のペインティングについては、P.126で詳述しています。

12

周囲の奥行きをさらに強めたいので、背景に別の写真要素を加え、空を覆っていきましょう。こうするとジャングルの背景の巨大なスケール感も伝わりやすくなります。パースの違うオブジェクトを重ねると紛らわしく見えるので、シーンと同じパースで撮影された写真を選択してください。

巨大なマッシュルームのさまざまな写真を追加し、［レイヤー］パネルでそれらのレイヤーを宇宙船の後ろ（下）に配置します。再び大きいソフトなエアブラシを選択、マッシュルームの下側をペイントしてディテールを見えにくくします。こうしてその領域のコントラストを抑え、イラストの焦点が逸れるのを防ぎます。

キノコ類の写真をイラストの左右の境界にたくさん配置して構図をフレーミングし、鑑賞者の目が逸れないようにしましょう。これを行うには、マッシュルームのリファレンス写真をカンバスにペーストしてカンバスの端に配置し、写真の一部がカンバスからはみ出るようにします。これらの要素は前景の一部なので、そのレイヤーを宇宙船レイヤーの下に動かす必要はありません。

エアブラシの作成

- ツールバーで［ブラシツール］を選択する
- オプションバーの［ブラシプリセット］に進む
- ［ソフト円ブラシ］を選択する
- 「エアブラシスタイルの効果を使用」をクリックする
- ［流量］設定を下げる
- ［カラー］パネルに進む
- ペイントする色を選択する
- ブラシを使ってエアブラシの効果を作成する

色彩理論

デジタルペインティングでは、一般的に具体的な単色を選びます（伝統的なペインティングのように色を混ぜ合わせません）。しかし、別の作品や写真から色を選択（サンプル）するとミスにつながることもあり、色の仕組みを理解する手助けにはなりません。むしろペースを遅らせ、他のアーティストの選択に依存しやすくなります。

もし伝統的なペインティングの経験がなければ、ペイントした色の混ざり方を研究するとよいでしょう。色彩理論を学び、お気に入りのアーティストの作品を研究して、観察眼を養ってください。そうした深い理解はあなたのデジタルアートを改善してくれるので、大きなプラスになるでしょう。

11a：オプションバーで「エアブラシスタイルの効果を使用」を選択し、ブラシをエアブラシに変換します

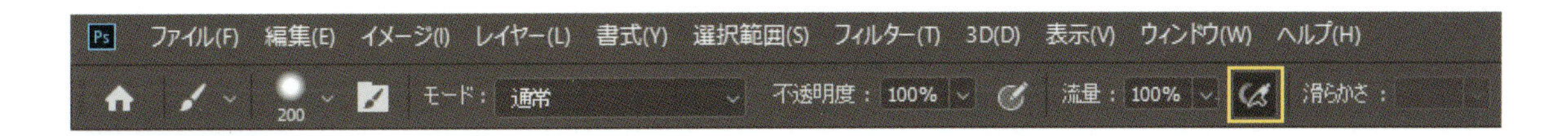

11b：エアブラシの設定で異世界の霧をペイントして、大気の奥行きを作ります

12：後景と前景に写真の要素をさらに加えると、鑑賞者の目を誘導しやすくなります

宇宙船を洗練する

13

次は宇宙船に手を加える番です。この機会を利用して「クリッピングマスク」を使いましょう。これはレイヤーの不要な要素を覆うバリアの役目を果たし、下のレイヤーの範囲の内容だけ見えるようにします。つまり、イメージに使いたい内容を効果的に「クリップ（切り抜き）」できます。写真の上にステンシルを重ねるのと似ていて、隙間の下にある部分だけが表示されます。

まず、さびた機械の写真をカンバスにペーストし、［レイヤー］パネルでこのレイヤーを宇宙船レイヤーの上に配置します。次に［移動ツール］でこの写真をラフな宇宙船の上に配置し、トップバーで**［レイヤー］>［クリッピングマスクを作成］**（**［Ctrl］+［Alt］+［G］キー**）を選択します。クリッピングマスクによって、新規レイヤーはその下のレイヤーの透明ピクセルを無視するため、下のレイヤーのオブジェクトのシルエットが効果的に保護されます。このシーンでは、クリッピングマスクによって機械の写真が宇宙船のシルエットにぴったりはまりました。

最後に、写真レイヤーの描画モードを［オーバーレイ］に変更します（［レイヤー］パネルのドロップダウンリストを使用）。［オーバーレイ］描画モードは、写真と宇宙船のシルエットに統一感を持たせます。もしイメージが暗くなり過ぎるなら（使用している画像が暗過ぎる）、［レベル補正］が必要になるかもしれません。これについてはプロセス後半のP.162～165で紹介します。

このステップの目的は、単に良い土台を作ることです。この時点で見えているものは最終イラストでほとんど表示されません。しかしこういったテクスチャは、宇宙船のカラーパレットやテクスチャの最適なガイドになります。

14

機械のテクスチャを加えたため、空気遠近法が損なわれました。これを解決するには［レイヤー］パネルで新しいテクスチャレイヤーの不透明度を80%程度に下げます。こうすると、宇宙船が視覚的に鑑賞者からさらに遠ざかります。一般的に空気遠近法によって、遠くのオブジェクトはコントラストが低く見えます（特に影の領域が影響を受けます）。

15

次は［指先ツール］で宇宙船の形状を変更しましょう。ツールバーの［指先ツール］（指さしアイコン）をクリックし、オプションバーで［ハード円ブラシ］などお好みのブラシの種類を選択します。不透明度100%でオブジェクトに沿ってクリック&ドラッグすると、コントラストや明瞭さを維持したままテクスチャをぼかすことができます。さまざまな方向にテクスチャをぼかし、立体的なフォーム感を出しましょう。これはプロのデジタルペインティングで「フォームのスカルプティング」と呼ばれます。

［指先ツール］でスカルプティングを行うときは、他の手順と同様に「控えめが最適」です。そうすれば、写真のテクスチャを完全に失わずに済むでしょう。ここでの目標は、よく考えながらぼかしのストロークを適用し、本当に必要と感じた場所にのみマークを付けます。こうすれば時間を節約しつつ、良い結果につながります。大きいファイルの非常に込み入った領域に［指先ツール］を使うときは、わずかな時間差が生じるかもしれません。ぼかすときは慎重によく選びながらストロークを適用しましょう。

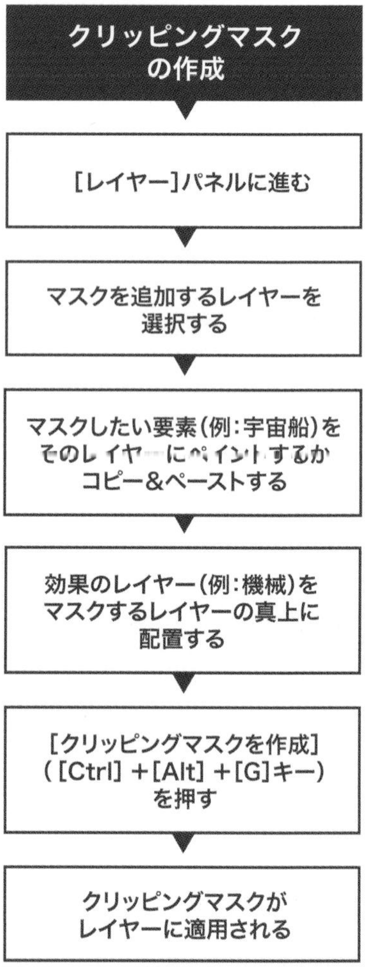

クリッピングマスクの作成

▼

［レイヤー］パネルに進む

▼

マスクを追加するレイヤーを選択する

▼

マスクしたい要素（例：宇宙船）をそのレイヤーにペイントするかコピー&ペーストする

▼

効果のレイヤー（例：機械）をマスクするレイヤーの真上に配置する

▼

［クリッピングマスクを作成］（［Ctrl］+［Alt］+［G］キー）を押す

▼

クリッピングマスクがレイヤーに適用される

13：クリッピングマスクは、下にあるオブジェクトの形状に従います。複数のテクスチャをクリップするときは、グループ化して、下のレイヤー（宇宙船）のレイヤーマスクを追加します

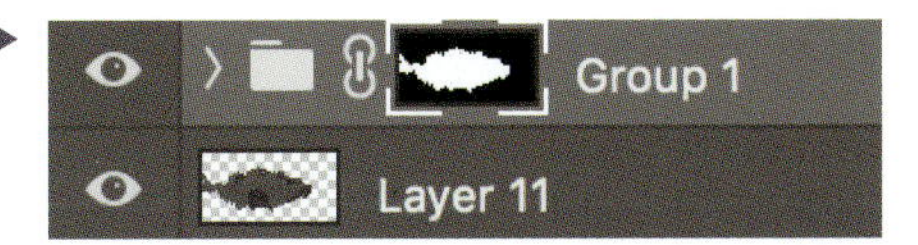

14：テクスチャの不透明度を下げると、シーンの空気遠近法が修正されます

15：［指先ツール］でテクスチャをオブジェクトに馴染ませ、フォームをスカルプトします

16

宇宙船のフォームをさらに特徴づけるため、目立たない反射パスを加えましょう。ここでは、ハイライトを使って反射要素を示唆します。このシーンのハイライトは、宇宙船の硬質金属の表面にあるはずです。では[ブラシツール]を選択し、ライトグレーに設定した基本ブラシ（宇宙船の最初のスケッチペインティングに使用したもの）を使いましょう。ブラシの不透明度を低く設定し、半透明を維持します。

わずかなコントラストでも大きな効果があるので、たくさんのハイライトを宇宙船に加える必要はありません。ここでも写真テクスチャを過度に覆いたくないため、よく考えてブラシストロークを適用しましょう。前景のキャラクターがはっきり見えるように、このシーンのライトは真上と右から当たります。したがって、ハイライトもそのライトの方向と一致し、宇宙船の盛り上がった領域に当たるはずです。

17

ときどきカンバスを反転させるというアイデアはもうご存知ですね（**[イメージ]>[画像の回転]>[カンバスを左右に反転]**）。その理由は主に、新鮮な目でシーンを観察するためです。同じイメージを長時間見ていると、客観的に評価する能力が失われますが、カンバスを反転させると、目をリセットできます。それは初めてイメージを見ることと似ているため、脳が問題点を認識できるようになるわけです。

目を休めるもう１つの方法は、系統的に取り組むのではなく、さまざまな領域を行き来することです。お気づきかもしれませんが、私はこのプロセスを通じて、後景で少し作業してキャラクターに進み、次に宇宙船に取り組むなどしています。これは、イメージをどのように発展させたらよいか悩むことが多々あるからです。異なる領域に移り、しばらく他の作業を行うことによって、自分自身に休憩を与えるとともに、新鮮な目でイメージを見直す力を養っています。

目をリフレッシュする

ペインティングに長時間取り組んでいると、集中力が切れやすくなります。これにより、イメージのミスに慣れてくると、修正を加えるのが難しくなります。カンバスを反転させる以外にも、集中力を取り戻す方法がいくつかあります。例えば、コーヒーを入れるためにイメージから少し離れたり、別のプロジェクトに取り掛かったりしましょう。どちらの方法も物の見方をリフレッシュしてくれます。また、リファレンスを見直したり、新しいリファレンスを検索したりしても、集中力を取り戻せるでしょう。セカンド オピニオンは参考になることが多いので、近くに同僚や家族、友人がいればフィードバックを求めてください。

16：宇宙船にハイライトをペイントし、光が反射する領域を表現します

17：イメージを反転させ、改善点の有無を確認します

大気の効果

18

引き続き、反転させたカンバスで作業して、調整を加えていきます。新規レイヤーを作成し、濃いグレーに設定した大きい［ソフト円ブラシ］で宇宙船から立ち上る煙を大まかにスケッチしましょう。これにはいくつかの異なる役割があります。第1に、この宇宙船が着陸したのではなく「墜落した」というアイデアに説得力が出ます。第2に、より重要な役割として、鑑賞者の目を宇宙船の方に誘う構図的要素になります。

ここで鑑賞者の注意を引くためにできるもう1つのテクニックが「イメージの境界をゆるやかに暗くする」です。これを行うには新規レイヤーを作成し、大きなソフトエアブラシを選択、黒に設定します。カンバスの端に沿って薄くペイントしますが、最も外側の端を最も暗く塗り、内側に行くにつれてストロークを薄くします。こうすると端の方のコントラストが効果的に低減し、焦点に定めたシーン中心のコントラストが相対的に高くなります。

19

反転させたカンバスでイメージを見直していると、マッシュルームのサイズが似たり寄ったりで、構図が過度に反復的に見えると気づきました。この反復的なリズムのせいで要素があまり有機的に見えず、混沌としたジャングルの環境に適していません。サイズを調整するためマッシュルームのレイヤーを選択し、**[編集]＞[変形]＞[拡大・縮小]** に進みます。これで比率やパースを損なうことなく、写真サイズを拡大／縮小できます。

さらに、うっそうとしたジャングルという背景のアイデアを強調するため、遠方に奇妙な植物を加えて空を覆っていきましょう。空のレイヤーの上に新規レイヤーを作成、緑のシンプルな円ブラシで抽象的な形状を描きます。この植物をもっと複雑にするには、このレイヤーの不透明度を下げて新規レイヤーを作成し、さらに植物をペイントします。こうすると、植物に奥行き感と多様性が加わります。

スケールの調整

▼

ツールバーで［なげなわツール］を選択する

▼

要素の周囲を囲み選択範囲の端と端をつなぐ

▼

要素を選択した状態でトップバーの［編集］をクリックする

▼

［編集］＞［変形］＞［拡大・縮小］を選択する

▼

選択範囲の上にグリッドが表示される

▼

コーナーをドラッグしてスケールを変更する

▼

選択範囲の縦横比を維持してスケールを調整するときは［Shift］キーを押す

18：立ち上る煙とカンバス境界の暗いエッジが、鑑賞者の目を宇宙船に誘導します

19：要素のスケールを調整してシーンをより有機的に見せ、空を植物で覆います

20

構図の右側が少し面白味に欠けて、無意味に感じられます。そこでカンバスの右端から中央の焦点に向かって分厚い「つる植物」を大まかにペイントし、視線を誘導するとよいでしょう。まず新規レイヤーを1つ作成し、[レイヤー]パネルでキャラクタースケッチレイヤーの下に配置します。次に基本の[ハード円ブラシ]を選択、[カラーピッカー]ウィンドウで色を深緑に設定し、巨大なつる植物をざっとスケッチします。再び[カラーピッカー]でブラシの色を薄めの緑色に変更して、大まかなディテールを加えます。

最後に大きめのソフトブラシ（エアブラシに設定）で、別の新規レイヤーに「かすみ」を追加しましょう。今回は白を選択、不透明度を低く設定します。これによって奥行き感が増し、中央の人物が宇宙船から際立ちます。

21

この事故が比較的最近起こったことを明らかにするため、墜落現場にもっと煙が必要です。まず新規レイヤーを作成し、ラフなエッジの大きいソフトブラシを選択します。次に砂色を選択して、宇宙船の前にたなびく煙を大まかにペイントし、その煙が墜落現場で舞い上がった土と混ざっている様子を示唆しましょう。続けてブラシを濃いめの色に変更し、宇宙船の後ろから立ち上る2つめの煙をペイントします。こういった「たなびく煙」は、イメージに奥行きの層を追加できる優れた要素です。

ストーリーテリング

多くの視覚的なアート形式と同様に、「デジタルペインティング」はアイデアやストーリーを鑑賞者に伝える手法です。したがって、作品にナラティブ（体験できるストーリー性）を維持することが重要です。映画、テレビシリーズ、テレビゲーム向けのイラスト制作プロジェクトで、あなたは作品によってストーリーの一部を鑑賞者に伝えなければいけません。

イメージを使ってストーリーの1場面を表現する方法をよく考慮し、たった今起きた出来事やこれから起きる出来事を暗に伝えてください。煙や霧、地面の水（水蒸気）といった大気の作成は、その静止画が変化する環境の一部であることを示す良い方法です。

20：つる植物とかすみによって、鑑賞者の視線をイメージの中央に誘導しやすくなります

21：イメージの奥行きを深めるには、宇宙船に煙の柱を2本追加します

リアルなキャラクターを作成する

22

キャラクターにそろそろ手を付けましょう。今回は比較的フォトリアルな出来映えを目指すので、ゼロからキャラクターをペイントする必要はありません。代わりに適切な写真を探すか作成してください。私はバイクスーツを着てアクションポーズをとっている兄の写真を撮影し、シーンにナラティブを生み出すのに利用しました。どんよりした日の光は、写真に柔らかいニュートラルなライティングを作ります。

23

お気に入りのポーズ写真をPhotoshopで開いたら、とりあえずこのファイルで作業を進めます。まず［レイヤー］パネルで背景レイヤーの鍵のアイコンをパネル下部のごみ箱にドラッグして、ロック解除します。次にツールバーの好みの［選択ツール］で、キャラクターを背景から大まかに切り抜きます。キャラクターの周囲をクリック&ドラッグし、カーソルを放すと、選択領域が破線でハイライトされます。

選択したそれぞれのキャラクターをシーンファイルにコピー&ペーストすると、自動的に個別の新規レイヤーとして配置されます。では［移動ツール］でこの切り抜いた写真レイヤーをキャラクタースケッチ（プレースホルダ）の上に配置して、差し替えましょう。これらのキャラクターをシーンのテーマに適合させるには、ディテールの作成や変更が必要です。しかし、これは後半でライティングを追加し、影の領域が明確になってから取り組みます。

24

各キャラクターの配置に合わせて（シーンの遠近感を考慮して）、明度を調整しましょう。まずキャラクターレイヤーを選択し、**[イメージ] > [色調補正] > [レベル補正]**（**[Ctrl] + [L]キー**）を適用します。[レベル補正］ポップアップウィンドウの［入力レベル］スライダで、レイヤーの明暗を調整します。周囲の状況がよくわかるようにシーンで遠近感を調整するときは、保持するレイヤーの表示をオンにしておきます。完了したら[OK]を押して、調整を確定します。この操作を残りのキャラクターでも繰り返しましょう。

このステップの主な目的は、キャラクターの明度を調整し、鑑賞者が見るそれぞれの位置とシーンをマッチさせることです。ステップ14で説明したように、遠くの要素は近くの要素よりも空気遠近法の影響を受けやすいため、明度が高く（明るく）なります。

ライティング

このペイントプロセスではこれまでのところ、具体的なライティングの選択にほとんど注意を払っていません。プロセスの初期段階で意図的にライティングを曖昧にしておけば、基本要素の大部分を配置したあと、手早く主要な光源を追加できるからです。最初に構図を決めれば、あとでライティングパスを効率的に進められます。

22：キャラクター用にアクションポーズをとった写真を使い、シーンにナラティブを加えます

写真提供：MATT TKOCZ

23：[選択ツール]で写真を切り抜き、キャラクタースケッチの上に重ねます

24：構図の距離感に合わせて、キャラクターの明度を調整します

修正する

25

今後の方向性がはっきり見えてこないため、このステップでは少し行き詰まっています。これはアーティストの誰もが経験するものですが、プロの環境では創作上のスランプを切り抜けるテクニックを身につけることが大事です。では新規レイヤーを作成し、前景のキャラクターの上にペイントして、作品を発展させながらゆっくりとインスピレーションを取り戻していきましょう。

この機に全体的な細かい調整を行い、早いうちに問題の芽を摘み取ります。まず宇宙船の後ろのマッシュルームが明る過ぎるので、暗くしましょう。調整したいレイヤーを選択し、**[イメージ]>[色調補正]>[カラーバランス]**（**[Ctrl]+[B]キー**）をクリック、[カラーバランス] ポップアップウィンドウを開きます。ここでは、シアン／マゼンタ／イエローのスライダを動かして、レイヤーの色に与える影響を観察しながら調整できます。私は宇宙船の後ろにあるマッシュルームをもっと濃い緑色にしました。

26

この構図の煙の柱は不自然に見えるので、整えておきましょう。まずシーンに合う黒く濃い煙の柱のストック画像を見つけ、チャンネル（画像のベースカラーの影響を示すグレースケール画像、RGBまたはCMYK）を使って煙を抽出します。

別ファイルとして煙の柱を開いたら、[チャンネル]パネルを選択します（**[ウィンドウ]>[チャンネル]**、または [レイヤー] パネルの隣のタブ）。各チャンネル（RGBファイルでは[レッド] [グリーン] [ブルー]）をクリックしてそれぞれの色の効果を確認し、前景と背景のコントラストが最も強いチャンネルを選びます。この場合は [レッド] のチャンネルです。

27

最もコントラストの強いチャンネルを見つけたら、選択して複製しましょう。右クリックして「チャンネルを複製」を選択（**図27a**）、ポップアップウィンドウが表示されたら、複製したチャンネルに名前を付け、[OK] をクリックします。続けて複製したチャンネルを選択し、目のアイコンで表示をオンにします（元のチャンネルは非表示にします）。

[イメージ] > [色調補正] > [レベル補正]（**[Ctrl] + [L] キー**）で、チャンネルのレベルを調整しましょう。[入力レベル] グラフの下のスライダを左右に動かして、コントラストの変化を試してください（**図27b**）。ここでの目的は、煙と空のコントラストを強めることです。こうすると、保持したい領域と切り抜きたい領域がはっきりと区別されます。では[レベル補正]パネルで[OK]をクリックします。

28

複製したチャンネルでコントラストを調整したら、背景から煙を切り取りましょう。[Ctrl] キーを押しながら複製したチャンネルをクリックすると、そのチャンネル内の白いものがすべて選択されます（ここでは立ち上る煙の後ろにある白い背景）。次に [レイヤー] パネルで煙のレイヤーに戻ってクリック、この選択範囲で煙から背景を削除すると（[Delete] キー）、透明な背景のきれいな煙レイヤーになります。

意識を集中させる

イメージを制作するときは、「意識的に選択する」ことがとても大事です。うわの空で目的もなしに、なんとなく塗るのはやめましょう。注意が逸れ始めても、意識をカンバスに戻せるように訓練してください。プラスにならないブラシストロークは1本も描かないことが理想です。このような選択や効率性は、私が学んだ最も重要なことであり、そここのアーティストと「達人」の分かれ目と言えるかもしれません。

25：作業中に創作上の壁にぶち当たったら、細かい調整を行い、考えながらイメージを発展させます

26：分厚い煙の画像を選択し、大まかにペイントした煙の柱と置き換えます

27a：高コントラストチャンネルを選択して右クリックし、［チャンネルを複製］を選択します

27b：チャンネルの［レベル補正］スライダを調整し、前景と後景のコントラストを強めます

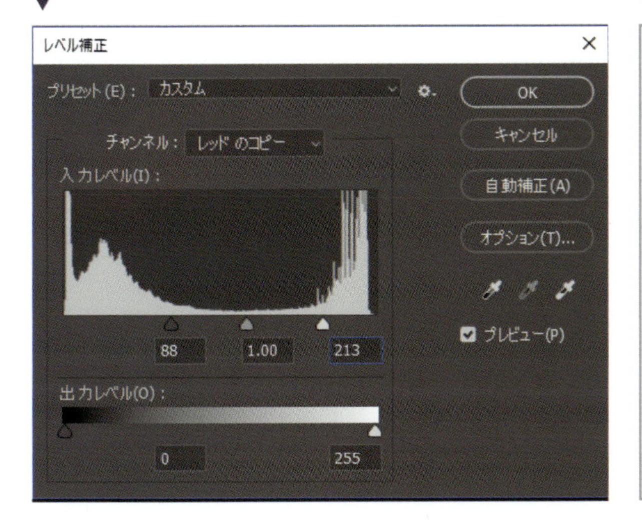

28：［Ctrl］キーを押したままチャンネルをクリックすると、選択範囲が作成されるので、白い背景を削除できます

29

残るは色を調整し、シーン内の好きな場所に作成した煙レイヤーを配置するだけです。では立ち上る煙をカンバスにコピー&ペーストしましょう。このシーンの環境光は緑がかっているため、作成した煙にある（青空の）光は不適切です。これを修正するため、まず**[イメージ]>[色調補正]>[彩度を下げる]**（**[Shift]+[Ctrl]+[U]キー**）で、煙レイヤーの色情報をすべて削除します。これで煙がグレースケールに変換されました。次に［移動ツール］で、この新しい煙を宇宙船から立ち上る煙（ラフにペイントしたもの）の上にクリック&ドラッグします。最後に元のペイントした煙レイヤーを非表示にして、イラストから削除します。こうしておけば、基準点として使いたいときに、再表示して参照できます。

30

ここで明度を確認しましょう。たまにカンバスを反転させるのに加え、イラストを白黒にして進捗状況を見直すことをお勧めします。色情報は頭を混乱させ、適切な明度構造の維持を妨げることがあります。明度構造がしっかりしていれば、色はそれに従います。

明度をチェックするには、新規レイヤーを作成し、全体をグレースケールの色（白／黒／グレーのどの色でも大丈夫です）で塗りつぶし、描画モードを［カラー］に変更します。このレイヤーが［レイヤー］パネルの1番上にあれば、その下にあるすべてのレイヤーが影響を受け、白黒で表示されます。

このイメージをグレースケールで見ると、宇宙船のそばのキャラクターが暗過ぎて、注目を集め過ぎていることがわかります。同時に、前景のキャラクターの明度は周辺環境の明度とほぼ同じなので、あまり目立たなくなっています。もし人物の明度を周囲の明度に溶け込ませることが意図的で、シーンのナラティブに何らかの役目を果たしているなら、必ずしも悪い事ではありません。しかし、このシーンの場合は効果がないでしょう。

31

シーンの明度構造の問題をいくつか特定したので、修正していきましょう。こういった明度の問題は、簡単な［レベル補正］（**[イメージ]>[色調補正]>[レベル補正]**）でスライダを動かし、コントラストを上げると大抵改善します。あるいは、大きなソフトエアブラシでレイヤーに霧を追加／削除して、大気を増減させてもよいでしょう。ここでは［レベル補正］を微調整しつつ、宇宙船のそばのキャラクターの周囲には霧を加えています。

29：［彩度を下げる］で煙をグレースケールに変換し、［移動ツール］で配置します

30：イメージから一時的に彩度を取り除くと、作業中の明度構造を確認できます

31：明度に問題があれば、[レベル補正]を行うか、霧など大気の要素をペイントして修正します

32

このジャングルはあまりにも平凡過ぎて気に入らないので、舞台が異世界である感覚を大幅に強めたいと思います。ここでは地面に蛍光性の植物を加えて、もっと異質に見せましょう。雪山を見下ろすような面白いテクスチャの写真を探してください。私は写真の白をすべて分離して、光る植物のベースに使います。

テクスチャの白を分離するには、煙の作業で用いたプロセスを繰り返します。まず、別ファイルで写真を開き、[レイヤー] パネルの[チャンネル]タブで最も強いコントラストのチャンネルを探します。次にそのチャンネルを複製し、**[イメージ] > [色調補正] > [レベル補正]** でスライダを調整して、コントラストをさらに強調します。[レベル補正] を終えたら [OK] を押して、[レイヤー] パネルに戻ります。今回は白い領域を削除しないので、選択範囲は作成しません。では、この写真をシーンのカンバスにコピー&ペーストして、描画モードを [比較 (明)] に設定してください。

33

[レイヤー] パネルで、雪の効果の新規レイヤーを前景要素のレイヤーの下に移動すると、シーンの地面にうまく配置できます。続けてカンバスに進み、[移動ツール] でこのテクスチャを下へドラッグして、ジャングルの地面に重ねます。

山の写真はすでに短縮遠近法が使われていたので、パースを合わせるための調整はあまり必要ありません。もしテクスチャのパースを微調整するなら、レイヤーを選択し、**[編集] > [変形] > [ワープ]** でシーンに合わせます。さらに [消しゴムツール] を時々使い、不要な領域から白を取り除きます。

デジタルアートコミュニティをフル活用する

建設的な批判を受け入れるのは難しいでしょう。しかし、それは作品を改善するための素晴らしいきっかけになるかもしれません。幸運にも、そのような目的で作られた大規模なオンラインコミュニティがあるので、そこで自分の絵のフィードバックを求めてみてください。そしてコメントを個人攻撃と捉えず、建設的に利用しましょう。プロの職場環境においてデジタルアーティストやコンセプトアーティストは、常に指示や建設的な批判を行うアートディレクターの下で仕事をすることになります。したがって、フィードバックをしっかり利用し、作品やワークフローを改善することが大事なのです。

32：写真の白い領域を分離し、面白いテクスチャを作ります

33：[ワープ]変形でシーンのパースに合わせてテクスチャを調整し、レイヤースタックの下の方(前景の下、後景の上)に配置します

34

理想的な異世界の効果を得るため、テクスチャの色をもっと独特なものに変えましょう。これは最重要ステップです。まず［塗りつぶしツール］で地面の前景レイヤーを白から紫に変えて複製します。次に複製したレイヤーを選択し、［移動ツール］で元の紫のテクスチャレイヤーから少しずらします。続けて［カラーピッカー］で新しい色を選択し、この複製したレイヤーを青緑で塗りつぶします。

では［レイヤー］パネルで両方のレイヤーの描画モードを［覆い焼きカラー］に変更し、テクスチャを背景から際立たせましょう。［覆い焼きカラー］は前景と背景のコントラストを低減します。やはりデジタルペインティングでは控えめが肝心です。「異世界」がテーマのイラストでも色やテクスチャを控えめにすると、はっきりした見映え良いイメージになります。

35

まったく新しい要素を構図に加えると、案の定、明度構造が狂います。少し時間をかけて他のレイヤーの［レベル補正］を調整し、カラフルな地面のテクスチャを引き立たせましょう。ここでは［レベル補正］スライダで、前景のジャングル要素とキャラクターレイヤーを暗くして強調します。

必ずしも作品の前景が暗く、背景が明るくなるわけではありません。しかし、私がこの手法を選ぶのは、信頼性があり、時間に制約のあるプロジェクトで手早く簡単に明度を管理できるからです。

また、できるだけ奥行きを深めるために、イメージ全体に大気を加えることもできます。新しくなった異世界の地面のテクスチャから蛍光色を選択し、より異質な色をソフトエアブラシに設定します。この不思議議な大気は、テクスチャの効果を残りの背景に馴染ませるのに役立ちます。

34：雪のテクスチャの色を変更したら、そのレイヤーを複製しオフセットします。そして複製したレイヤーを別の色に変えて変化をつけます

35：明度構造を再調整し、前景の明度を暗くして異世界のような大気を加え、新しいテクスチャを馴染ませます

36

この時点でイメージ全体の明るさを抑えましょう（[レベル補正]などを使用）。また「反射性」や「強いライティング」を調整できるように、[チャンネル]でイメージ全体からハイライトを分離して、新規レイヤーに移します（ステップ 26 の煙を思い出しましょう）。この新規レイヤーの描画モードを［覆い焼きカラー］に設定し、反射させたくない領域には[消しゴムツール]を使用します。

37

引き続き、イメージを微調整しつつディテールを作成していきます。この段階では、「宇宙船」とその前に立ち上る見映えの悪い「黄色い煙」など、明らかに改善すべき領域が残っています。 別の煙のテクスチャを使い、黄色い煙を見映え良くしましょう。

P.162〜167 に掲載されている黒煙と同じ手順で進めますが、今回は煙の色をグレースケールに変換するのではなく、大まかにペイントした元の煙の色相に合わせて調整します。ツールバーの［スポイトツール］でペイントした煙レイヤーから色を選択し、［塗りつぶしツール］で煙の写真を塗りつぶします（不透明度と許容値を適宜調整）。

ソフトエアブラシで調整を続け、さらに大気を作りましょう。 対照的な色を増やすとシーンの不思議な雰囲気が強まるので、イメージが単調になり過ぎないよう、後景レイヤーに赤みを加えます。 これを行うには該当レイヤーを選択し、［カラーバランス］（**[Ctrl] + [B] キー**）のポップアップウィンドウで色のスライダを調整します。

アートの原則

熟練のデジタルペインターになるために、学ぶべきことはたくさんあり、そのアプローチもさまざまです。しかし、唯一共通するのは「アートの原則」の実践的な知識です。 主に学ぶべき内容は、ドローイング・構図・デザイン・明度・ライト・パース・色・テクスチャ、そしてアナトミー（身体構造）です。成功するには、少なくともこれらのトピックに関する基礎知識が必要です。もし、なかなか目指している結果を出せないなら、こういった基礎分野の中に問題が潜んでいる可能性が高いでしょう。

36：イメージ全体の明度を暗くすると、[チャンネル]を使ってハイライトを簡単に作成できます

37：見映えの悪い黄色の煙をテクスチャに置き換え、引き続き大気や明度を微調整していきます

宇宙船を作り込む

38

そろそろ宇宙船にディテールを加えていきましょう。 これは墜落した宇宙船なので、ラフスケッチに重ねたときぴったり合うように、押しつぶされた車や損傷のひどい乗り物の写真を探します。

新規レイヤーとしてシーンのカンバスに写真をコピー&ペーストし、[なげなわツール]で車を切り抜きます。 車から取ってきたとわかるような要素はすべて削除し、テクスチャができるだけ抽象的に見えるようにします。

39

[移動ツール] で車の新しいテクスチャを宇宙船に重ねます。 宇宙船の立体的な形状に合うように、テクスチャをあちこち動かしてみましょう。 新しい写真レイヤーが透明になるように不透明度を調整し、さりげないディテールのみ加えます。 このレイヤーを選択、[レイヤー] パネルで「通常」をクリックし、[描画モード] ドロップダウンリストをいろいろ試すのはお勧めです。こうすると、他のレイヤーとのバランスに関してさまざまな選択肢ができます。 私は前もって計画することをいつも強調していますが、「幸運なアクシデント」を取り入れた方がよい場合もあります。

イメージを見直す

40

このイメージは前回カンバスを反転させてから大幅に進展しているので、ここで再び反転させましょう。**[イメージ] > [画像の回転] > [カンバスを左右に反転]** でイメージを反転させると、主要な光源を配置すべき場所が特定しやすくなります。 構築した背景に強いリムライトを当てられるように、現時点までライティングはソフトで曖昧にしてあります。

リムライトを追加するには新規レイヤーを作成し、不透明度を高めに設定した太いテクスチャブラシを選択します。 明るい白で、ライト方向の下にあるオブジェクトの上端に沿ってペイントしましょう。 キャラクターのコスチュームなど柔らかめのオブジェクトに関しては、テクスチャの少ないブラシ先端に変更します。 鑑賞者がアイデアをはっきりと理解できるように、たとえ異世界の風景であっても現実と似たようなライティングでなければいけません。

41

イメージを新しい視点で見ると、黄色い煙が絵の奥行きを邪魔しているように見えます。このシーンの明度構造は「後景が前景よりも明るい」というロジックに基づいているため、黄色い煙は宇宙船の前というより、後ろにあるように見えます。これによって宇宙船が視覚的に半分に分断されています。

このイラストの構造上、黄色い煙を活かすことができないので、消した方がよさそうです。 あとで戻したいと思うかもしれないので、ひとまずこの煙レイヤーは非表示にしておきましょう。 確実に使用しないとわかれば、レイヤーをゴミ箱に移してください。

見直す方法

「カンバスを定期的に反転させる」というアイデアにはもう慣れてきたことでしょう。しかし、見え方をリセットするアイデアは、カンバスの反転にとどまりません。 私は定期的にズームアウトして、絵を小さなサムネイルとして見たり、[チャンネル] で色をグレースケールにして構図の見やすさを確認したりします。

また、個々のレイヤーを非表示にして、要素が消えたときのシーンへの影響も確認します。 複数の作品に同時に取り組んでいる場合は交互に作業して、時々目を休めるとよいでしょう。何より重要なのは、イメージを見直すとき正直になり、何かおかしいと感じたら削除することです。

38：墜落した宇宙船に合うテクスチャとして、激しく損傷した金属や乗り物の写真を選びます

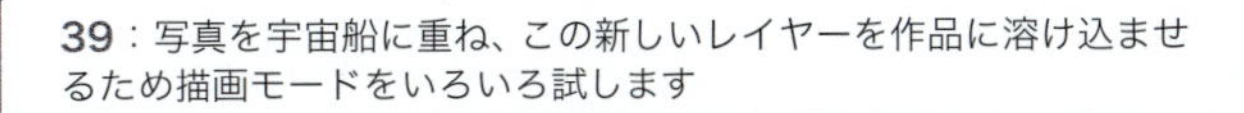

39：写真を宇宙船に重ね、この新しいレイヤーを作品に溶け込ませるため描画モードをいろいろ試します

40：カンバスを反転させて進捗状況を見直し、主要な光源を取り入れていきます

41：黄色い煙はシーンの明度構造と矛盾するため、非表示にします

42

純白に設定したラフなブラシで、引き続きシーンに新しいライトの要素を描き、合わないものは［消しゴムツール］で削除しましょう。このイメージでは、前景のキャラクターの肩にあるハイライトを削除し、ジャングルの地面に当たるライトを強めています。イメージの明度を調整しながら作業し、バランスのとれた構図とパースの奥行きを保ちましょう。

大きめのパーツがすべて揃った段階のペイントプロセスでは、主にディテールの作成と微調整に焦点を当てます。リムライトは現時点で（そして今後も）最も強いコントラストであり、イメージの成功を左右する重要な要素です。ライトの微調整には必要なだけ時間をかけましょう。

43

シーンの中でリムライトをさらに洗練させるため、大きいソフトな消しゴムでそのエッジを和らげ、必要であればリムライトのレイヤーの不透明度を少し下げます。こうすると、シーン内の立体的な形状をもっと繊細にスカルプトできます。

ライト以外でも、宇宙船の微調整を続けましょう。コックピットと船首の形状を変更し、１枚１枚のカーブした船体パネルのようなディテールを加えていきます。新規レイヤーを作成し、［レイヤー］パネルで既存の宇宙船レイヤーの上に配置、そして改善が必要な領域をペイントします。いろいろなブラシや色を混ぜながら要素を作っていき、ゴツゴツしたマテリアルや滑らかなマテリアルを表現します。さらに、光が当たっている中景のキャラクターシルエットにも変更を加え、宇宙飛行士やパイロットのような衣装を作ります。

チェックリストを使う

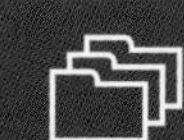

イラストに取り組むときの秘密兵器の１つが「チェックリスト」です。私は常にイメージの隅に別レイヤーのチェックリストを表示しています。たとえば乗り物をデザインするときは、作業中に忘れがちなディテールがあるので、燃料タンクのキャップ・アンテナ・サイドミラー・サスペンション・ドアのハンドルなど、一般的なパーツを書き留めておきます。こうすると脳のメモリーが解放されて、自由に作品全体の見映えに専念できます。不可欠な要素は絶対に忘れないし、意識を他のものに集中できるようになります。

42：シーンのライトを改良・微調整し、必要なだけ時間をかけて正確にライティングを再現します

43：ライトの効果を和らげ、さらにディテールを加えて宇宙船を洗練させます

木漏れ日の効果を作る

44

この段階でシーンに「木漏れ日」を取り入れるとよいでしょう。 実際にシーンのライティングを変えるわけではなく、木漏れ日のように見せるだけです。 では、うっそうと茂るジャングルの植物の間から射す光線を追加しましょう。 これを表現するには、すべてのレイヤーの上に新規レイヤーを追加し、ツールバーの［長方形選択ツール］でカンバスを縦に走る細長い長方形を作成します（クリック&ドラッグ)。 次は白の［塗りつぶしツール］を選択し、長方形を塗りつぶします。 これはまだ光線のごく初期段階です。

［レイヤー］パネルで長方形レイヤーを右クリック、表示されるメニューから「スマートオブジェクトに変換」を選択して、長方形をスマートオブジェクトに変換します。 次に **[フィルター] > [ぼかしギャラリー] > [チルトシフト]** を適用します。［ぼかしツール］が表示されたら、［ぼかし］スライダと［ゆがみ］スライダを動かし、ライトが光源から遠ざかるにつれてソフトになる効果を再現します。カンバスではフィルターの中心点をガンバスの外、白い長方形の真上に移動します。これでぼかしがライトの方向に従います。

光線に仕上げを施しましょう。［消しゴムツール］を選択、大きいソフト消しゴムで光線の下半分を削除します。 そしてライトがジャングルの方に落ちて行くにつれて弱くなるよう、徐々に先細にします。

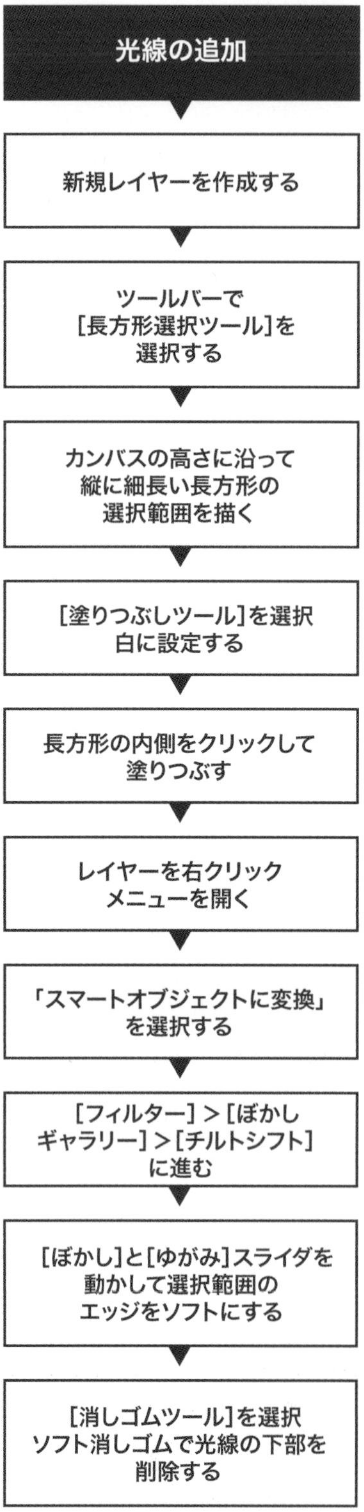

光線の追加

▼

新規レイヤーを作成する

▼

ツールバーで
［長方形選択ツール］を
選択する

▼

カンバスの高さに沿って
縦に細長い長方形の
選択範囲を描く

▼

［塗りつぶしツール］を選択
白に設定する

▼

長方形の内側をクリックして
塗りつぶす

▼

レイヤーを右クリック
メニューを開く

▼

「スマートオブジェクトに変換」
を選択する

▼

［フィルター］>［ぼかし
ギャラリー］>［チルトシフト］
に進む

▼

［ぼかし］と［ゆがみ］スライダを
動かして選択範囲の
エッジをソフトにする

▼

［消しゴムツール］を選択
ソフト消しゴムで光線の下部を
削除する

44：白い長方形を描きます。次に[チルトシフト]フィルターでぼかして下半分を消し、1本の光線を作成します

45

1 本の光線が完成したので、そのレイヤーを複製して複数の光線を手早く作成しましょう。[移動ツール] で複製したそれぞれのレイヤーをずらして配置、カンバスの幅いっぱいに複数の光線を作成します。 太い光線や細い光線を作ってみてください。 部分的に重ね合わせれば、木の間から不規則に射し込むライトの感じが生まれます。

46

ライトをもっと異世界風に見せるため、少し緑がかった色にしましょう。 それぞれの光線レイヤーで**[イメージ]>[色調補正]>[色相・彩度]** を選択、スライダを調整してライトに緑の色味を加えます。

1つのレイヤーが完成したら、[レイヤー]パネルで前景レイヤーの下に移動し、シーンのパースに合わせて変形させます。**[編集]>[変形]>[自由な形に]**を選択すると光線の周囲に枠が表示され、マーカーを押し引きするとライトの向きを変更できます。うまく効果を描けたら「変形を確定」(○アイコン、[Enter]キー)をクリックします。他の光線のレイヤーでも同じプロセスを繰り返しましょう。

批判とうまく付き合う

あなたの任務はクライアントのビジョンを実現させることです。 しかしクライアントの考えていることを完璧に再現するには、微調整が必要です。大事なのはリテイクを悪く受け止めず、仕事の一環だと肝に銘じることです。 むしろ作品を改善する有益な機会と捉えましょう。

もちろん、不当に感じられるフィードバックを受けることもあります。 そういうときは、自分のビジョンの方が良い作品につながる理由を述べて、クライアントと話し合うとよいでしょう。時には、歯を食いしばってクライアントの要求を満たさなければならないこともあります。

45：光線レイヤーを何回か複製し、[移動ツール]でカンバスのあちこちに配置します

46：[色相・彩度]で、光線に緑がかった不思議な色味を加え、[自由な変形に]でシーンのパースに合わせて変形させます

環境を作り込む

47

ジャングルをもっと自然に有機的に見せるため、大気の効果を追加したいと思います。まず新規レイヤーを作成、さまざまな小さいブラシであちこちに浮遊するパーティクルを追加します。このときブラシ先端のサイズを大きくするとともに、不透明度を下げます。次に新規レイヤーで不透明度の低い細いブラシをドラッグし、雨粒の効果を加えます。こういった効果は大気を濃く見せて、ジャングルの背景に賑わいを与えます。

48

[レイヤー] パネルで宇宙船レイヤーの上に新規レイヤーを作成、鳥の群れのストックフォトを追加しましょう。**[レイヤー] > [レイヤーをロック] > [透明ピクセルをロック]** を選択するか、[レイヤー]パネルでチェック柄のアイコンをクリックし、レイヤーの透明度をロックします。こうすると、レイヤーの透明ピクセルに影響を与えずにペイントできるので、鳥の形状を保護できます。

鳥が光線間を飛んでいるように見せましょう。シンプルな円ブラシを選択、明るい背景の場合は黒、暗い背景の場合は白で鳥をペイントします。これは鳥に太陽光が当たっている様子を示唆しますが、何よりもそれぞれを背景から際立たせます。このように鳥を加えると、墜落した宇宙船のスケール感が強調され、シーンが壮大に見えます。

キャラクターのヘルメット(バイザー)のマテリアルがまだ曖昧なので、この段階で作成しましょう。ぼかした背景をバイザーにペイントし、光沢のある滑らかな表面の反射性を表現します。「表面の視野角が急角度であればあるほど、反射性が高くなる」と覚えておいてください。バイザーのガラスの表面はカーブを描き、形状を包み込むエッジの周辺で最も反射性が高くなります。できるだけイメージをわかりやすくするため、明度やパースの奥行きを微調整しながら作業してください。

49

宇宙船のスケール感をさらに強調するため、宇宙船の底面がジャングルの地面と接する場所に小さな形状をいくつか描きます。新規レイヤーを作成し、宇宙船レイヤーと後景キャラクターレイヤーの間に配置、抽象的なブラシ(低い不透明度、暗い色)でペイントします。これによって宇宙船が相対的により大きく見えます。

さらに光線のレイヤーの不透明度を上げて木漏れ日の感じを強調します。また前景キャラクターの衣装を宇宙服らしく見せるため、大きいハードブラシでケーブルをペイントしてシルエットを微調整します。

47：不透明度の低いブラシで雨粒や浮遊するパーティクルを加え、大気に密度を与えます

48：背景に鳥をペイントし、スケール感を出します。キャラクターのバイザーには反射性を追加します

49：光線の不透明度を上げ、宇宙船と前景キャラクターにディテールを加えるなどして、細かい調整を行います

50

このステップで主な要素の構成は完了です。私は異世界のような植物を前景レイヤーの前に追加し、奥行き感をさらに深めたいと思います。これによって鑑賞者はジャングルのテーマを受け入れやすくなるはずです。

ここでは、植物の代わりに「カニ」のようなもっと抽象的な写真を使います。カニの体系的な脚をイラストの植生に合成すると、より異質な感じが出ます。

カニを植物のような形状に変えるには、まず背景から切り抜き、カニのレイヤーを何回か複製します。次に **[編集] > [変形] > [回転]** で各レイヤーのイメージをさまざまな方向に回転させます。私はオーバーラップさせながらカンバスの端に配置し、エッジに沿って不規則に広がる感じを表現しています。

最後にそれらのレイヤーに **[フィルター] > [ぼかし] > [ぼかし（ガウス）]** を適用すると、2つのことが達成できます。第1にカニの植物がカメラに近づいて見え、第2にそれらが奥行きのパースによって背景から切り離されます。

51

イラストの端（枠）をわずかに暗くして、シーン中央の焦点をさらに強調し（ここでは墜落した宇宙船）、構図をもっとすっきりさせましょう。大きめのソフトエアブラシを選択し、端を暗い色でペイントします。これによって中央のコントラストも少しだけ高くなるので、鑑賞者の目が内側に誘導されます。そして、何よりも関心がそこにとどまります。

抽象的なリファレンスを使う

題材に関連性のない写真を使うときは、判別できる要素を必ず隠すか削除してください。この場合はカニを植物らしく見せるため、ハサミを見えなくしました。代わりに、後ろ脚などカニの中でも曖昧なパーツを使っています。見分けのつきにくい要素を使い、鑑賞者がその要素を特定するために想像力を働かせるように促します。

ほとんど識別ができないカニの脚は混乱を生じさせ、異世界のテーマを強調します

50：このカニのように変わったリファレンスを探し、異世界の面白い植生を作ります

51：カンバスの端を暗くし、鑑賞者の関心をシーンの中心に集めます

カメラエフェクト

52

プロセスの最終段階、カメラエフェクトに進みましょう！ まず汚れたスクリーンのリファレンス画像をコピー＆ペーストして、「カメラレンズ（カンバスのビュー）の汚れレイヤー」を追加します。 このレイヤーの描画モードを［覆い焼き（リニア）- 加算］に設定し、不透明度をかなり低くします。 ここで大事なのは「さりげなさ」です。さらに大きいソフト消しゴムを使い、あちこちの汚れやシミを取り除きます。できればカメラレンズの光漏れが多い領域のみに汚れのアーティファクトを残し、作品の中で重要なディテールは隠さないようにしてください。

53

カメラビューを再現するには、黒い色調を強めるとともにハイライトを目立たせ、絵のダイナミックレンジを制限します。 カメラの汚れレイヤーを他のレイヤーの上に配置して、下にあるイメージ全体に影響を与えましょう。 カメラの汚れレイヤーを選択して、**［イメージ］>［色調補正］>［レベル補正］**に進み、作成できる色調効果を試します。

さらにイメージ全体を紫色の範囲にシフトさせて、色の範囲を制限することもできます。これを行うには **［イメージ］>［色調補正］>［レンズフィルター］** に進み、ポップアップウィンドウのカラーピッカーで紫の色相を設定、フィルターの［適用量］を選択します。 ここでもさりげなさが重要です。 これらのエフェクトを強調し過ぎると、大事な視覚情報が失われる可能性があります。

54

ここで面白い効果の［色収差］フィルターを使って、写真の欠陥を再現しましょう。このフィルターはイメージのすべてのエッジに、細かくてさりげない色付きのフリンジを追加します。**［フィルター］>［レンズ補正］** に進むと、レイヤーと片側にパネルを表示する新規ウィンドウが開きます。 パネルで［カスタム］タブを選択、［色収差］の下でスライダを動かして色のフリンジを増減します。とてもさりげないエフェクトですが、イメージの各要素の縁に顕著な効果が現れます。

最後に［ノイズ］フィルターを適用し、フォトリアリズムを強調する最後のカメラエフェクトを追加します。**［フィルター］>［ノイズ］>［ノイズを加える］** を選択すると、ポップアップウィンドウが表示されるので、スライダを動かしてピクセルの中のノイズレベルを上げます（パネルのプレビューボックスに表示）。このイメージでは、ノイズを比較的低めに抑えています。

カメラエフェクト

カメラエフェクトは、作品に映画的な品質を加えるビジュアルエフェクトです。 こういったエフェクトを使用することの重要性を理解するには、「カメラと人間の目の能力は違う」という認識が不可欠です。ダイナミックレンジ・色認識・ゆがみは、カメラの欠点のほんの数例です。 しかしフォトリアリルな作品を制作するときは、こういった欠点を利用し、イメージに人為的に不完全さを取り入れます。

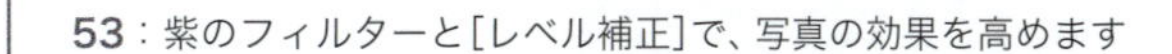

52：汚れ・ちりの写真をとても低い不透明度で使うと、シーンにカメラレンズのような印象が加わります

53：紫のフィルターと[レベル補正]で、写真の効果を高めます

54：[色収差]と[ノイズ]フィルターは、イメージに最後のフォトリアルな効果を加えます

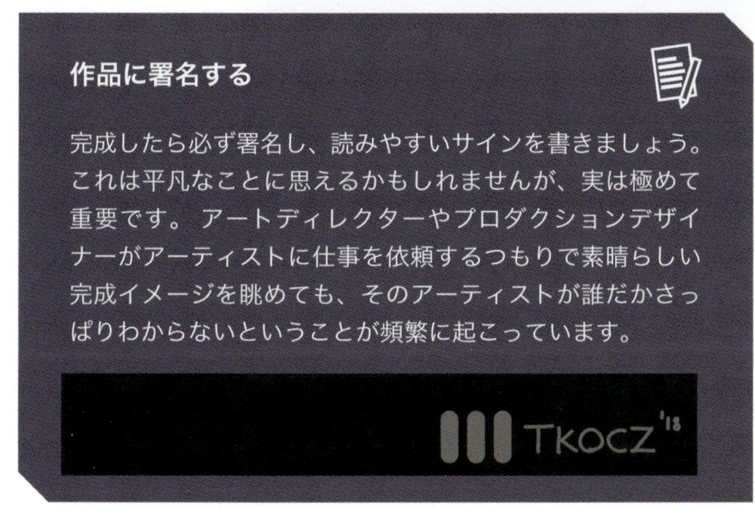

作品に署名する

完成したら必ず署名し、読みやすいサインを書きましょう。これは平凡なことに思えるかもしれませんが、実は極めて重要です。 アートディレクターやプロダクションデザイナーがアーティストに仕事を依頼するつもりで素晴らしい完成イメージを眺めても、そのアーティストが誰だかさっぱりわからないということが頻繁に起こっています。

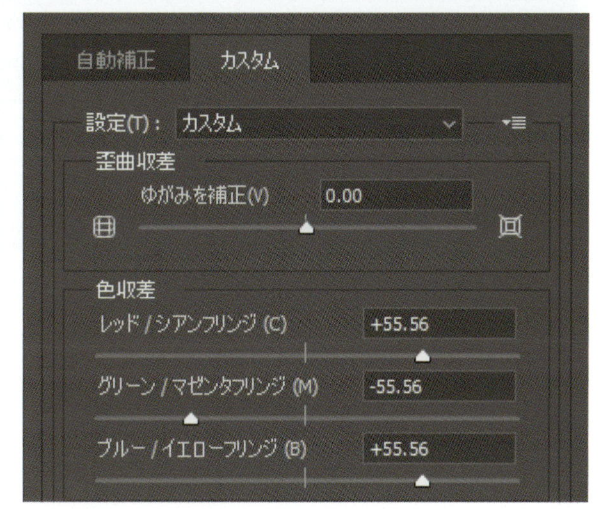

プロセスのまとめ

完成イメージ © Matt Tkocz

ピット © Matt Tkocz

救命ポッド © Matt Tkocz

Orb © Matt Tkocz

タイタン © Matt Tkocz

東京 © Matt Tkocz

スチームパンクの探検家

05

はじめに

本書の冒頭で述べたように、デジタルドローイング／ペインティングの調整には時間がかかります。 状況によっては、作業を始める前に自分のアイデアを紙に描いておくと非常に役立つでしょう。Photoshopの長所の1つは、手描きスケッチのスキャンを読み込み、それをインターフェイスで直接操作できることです。

これから、手描きスケッチを効率的に完成デジタルイラストへ変換する方法を学びます。 そのプロセスによって、手書きからデジタルへの移行を円滑に進められるので、クリエイティブな作業に集中できるでしょう。 さらに、シンプルで効果的なPhotoshopツールを通して、よくある手描きペインティングの問題を解決するための興味深い方法を紹介します。

本作では、ストーリーを物語るキャラクターを軸においたシーンを表現します。 これはナラティブなシーンなので、キャラクターにはアクションポーズが必要です。 そしてキャラクターにコンテキスト（文脈）を与えるため、シーンに信憑性とリアルなプロップ（小道具）、アクセサリーも必要となるでしょう。このプロジェクトを通して、「複雑にすることなく、ナラティブとアクションを示す方法」「背景を構図に役立てる方法」「ライティングで作品全体のムードを作る方法」について方向を示します。

スチームパンクの探検家

DARIA RASHEV
コンセプトアーティスト
nim.artstation.com

ロシアのサンクトペテルブルクに拠点を置くDARIAは、長年にわたりテレビゲーム業界で働いてきました。 彼女はエレクトロニックアーツ、バイオウェア、ライオットゲームス、ユービーアイソフトなどのクライアントと仕事をしています。

主なスキル

- 手描きスケッチの読み込み
- 写真の読み込み
- 選択範囲の使用
- クリッピングマスクの活用
- レイヤー描画モードの使用
- レイヤーの統合
- レイヤーマスクの使用
- レイヤーのサンプリング
- カラーの適用で補正
- 反射の作成

使用ツール

- 自動選択ツール
- 標準ブラシ
- 消しゴムツール
- ペンツール
- なげなわツール
- 多角形選択ツール
- スポット修復ブラシツール
- 移動ツール
- 横書き文字ツール
- 切り抜きツール

スケッチを用意する

01

このナラティブのシーンでは、山岳地帯の女性探検家（冒険家）を作成していきます。その魅力を示しつつ、ストーリーを語らせるため、キャラクターには刺激的なアクションポーズをとらせましょう。そして、鑑賞者に彼女の素性を示すための装備やアクセサリーがあると良さそうです。

イラストのアイデアを集めるため、簡単な手描きスケッチから始めましょう。まだデジタルで描くことに慣れていないなら、手でスケッチしてアイデアを素早く落としこむ方が、自然なクリエイティブフローを維持する手助けとなるでしょう。鉛筆、ペン、あるいは使い慣れた任意の描画ツールを使用してください。これは完璧なスケッチを作成するための課題ではありません。ここで必要なのは、ペインティングの大まかなベースです。

この段階で、さまざまな構図やポーズを検討します。ポーズでは、ある程度のアクションとエネルギーを表現してみてください。ただし、それは「単純なスケッチから始めるのが最適である」と覚えておきましょう。ここでは、タフな女の子からパイロットアドベンチャーまで、いくつかの女性キャラクターのポーズを探ります。

02

私はキャラクターのジェスチャー（身振り）や衣装が好きなので、このスケッチでさらに作業を続けます。それらは完成したイラストを興味深くするでしょう。描いたスケッチはコンピュータにスキャンすることをお勧めしますが、写真に撮ってアップロードすることもできます。ただし、写真はスキャン画像よりも低画質で、不要な影が加わる可能性もあり、それを使用可能な状態にするには、多くの手間がかかります。スキャンすれば、きれいで高品質なデジタル版スケッチを入手できます。

スケッチをコンピュータにスキャンする方法は、スキャナの設定によって異なりますが、通常、Photoshopに適したものにするのに複雑な作業は必要ありません。スキャン解像度を「300dpi」に設定し、スキャンをJPEGファイルとして保存するだけです。

作業するプロジェクトごとに特定のフォルダを作成しましょう。そして、フォルダに追加するファイルには、意味のある明確な名前を付け、あとで戻ってきたときにわかりやすくしておきます。このように整理する習慣を持てば、将来ワークスペースを慎重に管理するときに役立ちます。

01：紙の上にスケッチして、完成イラストにおける最適なポーズを見つける

02：最も面白いスケッチを選び、コンピュータにスキャンします

03

Photoshopに移動し、**[ファイル]>[開く]**でスケッチ（JPEGファイル）を選択するか、デスクトップからPhotoshopのワークスペースにドラッグします。このスケッチは背景レイヤーとして表示されます。

デフォルトのワークスペースの情報が多すぎると感じるなら、自分に合うようにカスタマイズして、不要なメニューを閉じましょう。私は[スウォッチ][調整][チャンネル][パス][ライブラリ]を閉じます。このプロジェクトに必要なのは[レイヤー][ヒストリー][カラー]パネルのみです。

ワークスペースに満足したら、画像サイズを調整しましょう。**[イメージ]>[画像解像度]**（**[Ctrl]+[Alt]+[I]キー**）に進み、ポップアップウィンドウを開きます。画像サイズは、短い辺を少なくとも3,500〜4,500ピクセル、解像度を300dpiに設定してください。これで作業用の大きなカンバスができました。これにより、高度なディテールを表現できます。

04

スケッチを洗練させていきましょう。最初にトレーシングペーパーのデジタル版を作成します。これにより、スケッチの重要な要素を残しつつ、いくつかの不要な情報を隠すことできます。まず[レイヤー]パネル下部の[塗りつぶしまたは調整レイヤーを新規作成]（白黒の丸アイコン）ボタンをクリック、メニューを起動します（さまざまなレイヤーオプションが一覧表示されます）。次に[色相・彩度]を選択、ポップアップウィンドウが表示されるので、[色相]と[彩度]を**0**のままにして、[明度]を**70**に設定します。これにより、スケッチが大幅に明るくなりますが、スケッチは直接変更されていません。

05

背景は部分的に不明瞭になっています。ここでの目標は主な形とシルエットを再定義することです。まだ完璧な線は必要ありません。[レイヤー]パネル下部のアイコンをクリックして新規レイヤーを作成し（**[Ctrl]+[Shift]+[N]キー**）、[ブラシツール]（**[B]キー**）をハード円ブラシに設定します。できるだけショートカットを使ってください。こうした習慣は時間の節約につながります。では、新しい線が手描きのスケッチ線から際立つように、明るい色で描きましょう。

ペインティングの初期段階で「パースグリッド」を導入すると、ペンディングプロセス全体を通して、明らかな間違いを防ぐことができます。これを行うには、地平線に沿って消失点を設定し、**[Shift]キー**を押したままそこに向けてまっすぐなパースラインを引きます。

ドローイング（描画）スキル

アーティストの間では、一般的に「問題の大部分は最初の構図ドローイングの段階で起こる」と考えられています。シーンの遠近感、ボリューム、構成を示す「ドローイング」が、作品をプロレベルに引き上げるのに必要な基礎となります。もし自信のある引き出しがないなら、このスキルの練習に時間をかけてください。長期的には非常に得るものがあるでしょう。まず単純な幾何学図形から始め、より複雑なシーンにスキルを積み上げていきます。そしてスケッチブックでは、ライフドローイングに取り組みましょう。

03：アクセスしやすいように、重要なパネルをカンバスのそばに配置します

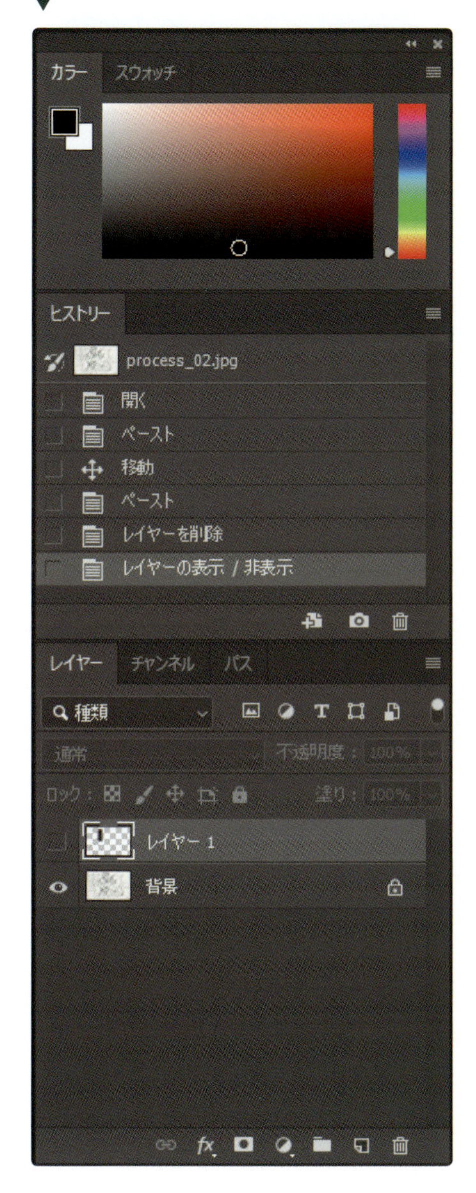

04：明度を上げて色相・彩度レイヤーを追加し、スケッチ上にトレーシングペーパーの効果を作成します

05：まっすぐのブラシ線で「パースグリッド」を作成します

06

このステップではシーンを抽象的な形に分解して、シーンの構図と流れを確認します。[多角形選択ツール] で 3～4 つの明度のブロックを作成し、シーンを簡単に研究しましょう(**図06**)。

新規レイヤーを作成し、ツールバーから[多角形選択ツール] を選択します ([なげなわツール] を押したままにしてオプションメニューを表示する、または **[Shift] + [L] キー**)。このツールは標準の [なげなわツール] に似ていますが、直線を作成できるので、単純なフォームの描画に最適です。

では、カンバス上でツールをクリックして、塗りつぶしたい領域の周りに描画してみましょう。できたら [Enter] キーを押して形状を選択し、ツールバーの [塗りつぶしツール] (**[G] キー**) に切り替えます。シーン内のオブジェクトの位置に遠近感を表すため、グレースケールの色相を選択 (前景オブジェクトは遠くのオブジェクトより暗い明度になることに留意)、選択範囲をクリックして塗りつぶします。 ここでの目的は、ディテールを無視して主な要素を単純な塊として作成することです。

[多角形選択ツール]で選択範囲をつくる

↓

ツールバーで[なげなわツール]を長押しする

↓

追加オプションが表示されたら[多角形選択ツール]を選択する

↓

エッジをクリックして選択する

↓

カーソルを2番めの点に移動する

↓

クリックして、選択範囲の最初の線を作成する

↓

このツールはまっすぐな線のみ作成します

↓

引き続き、アイテムのエッジ周りにまっすぐな線を作成する

↓

最後の線を最初の線と合流させる

↓

選択範囲が破線で表示される

↓

[移動ツール]などで選択範囲を移動する

実物のリファレンスを研究する

静物のペインティングは、創造的なプロセスを高速化するのに最も役立つ演習の1つです。十分な時間をかければ、イメージ内で何が機能し、何が機能しないかについての本能的な理解が深まります。それは、あなたの視覚ライブラリを、将来のプロジェクトで使える高品質のマテリアルで満たすようなものです。

デジタルアートの初心者が、写真や他のアーティストの作品を見て描いても、ボリュームを理解し、学べることはありません。しかし静物は、3D フォームの描き方を正しく理解するための良い開始点となります。1ヶ月間、毎日ドローイングとペインティングに挑戦すれば、より多くを学べるでしょう。できるだけ頻繁に静物を描き、スケッチブックを持ち歩いて、友達にポーズを取ってもらいましょう。

06：抽象化は「構図の強さ」をチェックするのに良い方法です。[多角形選択ツール]でさまざまなグレートーンのブロックを作成します

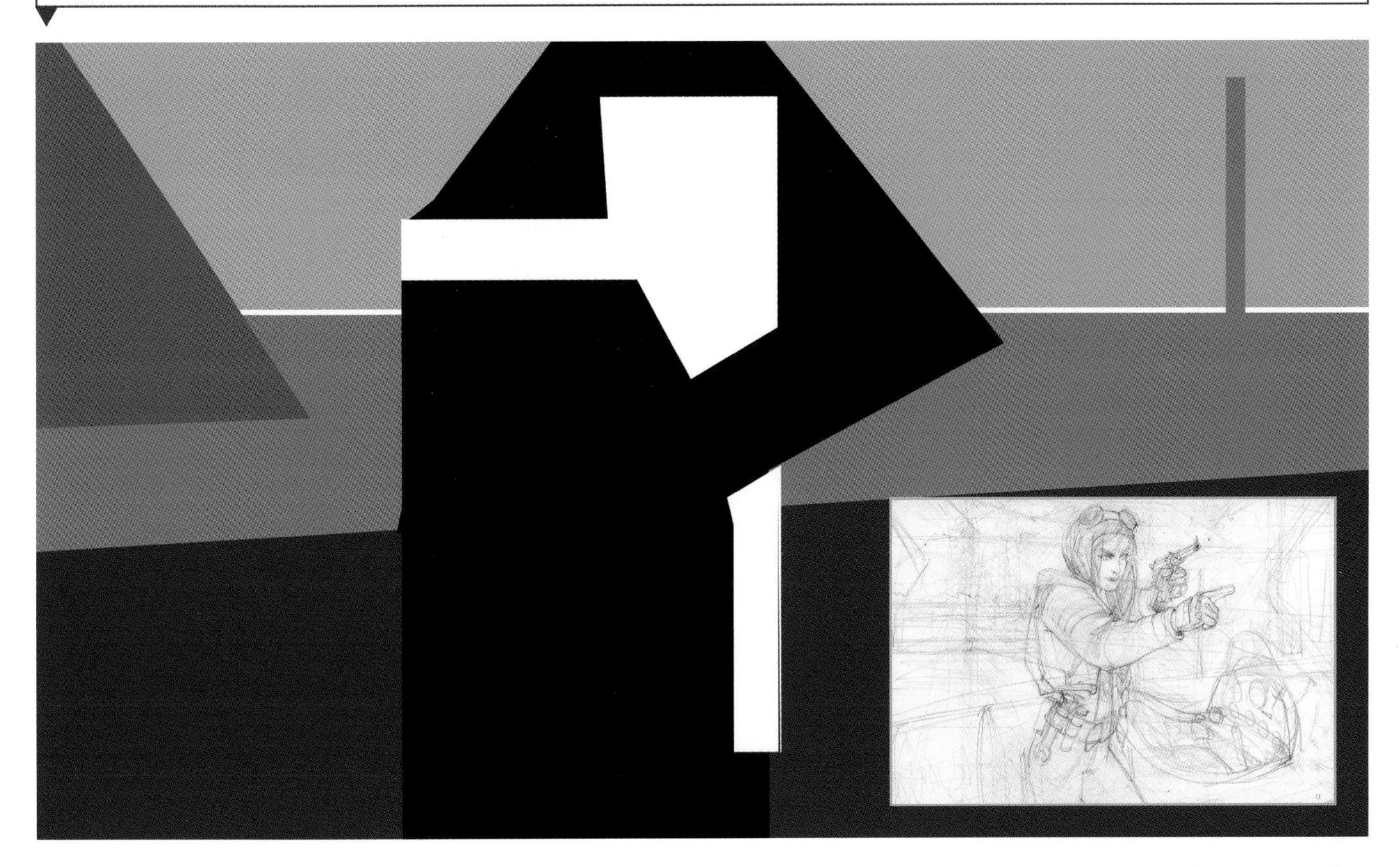

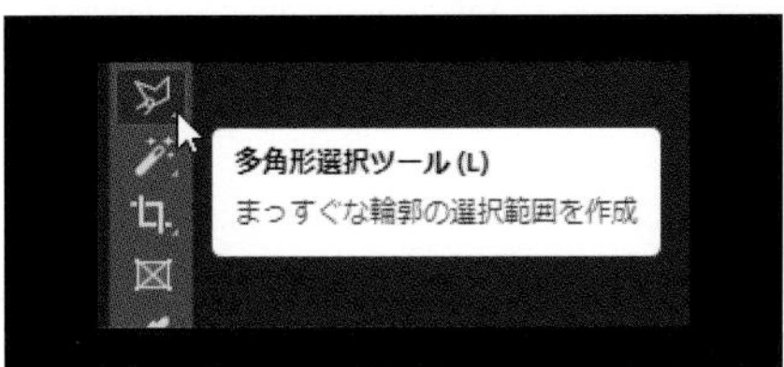

構図を修正する

07

ブロックに分けた構図を確認したら、イメージに対する正確な比率を算出できます。 私はこの構図をさらにトリミングする必要があると感じています。 これを行うにはツールバーで[切り抜きツール]（**[C]キー**）を選択し、オプションバーの［切り抜いたピクセルを削除］ボックスをオフにします。 これにより、切り取られた情報が失われることなく、常にプロセスを元に戻すことができます。画像の端の空間をいくつか切り取り、キャラクターをもっと前面に表示しましょう。

次はこのスケッチを洗練していきます。Photoshop にはフリーハンドのドローイングに役立つ［回転ビューツール］があります。**[R]キー**を押してツールをアクティブにするか、ツールバーの［手のひらツール］を押したままメニューを表示して、切り替えましょう。 これでスケッチブックのようにカンバスを回転できるので、より自然にドローイングできます。また**[イメージ]>[カンバスを回転]**で、カンバスを回転させる角度を選択することもできます。

新規レイヤーを作成し、初期スケッチのディテールを再現していき、最も上手に描けているアピールのある形状を特定しましょう。不要なノイズの要素は［消しゴムツール］ですべて削除し、基本ブラシで新しいディテールを描きます。 ここで私は大まかに蒸気で動く乗り物をスケッチしました。 その形とリズムは、メインキャラクターの背後にある「冒険のスタイル」を裏付けるはずです。

08

抽象的な構図スケッチから、背景に塔のような構造を追加することを思い付きました。あとで戻せるように、今のところは基本形状を簡単にスケッチしています。 イメージの調整を終えたら、[レイヤー]パネルでこのレイヤーの下に新規レイヤーを作成し、［塗りつぶしツール］で白く塗りつぶします。 これにより、元のスケッチから描かれたマークが効果的に分解されます。

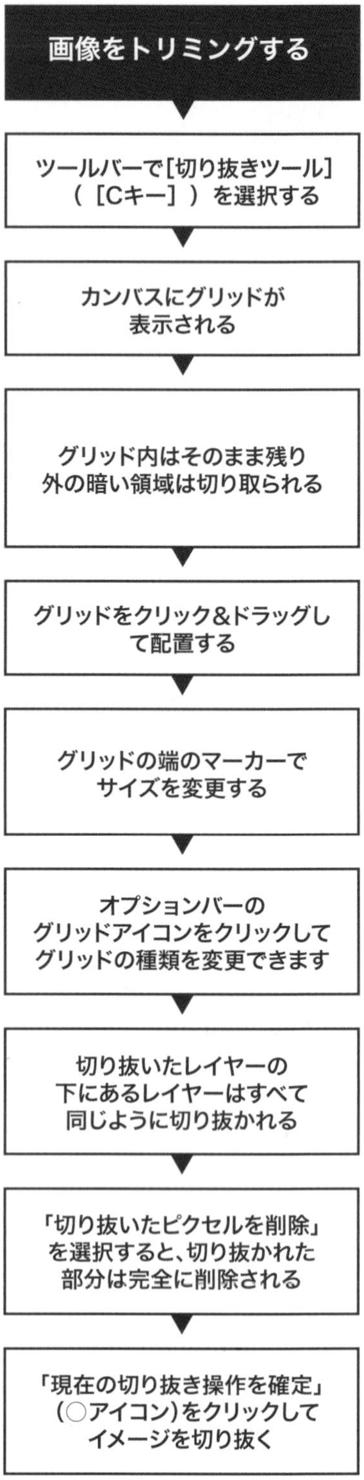

画像をトリミングする

ツールバーで[切り抜きツール]（［Cキー］）を選択する

▼

カンバスにグリッドが表示される

▼

グリッド内はそのまま残り外の暗い領域は切り取られる

▼

グリッドをクリック&ドラッグして配置する

▼

グリッドの端のマーカーでサイズを変更する

▼

オプションバーのグリッドアイコンをクリックしてグリッドの種類を変更できます

▼

切り抜いたレイヤーの下にあるレイヤーはすべて同じように切り抜かれる

▼

「切り抜いたピクセルを削除」を選択すると、切り抜かれた部分は完全に削除される

▼

「現在の切り抜き操作を確定」（○アイコン）をクリックしてイメージを切り抜く

07：[切り抜きツール]と[回転ビュー]ツール

08：初期スケッチで、不要なノイズをすべて除去します

09

Photoshopに洗練されたスケッチを用意できたら、本能的にペインティングを始めたくなります。しかし、ここでは時間をとり、一連のレイヤーマスクでさまざまなキーとなる要素やパースの平面を区切っておきましょう。こうしてイメージを部分的に構成すれば、「不正確さ」を特定するのに役立ちます。

[ペンツール]（**[P]キー**）で、最初にキャラクターシルエットのマスクを作成しましょう。この方法だと、選択範囲のすべてのポイントを編集できるので、細かい選択に適しています。ツールバーで[ペンツール]を選択、クリックしていき、キャラクターのエッジを直線で囲みます。曲線を作成するときは、クリックしてアンカーポイントを作成し、ドラッグして曲げます。一連の小さな線を作成すると、微調整するマーカーがたくさん表示されます。選択範囲を閉じて完了するには、開始点をクリックします。仕上げに[Ctrl]キーを押しながら、各選択マーカーをクリック&ドラッグして、キャラクターの周囲に合わせます。

[ペンツール]の作業が完了したら、まずオプションバーの左端で[パス]オプションが選択されていることを確認します。次に新規レイヤーを作成、カンバスを右クリックして「選択範囲を作成」を選択、ポップアップウィンドウで[OK]をクリックします。最後に[レイヤー]パネルで[レイヤーマスクを追加]（四角の中に円のあるアイコン）をクリック、キャラクターシルエットのマスクを作成します。ではセクションごとに新規レイヤーを作成し、車や煙にもこの手順を繰り返します。

[ペンツール]で選択範囲を作成する

▼ ツールバーで[ペンツール]を選択する
▼ 要素のエッジに沿ってまっすぐな線を描く
▼ すべてのしわやコーナーに新しい線を描く
▼ 開始点をクリックして選択範囲を完成させる
▼ オプションバーで[パス]が選択されていることを確認
▼ カンバスを右クリックする
▼ メニューセットから「選択範囲を作成」を選択し[OK]をクリックする

練習と学習

優れたデジタルペインターになるための秘訣は「学習プロセスを楽しむこと」にあります。アートの技術を学ぶことは終わりなき旅であり、作品を改善したいという飽くなき願望による後押しが必要です。練習すればするほど学びがあり、スキルは向上していくことでしょう。どんなやり方であれ、デジタルペインターとして成功するには、練習と学習が欠かせません。

09：[ペンツール]は複雑なオブジェクトを選択するのに役立つ柔軟な方法です

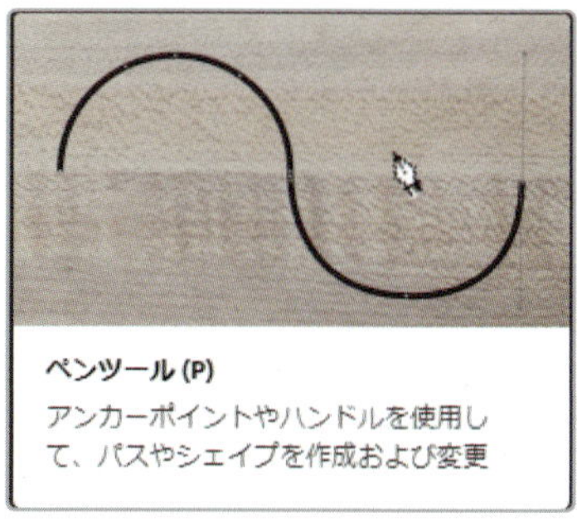
ペンツール (P)
アンカーポイントやハンドルを使用して、パスやシェイプを作成および変更

カラーブロッキング

10

私は背景から色を付けていくのが好きです。この作品は最終的に「古典的なオレンジがかったターコイズ色の夜のシーン」になるでしょう。それらはキャラクターポーズをドラマチックにしますが、まずカラーピッカーで暗いティール(緑がかった青)色を選択してベースをペイントします。「スクエアブラシ(四角形のブラシ)」は初期の景観パスに最適です(Photoshopブラシの中から適切なものが見つかります)。ティール色の空を地平線上で少し明るくして、同じスクエアブラシで濃い茶色の山を形づくります。この段階で必要なのは、山のラインの良いシルエットとカンバスの白を隠すための単色です。あとで夕日を加えるために背景に戻ってきますが、現時点ではキャラクターに集中するため、これで十分です。

11

いくつかの「ローカルカラー」を設定していきましょう(これは光や陰を適用する前のオブジェクトのベースカラーです)。プロジェクトを通して、ローカルカラーレイヤーを使用するため、このステップはプロセスを進める上で重要です。まず[塗りつぶしツール]で、マスクしたキャラクターシルエット(girl)を1色で塗りつぶします。またステップ09でマスクしたシーン内の重要な要素(車・煙など)も、それぞれ塗りつぶします。

キャラクター全体に色を追加したら、キャラクターのマスクに戻り、その上に新規レイヤーを作成します。このレイヤーマスクを新規レイヤーにコピーするため、[Ctrl]+クリック、続けて作成した新規レイヤーを選択、[レイヤー]パネル下部の「レイヤーマスクを追加」アイコンをクリックします。これで同じマスクが新規レイヤーに適用されます。では、[ブラシツール]([不透明度]の筆圧調整をオフ)で、このシルエットを複数の色で塗りつぶしていきましょう。プロセス後半で正しいライトを追加するため、それぞれの明度をほぼ同じに保ってください。夜のシーンなので、低彩度の色を使います。

12

前のステップでペイントした「赤い手袋」と「紫のジャケット」の色を補正して、カラースキーム(配色)を統一しましょう。これは[自動選択ツール]と[色相・彩度]メニューで簡単に行えます。

まず、キャラクターのローカルカラーレイヤーを選択、続けてツールバーで[自動選択ツール](**[W]キー**)を選択します([許容値]が10以下で、[全レイヤーを対象]をオフ)。次に、キャラクターのジャケットをクリックし、**[イメージ]>[色調補正]>[色相・彩度]**(**[Ctrl]+[U]キー**)に進みポップアップウィンドウをアクティブにします。では、[色相]スライダを動かし、好みの色のなったら[OK]を押しましょう。色を調整したい他の領域でもこの手順を繰り返し、別のオプションを試してみてください。

何かが邪魔してないかを常にチェックし、違和感があれば躊躇せず修正しましょう。ここで、私はキャラクターの顔を変えて表情を強調し、頬骨をよりはっきりさせて、額(眉)を下げています。これを行うには、顔レイヤーの上に新規レイヤーをいくつか作成し、現在の顔の造作の上にペイントするとよいでしょう。

まず新規レイヤーを作成し、ハード円ブラシで顔を再描画します。この新しい線画に満足したら、古い線画レイヤーを選択、[消しゴムツール]で顔の部分を削除します。次に新しい顔に戻り、顔のローカルカラーを用いてその領域を選択、ハード円ブラシで線画を塗っていきます。このように、ローカルカラーレイヤーにアクセスできるようにしておけば、あとでさらに調整が必要なときに、任意の要素を簡単に選択できます。

10：スクエアブラシで大まかな背景をスケッチする

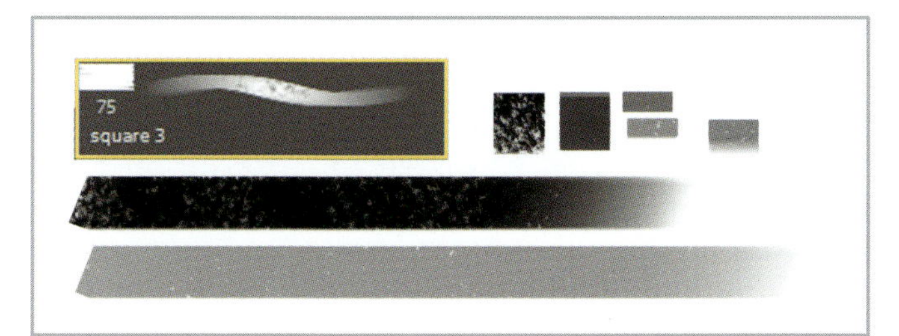

11：夜のシーン用の低彩度色を維持しながら、マスクしたシルエットをローカルカラーで塗りつぶす

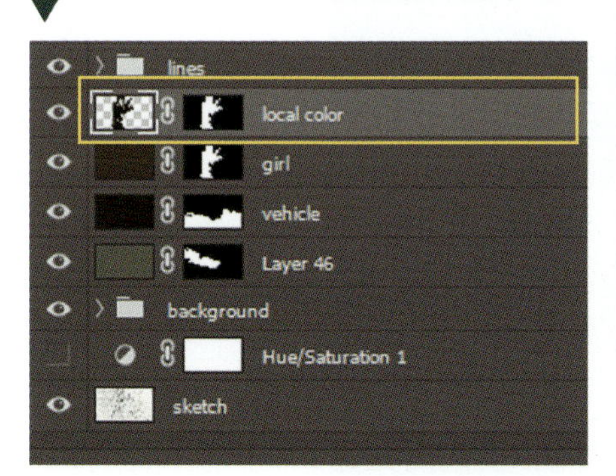

12：[自動選択ツール]と[色相・彩度]でカラースキームを修正する

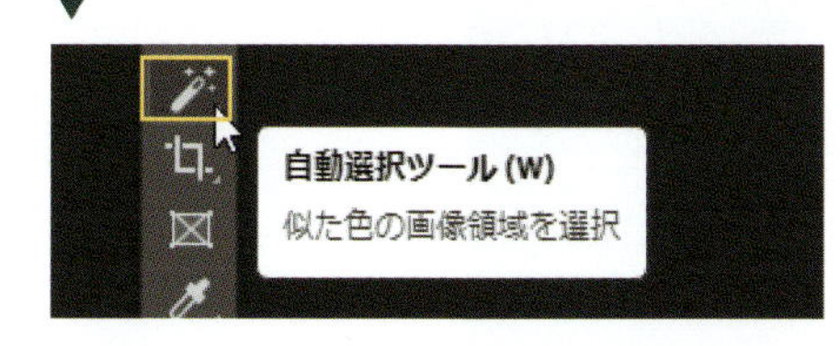

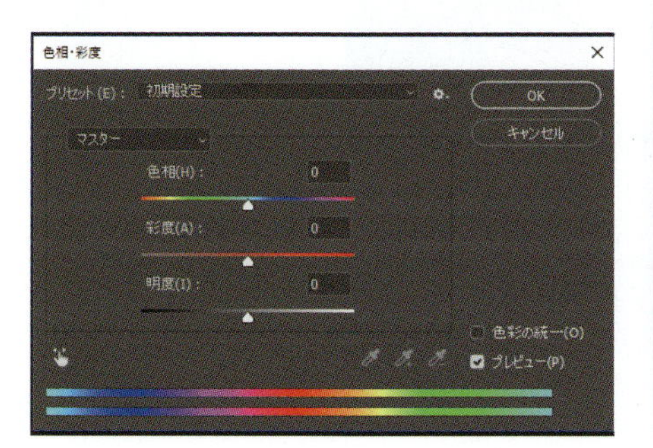

ライティングを描きこむ

13

キャラクターシルエットに基づいて、一般的な初期のライティングパスを作成します。効果的にライティングプロセスを進めるため、「ベース」「直接光」「影」の3段階で考えます。ここでは、一般的な光の感覚を与える「ベース」に取り組みましょう。

私は「私に近づくな」というキャラクターポーズに合わせて、シーンのムードに緊張と危険を示唆したかったので、メインライトをキャラクターの下から当てることに決めました。このライトの方向がシーンをドラマチックに見せるための最良の方法でした。

キャラクターシルエットのマスクを使い（ステップ09で作成したもの）、新規レイヤーを作成します。次にこの最初の新規レイヤーを選択して、**「オーバーレイ ライティング グラデーション」**を作成しましょう。これは、ライティングの最適なベースになり、平坦な色でもボリュームが増します。まず、ツールバーから［グラデーションツール］を選択（［塗りつぶしツール］をクリックしたまま、オプションを表示）。次にオプションバーに進み（**13a**）、グラデーションプレビューをクリックして［グラデーションエディター］ポップアップウィンドウを開きます（**13b**）。

プリセットオプションから2色のグラデーションを選択、スライダでグラデーション効果を変更します。このシーンでは黄色からグレーがかった青までのグラデーションが必要です。まずスライダをクリックして選択、次に下の［カラー］オプションをクリックしてカラーピッカーウィンドウを表示します。それぞれの色を選択できたらカンバスに戻り、キャラクターシルエットを下から上へクリック&ドラッグして、グラデーションで塗りつぶします（**13c**）。最後に、レイヤーの描画モードを［オーバーレイ］に設定しましょう（**13d**）。

ライティングデザイン

これはライトの描き方を理解するのに便利なテクニックです。まず新規レイヤーを作成し、ツールバーから［楕円形ツール］（**［U］キー**）を選択します。次に［Shift］キーを押しながら真円を描画し、そのパスを右クリックしてオプションメニューから［選択範囲の作成］を適用します。［OK］を押して選択したら、ツールバーの［塗りつぶしツール］（**［G］キー**）で選択範囲を任意の色で塗りつぶし（ラスタライズしますか？と尋ねられたら［OK］を押す）、［レイヤー］パネルで「レイヤーマスクを追加」を押します（P.60を参照）。

今度はシーンを明るくする方法を決めます。例えば、メインライトに暖色のライトを、2番目のライトに背面からの明るい寒色リムライトを使用し、立体感が得られるまでソフトブラシで円の上にライティングをスケッチしましょう。これは素晴らしい練習となり、制作プロセスのライティングガイドとして役立ちます。

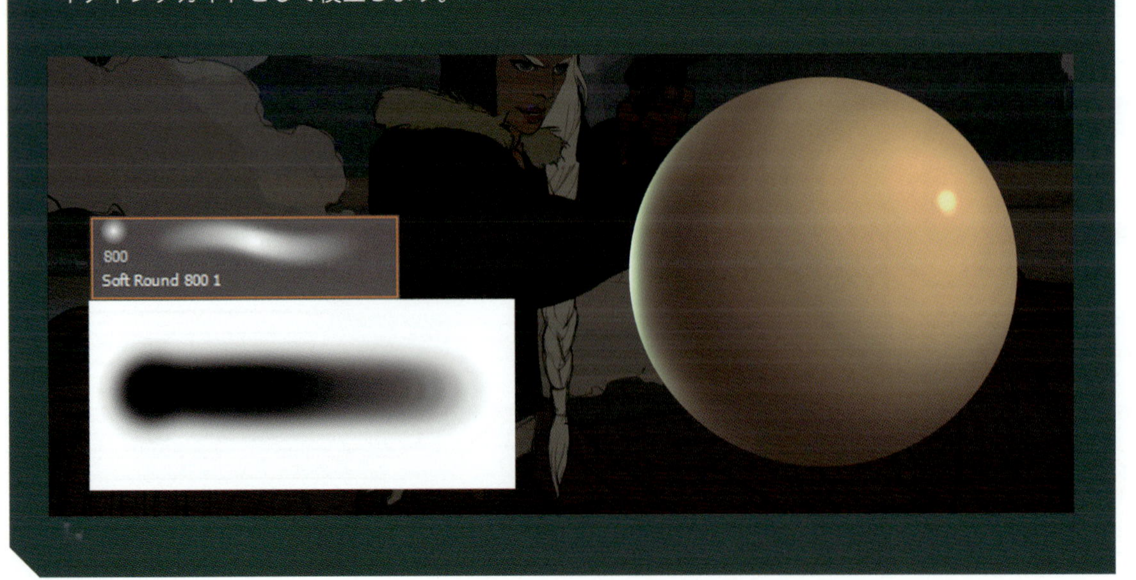

13a：オプションバーに移動します

13b：［グラデーションエディタ］ポップアップウィンドウが表示されます

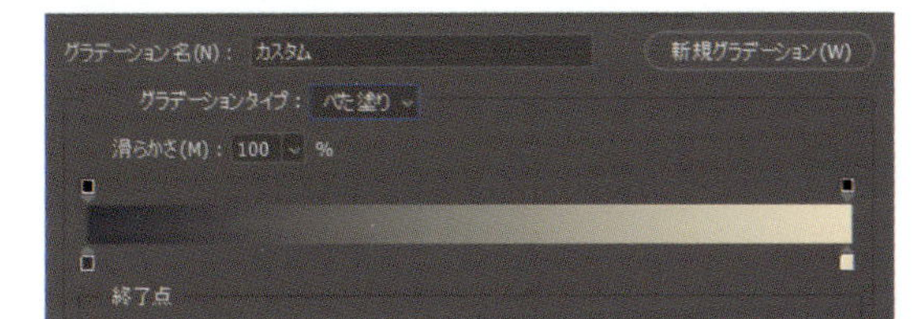

13c：カーソルをシルエット上でクリック＆ドラッグ、グラデーションで塗りつぶす

13d：「オーバーレイ」描画モードを選択

14

次は［覆い焼きカラー］モードでライティングパス（直接光）を素早く作成する方法を見てみましょう。まず 2 つの新規レイヤーを作成します。1 つはメインライト用、もう 1 つはリムライト用です。トップバーで **[レイヤー] > [レイヤースタイル] > [レイヤー効果]** の順に選択、ポップアップウィンドウが表示されたら[通常の描画]の[描画モード]を[覆い焼きカラー]に設定、[高度な合成]セクションの2つのチェックボックス([クリップされたレイヤーをまとめて描画]［透明シェイプレイヤー］)をオフにします。これらの調整により、ライティングパスがより自然で柔らかくなります。

では、ブラシを使ってイメージに光の効果をペイントしましょう。［覆い焼きカラー］モードは明るい色で明るい光を作り、黒は消しゴムとして機能します。ソフト円ブラシでベースとなるメインフォーム上のライトを定義したら、ハードブラシで修正します（ブラシの不透明度をオンにするのを忘れずに）。こうして、シーンの照らされる位置をコントロールします。今描いた光がより大きなコントラストとなるように、暗くくすんだローカルカラーにしておくと効果的です。

15

[乗算]モードに設定したクイックシャドウパス（影）レイヤーに暗い領域をペイントしましょう。まず影用の新規レイヤーを作成し、［レイヤー］パネルで描画モードを［乗算］に設定します。これはベースの影をすばやく設定できる素晴らしい方法です。[乗算]でイメージにふさわしくない効果が加わるときは、明るい領域と暗い領域の色に矛盾があるからかもしれません。このシーンの場合、光の領域には暖かいトーンを使い、影には冷たいトーンを使う必要があります。影のトーンが明るい領域より暖かいと、あいまいな効果を生み出します。

影の色をさらに正確にする必要があります。色の濃さと彩度を編集するには、**[Ctrl] + [U] キー**を押して［色相・彩度］ポップアップウィンドウを呼び出します。希望する外観になるまでスライダを調整しますが、色が濁ったり、暗くなり過ぎたりしないように注意してください。必要に応じてレイヤーの不透明度を変更し、影を薄くしてもよいでしょう。

14：ライティングパスに［覆い焼きカラー］描画モードを使用する

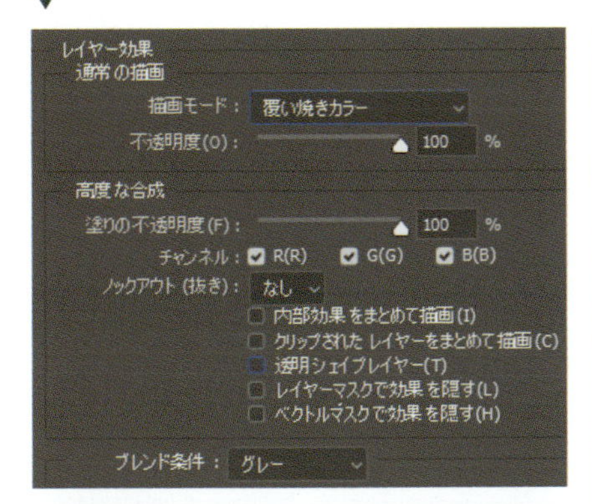

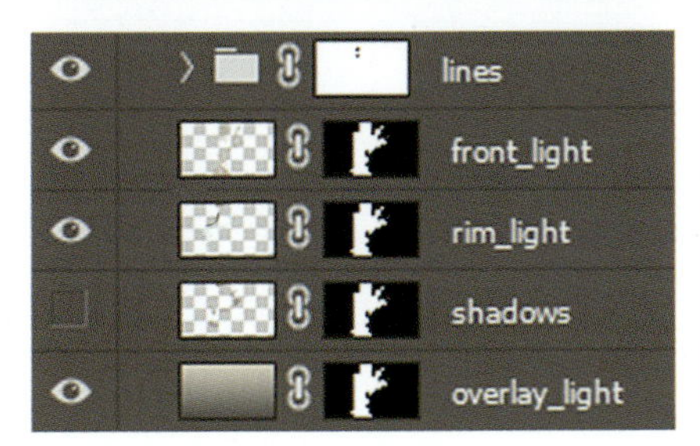

15：微妙な影を追加して、最初のパスを完成させる

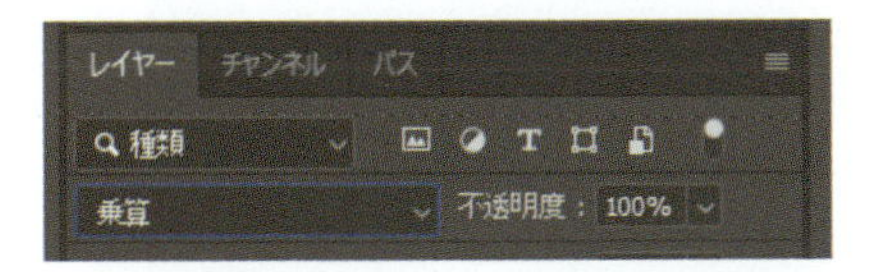

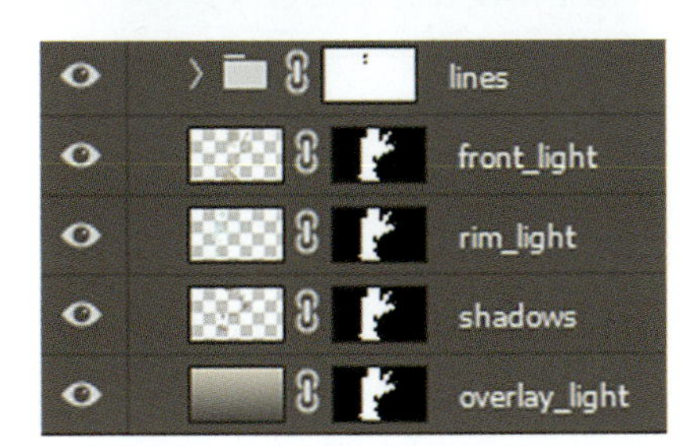

衣装をペイントする

16

服を描き始める前に、そのしわを示す適切なリファレンスを見つけておきましょう。 このキャラクターは主に、革のアビエイタージャケット・革のズボン・手袋を身につけ、頭部にはアビエイターキャップをかぶっています。これらのアイテムを描くときは、高解像度の写真をリファレンスにしてください。 ふさわしい写真が見つからないなら、躊躇せず自分で撮影してみましょう。スマートフォンのカメラでも十分に高品質な写真を撮影できます。

役立ちそうな実物のリファレンスを用意したら、ジャケットのペイントから始めます。 私はたいていシンプルなハード円ブラシを使用します(滑らかで半透明のもの)。ジャケットに短いブラシストロークでブロック状のしわを少しペイントして、そのストロークがキャラクターの体型に沿うようにします。ペイントしながらフォームを分析し、シーン内のすべてのものに、3D のボリュームがあるように見せなければいけません。

また、テクスチャにも細心の注意を払いましょう。 革は非常に反射性の高いマテリアル(素材)なので、袖の下部にある鮮やかな暖色と肩の緑がかったハイライトによって、リアルに見せます。 さらにディテールを加えるには、彩度の低いグレーブルーのブラシストロークを袖の表面に追加します。 ここは、袖が空の環境光を反射する場所です。

布のペイント

布のテクスチャをペイントする際は、本物に見せるために考慮すべき点がいくつかあります。 1つめは、布の表面のテクスチャがどのようなものかを考えます。滑らかですか? 織り込まれていますか? または不均一ですか? 場合によっては、ブラシを素材のテクスチャに合わせるか、布のテクスチャ(写真)の上にペイントするとよいでしょう。 2つめは、その素材がどれくらい反射するかに留意します。 光沢が多いなら、それは環境光を反射して少し色も帯びるでしょう。 3つめは、その布がキャラクターや物の上にどのように置かれているか考えてみます。フォームの丸みを示す必要がありますか? 動きによって、布にしわやひだができていますか?

最後にイメージ全体を見て、ペイントした効果と近くのオブジェクトとの間に十分なコントラストがあるかどうかを検討してください。 その表面テクスチャと他の表面テクスチャの違いを簡単に見分けられますか? そうでなければ、鑑賞者はあなたの絵に描かれている素材を識別するのに苦労するでしょう。

16：写真をリファレンスにして、ジャケットの袖にライトを当てる

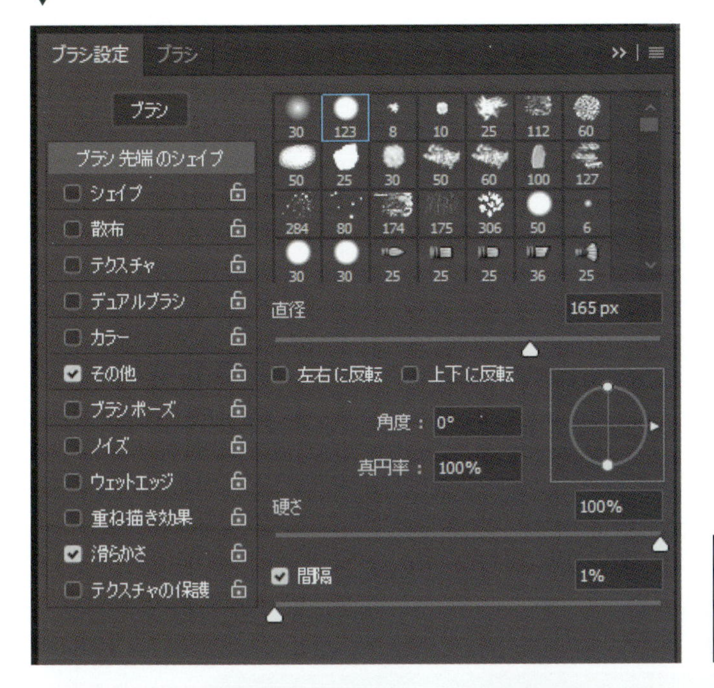

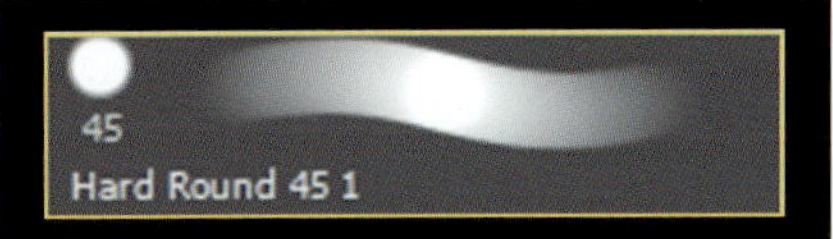

17

私はペイントプロセスをより楽しめるように、できるだけ早くキャラクターの顔の造作を描くようにしています。まず、顔に新規レイヤーを作成して、ソフト円ブラシを選択。あとで修正できるので、顔の境界線を無視してメインボリュームをペイントします。このイメージでは、顔が下から照らされているため、頬と眉は明るくなっています。そして、頬骨・顎・上唇は影になります。顔をゴツゴツとさせたくないなら、光と影の部分のコントラストをできるだけ低くしましょう。顔の主なボリュームを配置できたら［消しゴムツール］（**[E] キー**）で余分なペイントを消去します。

18

ではハード円ブラシを選択、ディテールを強調していきましょう。まず頬骨・目・口に暖色の暗い影を付けます。次に鼻や鼻筋の側面にシャープな影を付けます。通常、顔には独自のカラーゾーンがあります。この場合、口の部分は青く、頬は赤く、額は黄色です。［カラー］描画モードを選択してカラーゾーン用の新規レイヤーを作成し、微妙な色艶を加えましょう。顔が自然に見えるまで、レイヤーの不透明度をいろいろ試してください。最後に、暗めのブラシストロークをペイントして、キャラクターの目の影に「キャットアイ」のメイクアップを施します。

顔の表情を描く

私は顔の造作で特定の表情を描くときは、まず「支配的な特性」を正しく指摘し、単純化したものを作成します。キャラクターがずる賢く行動しているなら、その笑みに最も集中します。作業を終えたら、次は狡猾な目など二次的な特性に進みます。基本要素がうまく機能していることを確認してから、支配的な特性を強調するディテールを加えてください。顔に感情を加えるのは気の遠くなる作業に思えるかもしれませんが、小さなステップに分解すれば、わかりやすいプロセスになります。

17：ソフト円ブラシで顔の造作を設定します

18：より暗い影を追加し、顔のカラーゾーンを定義します

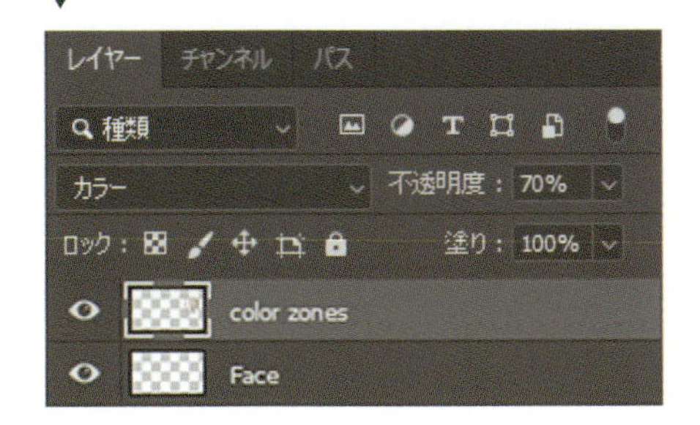

修正する

19

キャラクターのアビエイターキャップのミスに気づきました。 このままだとゴーグルのレンズが離れ過ぎて不自然に見えるので、修正しましょう。衣装のミスを直すには、そのローカルカラーレイヤーを見つけて、[自動選択ツール]（**[W]キー**）でキャップの領域を選択。 新規レイヤーを作成し、[レイヤーマスクを追加] アイコンでキャップのシルエットのマスクを作成します。

では、ハード円ブラシでキャップを覆うようにペイントし、ゴーグルを無視して全体のボリュームを作り直します。 続けて濃い茶色を選び、ブラシのサイズを小さくして布の縫い目をペイントします。 これは、服の構造を示すのに最適な方法です。 キャップの端には鮮明なハイライトを追加しましょう。キャップの表面の上部には、明るい色とぼんやりした反射があります。

20

これで塗り直したキャップの上に、新しいゴーグルをペイントできます。新規レイヤーを作成し、そのシルエットを大まかに描きます。シルエットに満足したら、ディテールを描き始めましょう。 ガラスの縁に暖色のハイライトを加えてボリュームを示します。また、ゴーグルの素材は反射性が高いため、明るいトーンと暗いトーンのコントラストが高くなります。

21

キャップを修正したら、次は「髪の毛」と「毛皮の襟」を改善しましょう。 この髪の毛に特定のブラシは必要はありません。 同じハード円ブラシで大丈夫です。 これらをうまくペイントしたいなら、固体のボリュームのように扱います。 例えば、襟は「チューブ状のボリューム」として捉えましょう。

フリースを模した斑点の効果で襟をペイントします。これは、長いファーのテクスチャよりアビエイタージャケットに適しています。 基本はクリーム色と黄色を使用し、ボリュームを読み取りやすくするためにフリースの中央に青みがかった低彩度のアクセントを加えます。

髪の毛束が三つ編みに折り込まれる部分に深い影を追加し、最も膨らんでいる部分にハイライトを示します。 あとで戻ってくるので、今は分離した髪の毛をペイントしないでください。このステップの目標は、ボリュームを設定することです。 髪の毛にキャップから投影される小さな影をペイントすると、ライティングに面白みが出ます。

19：アビエイターキャップのゴーグルは、顔から離れすぎているので、塗り直す必要があります

20：最初に大まかなシルエットを描き、次にディテールを加えて、キャップに新しいゴーグルをペイントします

21：髪の毛や毛皮にボリュームを加えるため、簡単なペイントテクニックを適用します

22

「前髪」があると顔にもっと遊び心が出ると思ったので、額全体に加えてみました。繰り返しになりますが、前髪用のシルエットベースをペイントすることから始めてください。まず新規レイヤーを作成、ハード円ブラシ（ニュートラルトーン）で額をペイントしてから、暖色の影を付けます。次にメインライトが反射するように、髪に明るい色調をペイントします。前髪の表面は湾曲しているので、髪の毛の下部に広めのライトパスを作成し、最も湾曲した部分にハイライトを加えます。最後にディテールとして別の毛束を加えます。あとでいつでも戻ってディテールを追加できますが、現時点でも見映え良くなったはずです。

23

キャラクターの衣装で作業を続けながら、「ベルト」と「パンツ」のペイントを始めます。ここでの目標は、大まかにメインボリュームを構築し、既存の線画を隠すことなので、あまり時間をかけません。

パンツ用とベルト用の新規レイヤーをそれぞれ作成。これまでと同様に、ローカルカラーレイヤーと[自動選択ツール]で、素早く選択してマスクを作成します。パンツレイヤー上に、ハード円ブラシでしわをスケッチします。これらは革製で光沢があるので、腰（外側の太もも）に沿ってリムライトの緑色のハイライトを追加してください。基本ブラシで絵を洗練させながら、ベルトでもこの手順を繰り返します。

髪の毛のペイント

髪の毛にも他の要素と同じようにボリュームがあるので、一本一本ペイントしてもリアルに見せることはできません。代わりに髪の毛をまとめて束にして、複数の毛束のグループで全体のボリュームを形成し、立体として照らしましょう。そうでなければ、不要な視覚ノイズが多く発生します。髪の毛のペイントはやりがいのある作業なので、時間をかけて正しく仕上げましょう。そして正確にボリュームを捉えられるまで、色を加えないでください。色をペイントするタイミングになったら、巨匠たちがどのようにして天然の髪の混ざった色相を捉えたかを調べてください（いくつかの優れた作例が世に残されています）。

22：前髪はキャラクターの顔にもっと遊び心を加えます

23：パンツとベルトのボリュームを大まかに作ります

24

キャラクターの胴体の修正でも、これまでと似たようなプロセスを用います。 新規レイヤーを作成し、ローカルカラーレイヤーでマスクを設定します。 まずディテールやしわを付けずに、メインボリュームをペイントしましょう。 続けて、さらに新規レイヤーを作成し、紐と鳩目（ひもを通す小穴）を大まかにマーキングします。

これは「シルクボディス」（身体にぴったりとした腰上までの長さの女性用胴衣）になります。 胴体に戻ってソフト円ブラシを選び（オプションバーで筆圧の不透明度をオン）、キャラクターのポーズがねじれていることを思い出しながら、紐のレイヤーの下にしわをペイントしましょう。 しわや折り目はポーズの動きに従うため、わずかにらせん状になります。 しわを大まかに描き、暗いトーンでいくつかの縫い目を加えて、ボディスの構造を表現します。

25

ボディスにディテールを描き続けます。 紐の上にいくつかの軽いアクセントと、絹のしわにいくつかの鋭いハイライトを描けば、素晴らしい効果になるでしょう。フォームをわかりやすくするため、紐にも小さな影を加えます。

パンツに戻って、ソフト円ブラシでしわを柔らかくします。 ベルトを洗練するには、もう１度ハード円ブラシでバックルとエッジを強調します。 エッジは多くの光を反射するので、コントラストを上げましょう。 コントラストは、手早く仕上げのルックを実現するのに役立ちます。 あとでこの部分に戻りますが、現時点ではうまく機能しています。

26

次は「グローブ」に注目していきましょう。「手」はイラストで最も複雑な部分になることが多いので、同じポーズをとった自分の手の写真をリファレンスにしてください。 手の構造を理解すれば、ペイントプロセスがより明確になります。

新規レイヤーにメインボリュームをペイントすることから始めて、ディテールの追加に進みます。彼女は光源に背を向けているので、その手に緑のリムライトを描く必要はありません。つまり、下からの暖かいライトと空からのグレーがかった反射のみで十分です。手はハード円ブラシのみでペイントします。手袋のペイントを終えたら、線画レイヤーをオフにして、ディテールを見逃していないか確認しましょう。

24：ソフト円ブラシでボディスにしわを加えます

25：パンツのしわを滑らかにして、ボディスのボリュームに小さなディテールを加えます

26：グローブと手の主要な形を大まかに作り、ディテールを加えます

リボルバーをペイントする

27

リボルバーのディテールに進みます。 このような複雑なハードサーフェスオブジェクトを扱った経験があまりないなら要注意です。ここで時間をとり、いくつかの練習を繰り返せば、そのテクニックを構築できるでしょう。

まず、新規レイヤーに銃のラフスケッチを作成します。 気を散らすものを減らすため、下のレイヤーの不透明度を下げるとよいでしょう。 オブジェクトを分析し、それを円柱や立方体などの単純な幾何学形状に分解します。 リファレンス画像を見て、銃が手の中でどのように収まっているか、キャラクターの指の角度と位置を確認します。 私はリアルな銃を作成するため、古典的なスミス&ウェッソンのリボルバーの画像を観察しました。 ただし、イメージに合うようにプロポーションとデザインをわずかに変更します。

28

次は正確な形状を再描画していきます。 リボルバーのフォームにある基本的な楕円形から始めましょう。 ツールバーから［楕円形ツール］（**[U]キー**）を選択、オプションバーのドロップダウンメニューが「パス」に設定されていることを確認します。 楕円を作成したら、**[Ctrl] + [T] キー**を押して任意の方法で楕円を調整します（[Enter] キーを押すか、オプションバーの［変形を確定］ボタンをクリックして調整を確定）。 プロポーションに満足したら、**[Ctrl]+[Alt]キー**を押しながら楕円をドラッグしてコピーします。[Ctrl] キーを押しながらクリックすると、いずれかの楕円パスを選択できます。

すべての楕円を配置したら［ペンツール］に切り替えて、楕円を結ぶ直線を追加します。接続線を描くと、パスにストローク効果を使用できるようになります。 作成したパスの境界線は［ブラシツール］のストロークで描かれるので、最初に9ピクセルのハードブラシに変更しておきます。 では［パス］パネルでパスを右クリック、表示されるメニューから［パスの境界線を描く］を選択しましょう。ポップアップウィンドウで[ツール]メニューを［ブラシ］に設定、[OK] をクリックして境界線を表示します。 最後に［消しゴムツール］で不要な部分を消去します。

27：新規レイヤーに単純な幾何学形状を描いて、リボルバーを大まかにスケッチします

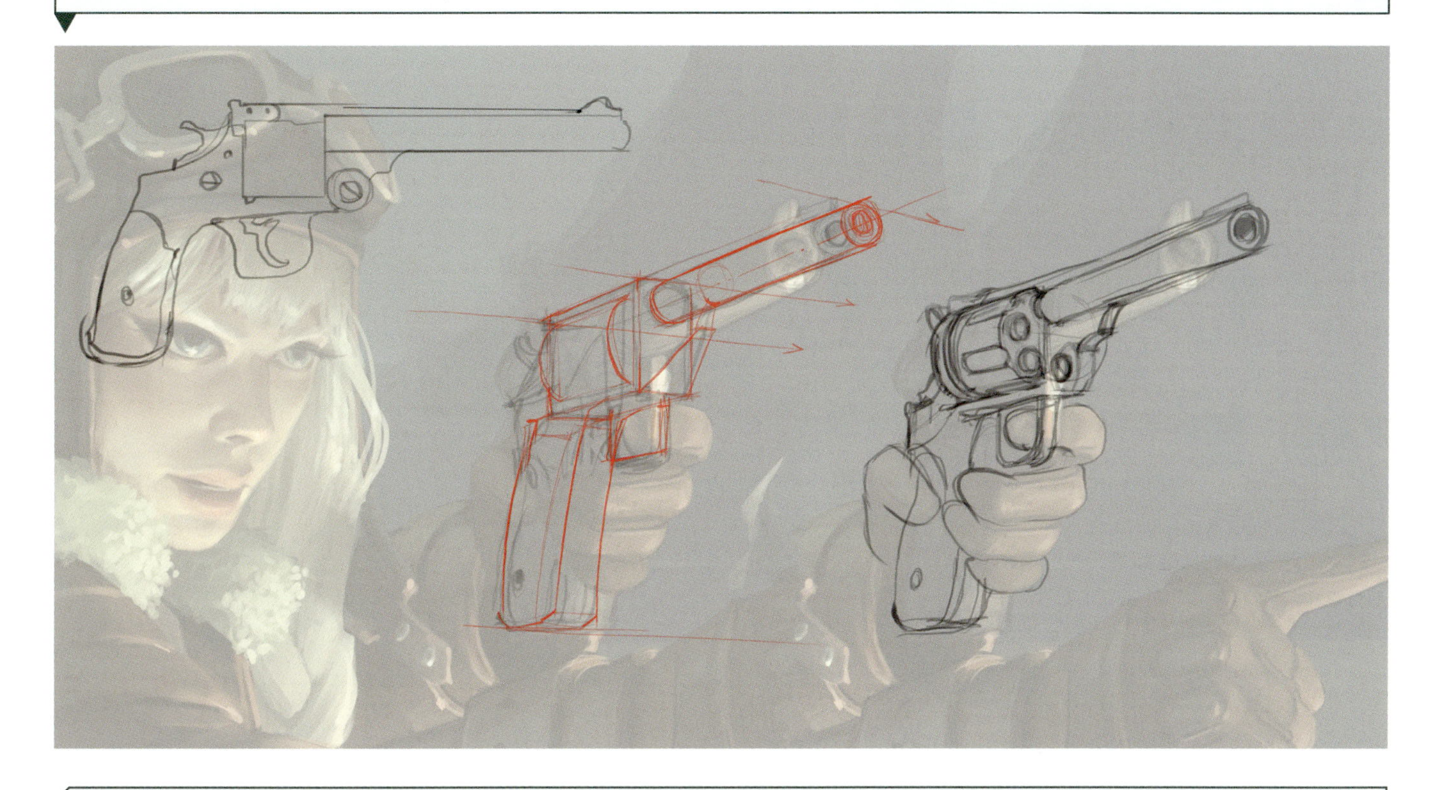

28：Photoshopのプリセットシェイプツール（[楕円形ツール]など）できれいな線を作成し、リボルバーを再描画します

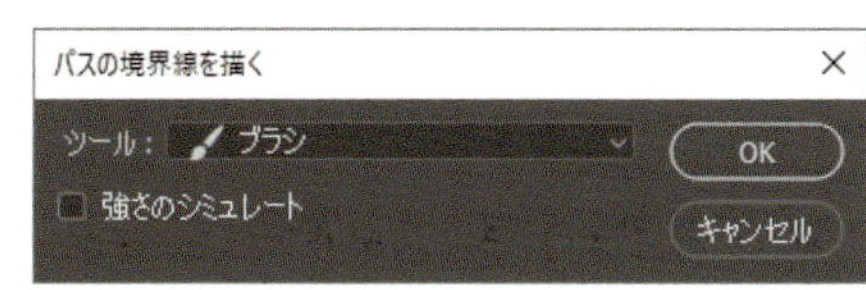

29

線画の大部分が完成しました。リボルバーのペイントに進む前に、フリーハンドで仕上げましょう。[自動選択ツール] に切り替え、銃から少し離れた場所をクリック、続けて**[Ctrl]+[Shift]+[I]キー**を押して、選択範囲を反転します。次に新規レイヤーを作成して、[レイヤー] パネルで銃の線画レイヤーの下に配置。[塗りつぶしツール] に切り替え、銃のシルエットをローカルカラーで塗りつぶします。ついでにマスクを追加して、シルエットをロックしておきましょう([レイヤー] パネルの「レイヤーマスクを追加」アイコンを使用)。[自動選択ツール]で再び選択すると、銃のシルエット内の任意の領域を選択できるようになりました（オプションバーで[許容値]を低くして、[全レイヤーを対象]オプションをオンにしてください)。

ここでの目的は、線画を見えなくすることです。そのため、線画レイヤーの上にもう1つレイヤーを作成し、銃のシルエットレイヤーマスクをコピーして描画を開始しましょう。ブラシを選択し、リボルバーの光源側（下）のエッジをペイントしてシャープなハイライトを追加します。照らされていない側のエッジには影を付けます。

30

基本的な描画が完了したので、リボルバーをさらにリアルに仕上げていきましょう。まずバレル（銃身）の曲面に強い影をペイントします。シーンの明度はプロセス後半で見直すので、影が暗くなり過ぎることを恐れないでください。またリボルバーの上面に青みがかった縞を描いて、空からの鈍い反射を追加します。私は最後にリファレンス写真から濃いオレンジ(または赤)をとらえ、彫物とネジのディテールを高いレベルで再現しました。ディテールレベルに満足し、光と影が落ちる場所を明確に示せるまで、このリボルバーに取り組んでください。

29：マスクでリボルバーのシルエットを固定し、大まかに描き始める

30：リボルバーを大まかに描いたら、ディテールと影を追加します

キャラクターを仕上げる

31

このステップで、さらに顔を洗練させます。しばらく離れて目を休ませたあと、作業領域に戻ることをお勧めします。私はここで顔の一部の影を統一することにしました。これを行うには、ハード円ブラシを選択し、短い小さなブラシストロークでいくつかの影を強調していきます。さらにアイライナーを暗くすると、表情を強調できるでしょう。

唇にも細心の注意を払います。上唇には、より多くのライトが当たるはずです。明るいトーンでそれらを覆い、いくつかの影を取り除きます。鼻孔の影も暗すぎるので、明るい肌のトーンを追加して、そのマッスを少し減らします。

32

キャラクターのプロポーションをチェックする良い時期です。何かを少しずつペイントしていくと、簡単に要素が失われていきます。例えば、ここでは右手が大きくて長いとわかりました。

これを修正するには、ツールバーの［なげなわツール］（**[L]キー**）で手を選択。［移動ツール］に切り替え、選択範囲のプロポーションを修正します。要素が複数のレイヤーで構成されている場合は、［レイヤー］パネルで［Shift］キーを押しながら関連するすべてのレイヤーをクリックして選択します。［移動ツール］を使用すると、すべての要素を同時にサイズ変更できるでしょう。オブジェクトを同じ比率で拡大縮小するときは[Shift]キーを押し、伸び縮みさせるときは変形コントロールを[Ctrl]＋ドラッグします。では手を縮小して腕に近づけます。この変形後に継ぎ目が見えたら、［スポット修正ブラシツール］（**[J]キー**）でペイントしてください。これで小さな欠陥を修正できます。

レイヤーの結合

先に進む前に、時間をかけてレイヤーを整頓してください。［レイヤー］パネルで何十ものレイヤーを開いたままにしておくと、コンピュータの処理速度が遅くなり、プロセスに大きな混乱が生じます。そこで、定期的にいくつかのレイヤーを結合しましょう。私はほとんどのキャラクターレイヤーを結合し、2つのレイヤーにします。1つは「キャラクターレイヤー」、もう1つは補足的な「ローカルカラーレイヤー」です。後者は必要に応じて、キャラクターの任意の部分を選択するオプションになります。レイヤーを結合するときは、[Ctrl] キーを押しながら結合したいすべてのレイヤーをクリック。次に **[レイヤー] > [レイヤーの結合]**（**[Ctrl] + [E] キー**）を実行します。

31：顔に戻って微妙なディテールを加え、唇を洗練させる

32：その姿に満足したら、プロポーションをチェックします

車をペイントする

33

乗り物（車）に進みましょう。シーンに登場する車のシルエットはすでにマスクでロックされているので、ハード楕円形ブラシ（不透明度の筆圧：オフ）で、ローカルカラーのペイントを開始します。車体の色・真鍮のディテールの色・キャビンの革の境界の色・キャビンのディテールの色をそれぞれ選択します。これは蒸気機関を動力に持つ赤い車になるでしょう。このシーンは暖かい直接光の夜景なので、私は車体色に鈍い赤茶色を選びました。

34

ここでも、キャラクターとほぼ同じライティングプロセスに沿って勧めます（ステップ13〜を参照）。まずローカルカラーレイヤーの上の［オーバーレイ］レイヤーにグラデーションを追加します。左から青いトーンの流れが右の黄色のトーンに変わるように適用してください。

次に、2つの新規レイヤーを作成。1つは緑色のライト、もう1つは暖色のライトです。キャラクターに当たるライトの方向に合わせて、ソフト円ブラシでペイントします。これはライティングの下書きになるので、完璧にする必要はありません。追加のディテールとして、緑色のライトの一部を消して、車の上部（ボンネット）に沿っていくつかの肋材をマークします。

35

ハイライト用にハード円ブラシを選択、リファレンス写真と比較しながら車のフォームを分析して、最も明るい部分を見つけ出してください。真鍮のディテールは反射性が高いので、曲面を明るくペイントします。これにより、パイプが円柱らしく見えてきます。これは描画プロセスの素晴らしい開始点になるでしょう。このシーンは下から照らされているので、すべての突起の上に影を付けます。

つやのないマテリアルには反射が生じないため、別レイヤーにキャビン内の深い影を追加します。引き続き、同じブラシでパイプの間や車体と接する部分の周りに暗く濃いトーンを描いて、リアルな影を作ります。

33：ハード楕円形ブラシで車のローカルカラーを設定します

34：一次ライティングパスでは、グラデーションオーバーレイといくつかのキーライトのレイヤーを使用します

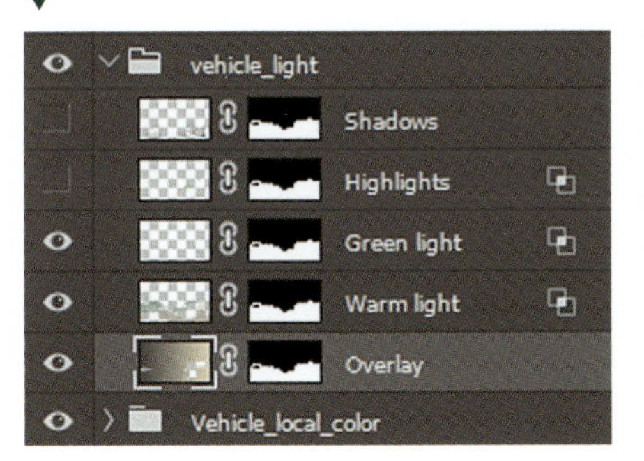

35：別レイヤーにハード円ブラシでハイライトと影を加えます

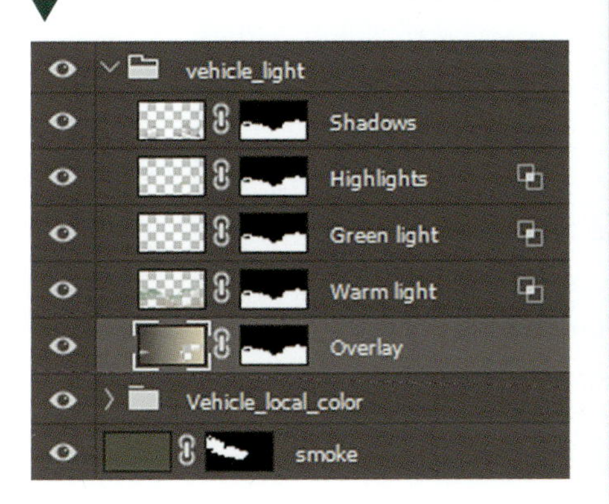

36

これでライティングを描けたので、車体の最初の描画パスに進みます。 このボリューム全体をチューブとしてとらえると、フォームの立体感を再現できるでしょう。まず、ローカルカラーレイヤーを使って車体を簡単に選択します（レイヤーマスクで車体レイヤーをロックします）。 次に、ソフト円ブラシで車体の長さに沿って広範囲に柔らかいハイライトを作成します。 ぼんやりとした緑褐色でペイントすると、車に当たる緑色の光が和らぎます。 全体のボリュームに満足したら、ハード円ブラシで下へカーブしている領域にいくつかのシャープな明るいハイライトを追加します。

37

この描画を洗練させるため、まず３つの新規レイヤーを作成します。１つめは「パイプ用」、２つめは「キャビンのレザーボーダー用」、３つめは「真鍮のトリム（飾り）用」です。次にローカルカラーレイヤーでパイプとレザーボーダーのシルエットを選択、マスクしてそれらをロックします。 ではハード円ブラシとソフト円ブラシを組み合わせ、わずかな鈍い反射でそれらのソフトなボリュームを作り上げましょう。 パイプのメインボリュームにはソフト円ブラシを使い、影とハイライトにはハード円ブラシを使います。

真鍮のトリムは、直線で選択範囲を作成する［多角形のなげなわツール］（**[L] キー**）で作成しましょう。 直線のトリムをすべて選択したら、ツールバーで［なげなわツール］に切り替えてフリーハンドで曲線を描画します。反射している真鍮の表面を示すため、明るいハイライトを加えながら、選択範囲をペイントします。

ライティングの原理を理解する

デジタルペインティングの重要なスキルは、ライティングの原理を理解することです。「光がどのように作用し、どのように反射し、影がどのように機能するか」。 これらは、デジタルペインティングで考慮すべき多くのトピックの一部です。 良いライティングは、イラストのストーリーと雰囲気を引き立ててくれます。 自然をペイントしてみると、１日の異なる時間に光がどのように振る舞うかを理解できるでしょう。また、好きな作品を分析して、奥行き・ムード・雰囲気を作り出すために、アーティストが光をどのように扱っているか調べることもできます。

36：円ブラシで車の一次ボリュームを大まかに描く

37：ベースボリューム用のソフト円ブラシで真鍮の要素を描き、ディテールにはハード円ブラシを使用します

38

車のデザインを向上させるのに、手軽に使える便利なトリックを紹介しましょう。グリルのような繰り返し要素は、車にうまくフィットします。ほんの少しの努力で、デザインをより複雑な面白いものにしてくれるでしょう。

車の側面にグリルを追加するには、まず新規レイヤーにブラシでグリルの 1 つの要素をペイントし(**図38a**)、**[Ctrl]+[J]キー**を押してレイヤーを複製します。次にこの複製レイヤーに切り替え、[移動ツール] で要素を元のセクションの横に配置します。満足のいく結果が得られるまでこのプロセスを繰り返し (**図38b**)、すべてのグリルレイヤーを結合します(**[Ctrl] + [E] キー**)。シーンにライティングを再設定するには、グリルのセクション間に深い影を塗り、いくつかの小さなハイライトをマークします。

39

車のルックをより美しくするために、車体に小さな継ぎ目・穴・ネジを追加してください。これはディテールを通してリアリズムを加えるための迅速で効果的な方法です。ハード円ブラシを選択、[直径] を縮小し、細かいブラシストロークでディテールを描き込みましょう。

これらのディテールに取り組むときは、長い時間をかけないでください。とりわけ、すべての要素をセットアップしていないなら、ネジや継ぎ目の焦点は失われるでしょう。今のところは、これらのディテールを簡単にペイントして、空白のスペースを分割し、要素のリズムを定義します。

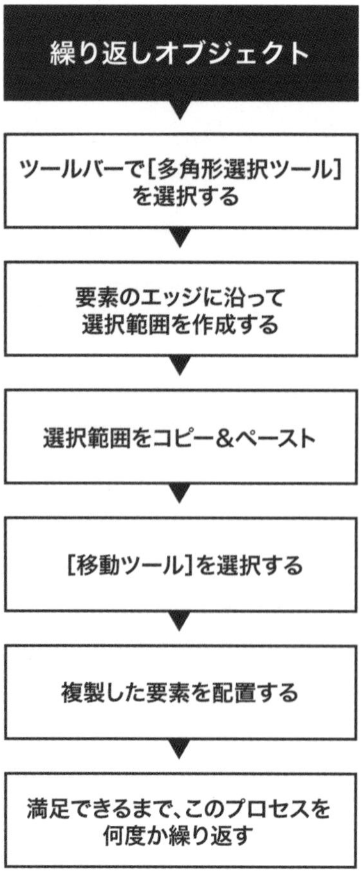

繰り返しオブジェクト

▼

ツールバーで[多角形選択ツール]を選択する

▼

要素のエッジに沿って選択範囲を作成する

▼

選択範囲をコピー&ペースト

▼

[移動ツール]を選択する

▼

複製した要素を配置する

▼

満足できるまで、このプロセスを何度か繰り返す

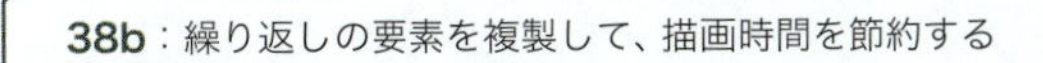

38a：新規レイヤーにグリルの一要素をペイントする

38b：繰り返しの要素を複製して、描画時間を節約する

39：継ぎ目・トリム（飾り）・ネジなどのディテールを追加

コックピットをペイントする

40

キャビンダッシュボードのダイヤル（目盛板）は複雑な要素です。ここでは正確さを担保しつつ時間を節約するため、イメージに埋め込めるいくつかの写真素材を使用します。背景が単色のリファレンス写真なら、ダイヤルを簡単に選択できるでしょう。また、後のペイント作業が複雑にならないように、ダイヤルの反射がほとんどない（まったくない）ものにしましょう。私は古い航空機のダイヤル写真を使いました。これは車に乗る探検家にぴったりです。

Photoshopに読み込んだ写真をイメージにコピー&ペーストして、[自動選択ツール]（**[W] キー**）でダイヤルを選択します。右クリックしてオプションメニューから［反転を選択］を選択し、背景を削除します。削除後にアーティファクトが残っていても心配しないでください。ここで必要なのは、キャビンダイヤルの大まかなテンプレートです。

41

ダッシュボードダイヤルをキャビンのパースで配置するには、[移動ツール]（**[V] キー**）で、おおよそ正しい位置に配置します。次に[自由変形]（**[Ctrl]+[T]キー**）で、ダッシュボードのパースに合わせてグリッドのコーナーや側面を調整します。ステップ5で作成したパースグリッドレイヤーの表示をオンにすると、正確に作業を進められるでしょう。

初期スケッチのダッシュボードには複数のダイヤルがあるので、[なげなわツール] でいくつかのダッシュボード要素を選択してコピーし（**[Ctrl]＋[J]キー**）、数に満足するまで新規レイヤーに貼り付けます。ここでも[移動ツール] で [Shift] キーを押しながら要素を拡大縮小します。ダッシュボードのプロポーションに満足したら、すべてのダイヤルを1つのレイヤーに結合します。

40：描いたダッシュボードダイヤルのテンプレートに合うリファレンス写真を見つけます

41：[自由変形]でシーンのパースに合わせてダイヤルを調整します

42

新しいダッシュボード要素は、このイメージには明るすぎるので、暗くしましょう。[色相・彩度]（**[Ctrl]＋[U]キー**）メニューを表示し、スライダでキャビンと一致するまで明度を下げます。

今のところ、ダッシュボードはかなりきれいに見え、ラフにペイントされたレバーアームは気を散らす要素になっています。では［レイヤー］パネルで車の上に新規レイヤーを作成し、上からさらにディテールをペイントしましょう。このレバーは絹のようなリボンが巻かれた棒なので、最初に黒い線を塗ってエッジを定義し、続けてレバーの側面をまっすぐ走るメインハイライトをペイントします。そして、斜めの暗い影を残しつつ、布の重なりを見せます。ここでもあまり時間をかけないでください。この目的は、要素に明確なシルエットを持たせ、そのボリュームをほのめかすことです。

43

車体後部にある「リブ」を再現しましょう（グリルと同じ方法で作成します）。［多角形選択ツール］で最初のリブになる形状を選択し、２色で塗りつぶします（影の部分は濃い茶色、リブの上端は緑がかった茶色）。8〜9つの複製リブができるまで選択範囲をコピー＆ペーストします。

［移動ツール］でリブを配置します。これらの要素では、パースによるサイズの縮小と車体フォームの曲線を考慮ください。最後に３ピクセルのハード楕円形ブラシで、各リブの茶色と緑色の側面の境界に、明るい色の直線を追加します。これで、労力をかけずにリブのボリュームを表現できました。完成したら、各リブを１つのレイヤーに結合します。

42：レバーアームを素早くペイントして、ダッシュボード要素の明るさを減らします

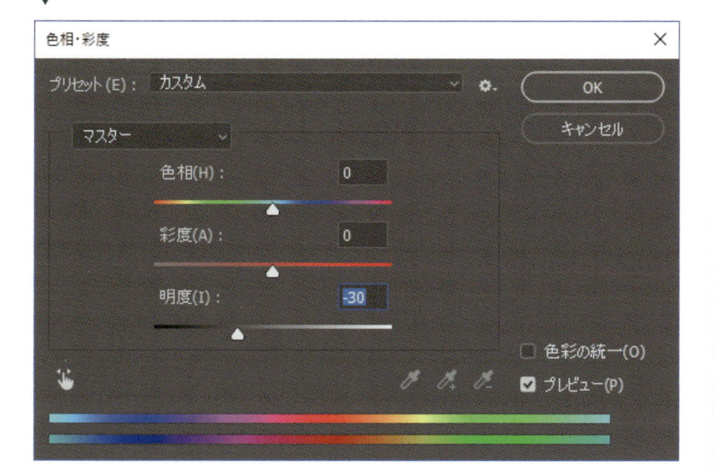

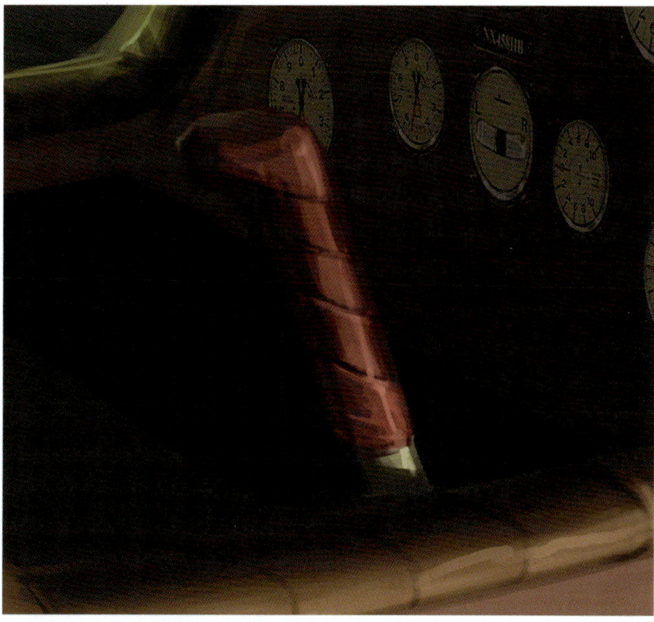

43：選択範囲を複製して、車の上部に水平リブを追加する

44

キャビンにはかなり陰影を付けていますが、光が届かないわけではありません。 キャビンレイヤーに戻ってダッシュボードに光を追加しましょう。 ダイヤルを覆っているガラス素材は非常に反射性が高いので、たとえ光が直接当たらなくても、左から来る緑色の光を反射するはずです。 では新規レイヤーを作成し、ダッシュボードのすべてのネジとフレームに細かいハイライトをペイントします。 次にハード円ブラシを選択、幅広の緑がかったブラシストロークをガラスに適用して、反射を表現します。

コピー&ペーストしたダッシュボードの一部に変化を付けるため、いくつかの要素を描画します。 私はパターンを使った調整を施すため、ハード円ブラシで左右の２つのダイヤルに中央のラベルと似たようなマークをペイントしました。

45

運転席とキャビンの内装は、もう少しペイントする必要があります。 私はこの内装のインスピレーションに年代物の航空機のキャビンを用い、車内に木製パネルを加えることにします。 繰り返しになりますが、まずローカルカラーレイヤーと［なげなわツール］で車内の暗い部分を選択し、マスクで固定します。スクエアブラシは、木製パネルとその間の影をペイントするのに役立ちます。何もない暗いゾーンを取り除くのに十分なディテールがあればよいので、数分以内で行いましょう。

運転席も同じ手順で進めます。 椅子のシルエットを選択してマスクし、継ぎ目をペイントしてその構造を示します。 再びソフト円ブラシを選択したら、シートの最も遠い部分を少し明るくします（手前側が影になります）。必要に応じて、ステップ５で設定したグリッドレイヤーの表示に切り替え、パースをガイドにしましょう。

44：ダッシュボードの要素に光をペイントして、変化をつける

45：空いたスペースを埋めるため、運転席のテクスチャと車の内部構造をほのめかす要素をいくつかペイントする

46

内装の描画の仕上げに、いくつかのレバーを追加します。シルエットから始められるように、ガイドのリファレンスを見つけておきましょう。まずハード楕円ブラシで、駆動レバーといくつかのダッシュボードアタッチメントの大まかなシルエットを描きます。シルエットの下書きが完成したら、マスクしてロック、ペイントを開始します。色とライトのリファレンスには、すでに車に描かれている他の要素を使用してください。[スポイトツール]（**[I]キー**）を選択するか、[Alt]キーを押して色をサンプルします。大まかなカラーパスを作成し、エッジの周りにハイライトをいくつか追加します。最後にダイヤルの外観と統一感を出すため、この新しいレバーにもネジを追加します。

47

この車にはドライバーを保護するガラススクリーンが付いています。ガラスのペイントは難しいケースもありますが、試す価値のある便利なテクニックがいくつかあります。まずハード円ブラシで、ガラスの曲面に真鍮要素と青空の反射をペイントします。カーブしたガラスの部分にのみ、（目に見える）反射があることに注目してください。ガラスの他の部分は透けて見え、最も濃い反射はガラスの輪郭の近くにあります。[消しゴムツール]とレイヤーの不透明度を組み合わせ、ガラスのように見せましょう。

ここで2つのマスクを作成します。1つは「湾曲したガラス面用」、もう1つは「ガラスのカットエッジ用」です。ステップ09で行なったように、[ペンツール]でいくつかの線を修正しましょう。こうして作成した線画で滑らかなシルエットにします。

では、ガラスのカットエッジに焦点を当てていきましょう。これは緑色の光源に面しているので、その光を強く反射します。エッジの選択範囲全体を透明な緑色で塗りつぶし、光源に最も近い部分に小さなハイライトを追加します。最後に、線画レイヤーをオフにします。

ガラスのペイント

ガラスはほぼ透明なので注意が必要です。実際に描いているのは反射とその表面の汚れで、これは簡単に再現できます。まず、ガラスの反対側にある絵の一部をコピー＆ペーストします。次に、それをひっくり返してガラスの上に配置し、マスクなどで形を切り取ります。続けて、そのレイヤーを[比較(明)]に設定し、不透明度を低めに設定します。これで暗い部分を排除しながら、光の反射を模倣します（ガラスは角度だけでなく、カーブした部分の明度にも依存するため、必ずしもうまくいくとは限りません）。仕上げに、表面の不透明な汚れをペイントします。鑑賞者はこれを見て、シーン内のガラスの位置とその厚みを理解します。

46：キャビンへの関心を高めるために、レバーなどのディテールをさらに追加します

47：ガラスを2段階でペイントして、曲面とカットエッジの違いに取り組みます

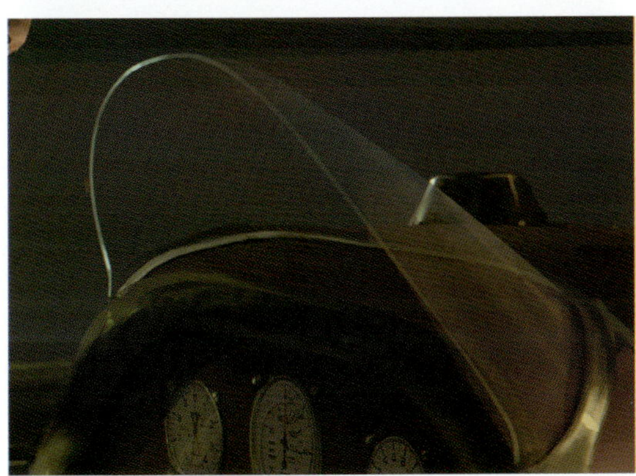

煙を追加する

48

本格的に背景に取り組む前に、車から排出される煙の効果を加えましょう。煙のストックフォトを見つけるか、同様の写真を撮影してください（抽象的な煙の形を簡単に選択できるように、濃いコントラストの背景にします）。 その写真をコピーしてカンバスに貼り付け、透明な背景にするため、[レイヤー]パネルでロック解除します(ロックアイコンをパネル下部のゴミ箱にドラッグ)。**[選択範囲]>[色域指定]**に進み、ポップアップウィンドウで「指定色域」が選択されていることを確認、色が最も濃くなるように［許容量］：40 に設定します。プレビューの白い部分は選択領域を示します。［OK］を押して選択したら、その領域を削除しましょう。背景が透明の煙を配置できら、レイヤーマスクを作成し、車と重なる部分をソフト円ブラシで削除します。

49

煙にシーンのライトを当てるため、クリッピングマスクで色を変更しましょう。 煙レイヤーの上に新規レイヤーを作成し、[塗りつぶしツール］で塗りつぶします。次のステップでより自然に洗練させるので、私はベースとして灰がかった緑を選びました。 塗りつぶしレイヤーが選択されていることを確認し、**[Ctrl]＋[Alt]＋[G]キー**押してクリッピングマスクを作成、すぐ下の煙レイヤーだけに色を適用します。これは、流動体（フルイド）の色をすばやく変更するのに最適な方法です。

50

最後に、煙の不透明度を調整してハイライトを追加しましょう。 煙は透明に近いボリュームなので、光源を向いた表面にはいくつかのハイライトがあります。 既存の煙レイヤーの上にもう１つクリッピングマスクレイヤーを作成し、描画モードを[覆い焼きカラー］に設定。 次に明るい灰色を選択したソフト円ブラシで、ハイライトをいくつか追加します。 煙や霧のような要素のハイライトは微妙にしましょう。 最後は元の煙のレイヤーマスクに移動し、ソフト円ブラシでペイントして薄くします。 マスクでは「黒：消しゴム、白：色情報を元に戻す」と覚えておいてください。 プロセスが完了したら、煙の関連レイヤーを結合します。

48：煙の写真を追加して、[色域指定]で背景を取り除く

49：クリッピングマスクで煙の色を変えます

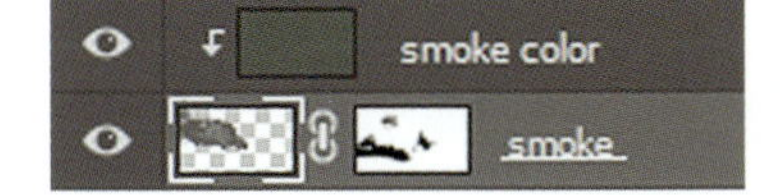

50：煙の不透明度を調整して微妙なハイライトを追加

51

キャラクターと車の重要な側面を整えたので、ようやく背景(中景・後景)に取り組むことができます。 当面は煙レイヤーをオフにしておきましょう。 まず、スクエアブラシで地面と岩層、前景の車のすぐ後ろにある岩を大まかにスケッチします。

車に最も近い岩には、カンバス外から緑のライトが当たっています。 これを示すため、暖かい緑のブラシストロークをいくつか加えてください。さらに、地平線近くの地面には、空からのくすんだ青緑色の光を追加します。

52

煙レイヤーをオンにして再表示し、それが中景の新しい岩層に対してどのように見えるか確認します。 結果は良好ですが、もっと明るい形が必要です。

ハードスクエアブラシで、空に明るい青の色調を追加しましょう。 また、中景に反射があると面白いので、川や湖の形を鮮やかな青でスケッチします。 最後に［なげなわツール］で遠くの山の中にいくつかのゆるい形を描き、薄明るい色で塗りつぶします。こうして山に奥行きを与え、抽象的な形を風景に変えます。

53

山にしっかりとした暗いベースを作成したので、ふもとに都市のような面白い要素を追加できます。 まず夜の街明かりの写真を見つけてください。 くっきりと明暗のコントラストがある暗めの写真が最適です。 シーンの街は遠くにあるので、写真の街も遠くにあるものを選びましょう。

写真をコピーしてシーンにペーストしたら、描画モードを[比較(明)]に設定します。ではソフト円ブラシを「消しゴム」として使い、不要なライトを取り除いてください。最後に［移動ツール］で遠い山のふもとに写真を配置します。

視覚ライブラリ

「視覚ライブラリの拡張」と「プロジェクトに最適なリファレンス探し」に時間をかけましょう。 あなたはどこにいても、インスピレーションを発見できます。 旅行したり、科学の記事を読んだり、ドキュメンタリーを見たり、自然を観察したりしてください。有機的な形の中には、本当に素晴らしいデザインのアイデアがつまっています。 さまざまなマテリアルを研究し、ファッションデザインにも注目しましょう。 ここで大事なルールは、インスピレーションを自分がいる業界やジャンルに限定しないことです。あなたがコンセプトアーティストであれば、リファレンスとして他のコンセプトアート作品を選んではいけません。 さもないと、既存アイデアの繰り返しになってしまいます。 あなたの視覚ライブラリが十分なサイズになれば、デザインのための最良の解決策を素早く出せるようになるでしょう。

51：スクエアブラシで背景の形を大まかに描く

52：後景の明るい形によって、山と中景に奥行きを作ります

53：街明かりの写真に[比較（明）]モードを適用し、後景にディテールを加える

シーンに統一感を生み出す

54

環境ができてきたので、キャラクターをシーンに馴染ませる処理が必要です。この場合、キャラクターの色とライトを調整していきます。では、メインレイヤーの上に2つのクリッピングマスクを作成しましょう。

まず、アビエイターキャップのハイライトを弱めつつ、その上をペイントして、もっと「緑」にしましょう。最初のクリッピングマスクの描画モードを［カラー］に設定して、ハード円ブラシを選択、ジャケットから緑がかった色をサンプルします(**[Alt]キー**)。では微妙なブラシストローク で、キャップの青い部分を緑のライトで覆いましょう。

2番目のクリッピングマスクでは、背景の湖の色と統合するために、キャラクターの袖（右腕から手にかけて）に青い反射を加えます。既存の要素に素早く上からペイントしましょう。明る過ぎる部分は茶色の色相で弱めてください。

55

キャラクターが環境に収まったことを確認したら、中景に戻って海岸線を作成します。これを簡単に描くには、いくつかの岩を追加するとよいでしょう。では、スクエアブラシで岩の塊を大まかに描きます。このとき山などシーンにすでにある形状を試し、リズムを生み出してください。私は地面にも赤い色をペイントしています。この赤によって、「地面」と「赤みを帯びた前景要素」を関連付けます。

54：キャラクターに戻り、衣装にくすんだ反射を追加します

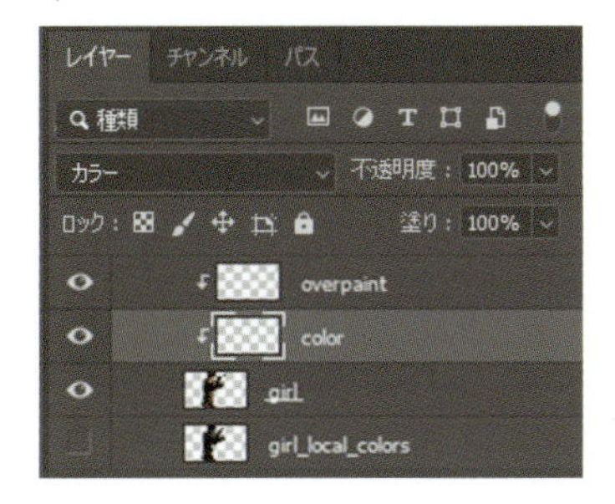

55：海岸線に岩石を追加し、繰り返しのある形でリズムを作ります

背景をペイントする

56

海岸線に砂などのテクスチャを加えると、中景を改善できます。ここでは楕円形のハードテクスチャブラシを使用しましょう。これは粒子の粗い表面にうってつけです。まず幅の広いブラシストロークで砂の部分を覆います。暗い色から始めて、あとでハイライトを追加するとよいでしょう。ペイントするたびにブラシサイズを変更して、表面にバリエーションを作ります。

岩石に反射した光も有益な情報なので、エッジに小さくシャープなハイライトを追加します。ただし、前景の邪魔にならないように、これらのハイライトは微妙に保ちましょう。

57

地平線上の山々にはさらに調整が必要です。まず［なげなわツール］で山の側面に抽象的な形状をいくつか描き、ディテールを作成します。リファレンス写真からインスピレーションを得ましょう。山は左側から照らされているので、その形は狭く鋭いものになるでしょう。続けて、山頂部の直線に変化をつけて、その形状にさまざまなバリエーションを加え、山のシルエットを強調します。これを行うには、空色のスクエアブラシで元のシルエットの上にペイントします。

58

山をより現実的に見せるために、斜面のライトの形を滑らかにします。**［フィルター］>［ぼかし］>［ぼかし（ガウス）］**で、好みの結果になるまで［半径］スライダを操作して［OK］を押しましょう。続けて、滑らかな遷移に見えるように、ライトの一部領域を弱めてください。

山を洗練できたので、もっと多くのライトを地平線付近に加えましょう。街明かりの上にさらに 2～3 の線を加えると、光のラインが形成されます。ではスクエアブラシを選択し、既存ライトから抽出した色でいくつかの小さなマークをペイントします。また、必要に応じて、丸い消しゴムでそれらのマークを柔らかくしてください。

56：楕円形のハードテクスチャブラシで、砂の表面にテクスチャをペイントします

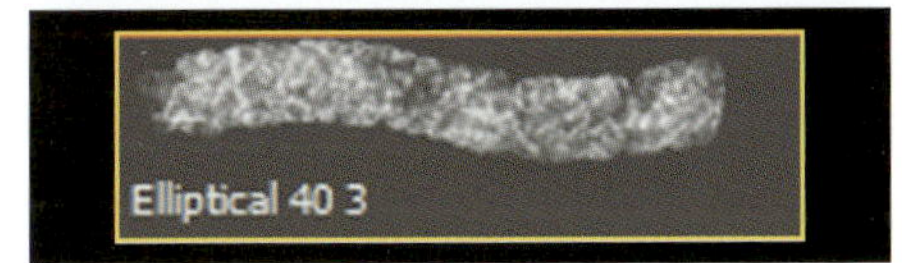

57：[なげなわツール]とスクエアブラシで、山を洗練し、ディテールを描く

58：[ぼかし(ガウス)]フィルターで山のディテールの形状を滑らかにし、地平線付近にもっと光を追加します

湖をペイントする

59

山が見映え良くなりました。 次は湖も周りの品質に合わせて洗練しましょう。 これを簡単に行うには、すでに適用した作業をコピーして修正し、水面に山の反射を作成します。 まず［多角形選択ツール］で空と山の領域を選択し、**[Ctrl]+[Shift]+[C]キー**押して選択範囲をコピーします。 次に新規レイヤーを作成、**[Ctrl]+[Shift]+［V］キー**を押して選択範囲を同じ場所に貼り付けます。 では、そのレイヤーを選択した状態で**[編集]>[変形]>[垂直方向に反転]**を選択し、山を鏡面反射させます。反転した山の位置に満足できないなら、[移動ツール]で移動させましょう。

ひっくり返った山が反射して見えるように、いくつかのシフトや波紋を追加していきます。**[フィルター]>[ぼかし]>[ぼかし（移動)]**を選択、ポップアップウィンドウで［角度］：**-90**度、［距離］：**61**に設定します。では[OK]を押して、ぼかし効果を適用しましょう。 これで反射用の素晴らしいテンプレートが手に入りました。

60

湖の反射は見映え良くなりましたが、以前に作成した海岸線を覆ってしまいました。ここでは海岸線を取り戻すため、反射レイヤーにマスクを追加しましょう。 まず反射レイヤーを選択、［レイヤー］パネル下部で［レイヤーマスクを追加］アイコンをクリック。次に［塗りつぶしツール］でマスクを完全に黒く塗りつぶします。では、スクエアブラシに切り替え、カラーピッカーで白を選択、反射を再表示するためマスク上でペイントを開始します。

湖に最適な形を見つけてください。 私は細長くして、イメージに強力な地平のパターンを作りました。 このような試験的プロセスにマスクは最適です。あとでいつでも戻ってきて、重要な要素を修正／追加できます。

59：[垂直方向に反転]オプションと[ぼかし(移動)]フィルターで、水に映る山の反射を作成します

60：レイヤーマスクで最良の反射形状を見つけることができます

車を仕上げる

61

この車（奥側）に青い反射が足りないことは明らかです。ステップ54と同じプロセスで、新しい反射を追加しましょう。 車のいくつかの部分は暖かいので、彩度を下げて、代わりに青みがかった色を追加していきます。

［カラー］描画モードの新規レイヤーを作成し、ソフト円ブラシで「キャビンのレザートリム」や「車体上部のエッジ」など、変更の必要な部分に色を通過させます。 そして、その変更が微妙かつ自然に見えるように、レイヤーの不透明度を調整しましょう。 次に、もう1つレイヤーを作成し、ハード円ブラシで仕上げのブラシストロークをいくつか加えて整えます。

ここで変更するもう1つの要素は、ダイヤルのそばで煙を出している「排気管」です。そのレイヤーに戻り、［なげなわツール］で選択して右クリック、［自由変形］を選択します。［Shift］キーを押しながらマーカーをドラッグして排気管を縮小し、完了したらオプションバーで［変形の確定］を押します（**［Enter］キー**）。少し塗り直して、エッジをより見映え良くしましょう。

62

車に仕上げを施すため、名前またはロゴを付けましょう。 まず新規レイヤーを作成し、ツールバーから［横書き文字ツール］（**［T］キー**）を選択します。 次に好きな名前を入力し、カーソルをドラッグしてハイライトしたら、オプションバーからフォントを選びます。私はヴィンテージでエレガントに見える「Colonna MT」を選びました。オプションバーでフォントのポイントサイズを変更し、車に適したサイズにしておきます。テキストに満足したら、オプションバーで○ボタンを押します。

自然に見えるように、テキストの一部を表示してください（テキスト全体が見えると不自然に見えます）。まず［移動ツール］でキャラクターの一部にかぶせます。次に［レイヤー］パネルでテキストレイヤーをキャラクターレイヤーの下に置き、名前の一部がキャラクターの後ろに隠れるようにします。テキストレイヤーは［移動ツール］で他のオブジェクトと同じように変形できるので、パースと一致するまでプロポーションを調整しましょう。

名前が車上で見映え良くなったら、テキストレイヤーを右クリック、［テキストをラスタライズ］を選択します。これでテキストレイヤーは通常レイヤーに変換されるので、どんな方法でも修正できるようになります。このレイヤーの上にクリッピングマスクを作成し、テクスチャブラシでいくつかの線を加え、ロゴデザインの要素を演出しましょう。ここでは、テキストの表面の一部に光と影をペイントしています。 最後に「塗料の剥がれ」を模倣するため、テキストの一部を消去します。 テキストは鑑賞者の目を引くため、このテクニックは控えめに使用し、テキストをシーンの焦点の近くに配置します。

63

車の光と影にも仕上げが必要です。 ノーズに影を加え、車体の左上のライトもよりはっきりさせましょう。 車レイヤーの上にクリッピングマスクを2つ作成。1つは［乗算］描画モード、もう1つは［覆い焼きカラー］描画モードにします。

まず［乗算］モードの影レイヤーを選択、ソフト円ブラシで車のノーズに大きなブラシストロークを追加し、自然な感じになるまで不透明度を調整します。 ただし、この領域と背景の間には微妙なコントラストが必要なので、影が暗くなりすぎないようにします。次に［覆い焼きカラー］モードの光レイヤーに移動し、明るいグレーを選択（同じブラシを使用）。 緑色のライトで照らされている部分にハイライトを追加します。

61：[カラー]描画モードレイヤーで、車の色を調整します

62：[文字ツール]で、車にロゴや名前を追加します

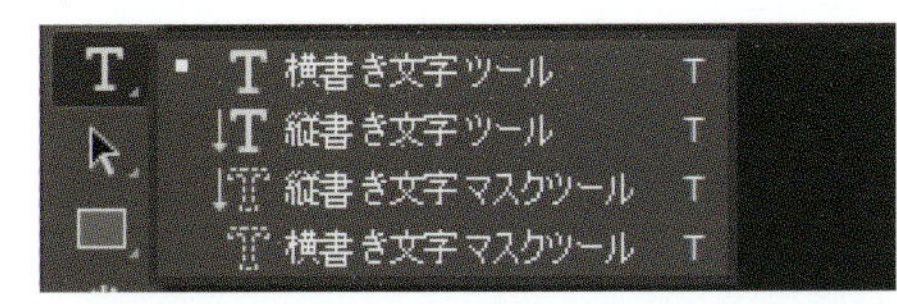

63：車の明るい部分と暗い部分を強調して、シーンに絶妙なコントラストを表現します

前景にテクスチャを追加する

64

前景の山をよりリアルに見せるために、フォトバッシングを活用しましょう。まず、シーンに合うストックフォトを見つけるか、自分で山や崖の写真を撮ります。写真のパースがシーンと一致していることを確認し、ニュートラルなライティングスキームのものを選びます。写真を決めたらカンバスにコピー&ペーストし、[消しゴムツール]や[なげなわツール]で写真の一部を切り取ります。こうすれば、すでにスケッチしたシルエットに合わせて削除できます。

65

ここでは、シーンに合わせて岩の色を素早く調整します。写真レイヤーを選択して、**[イメージ]>[色調補正]>[カラーの適用]**を選択。ポップアップウィンドウでソース:「現在のファイル」、レイヤー:[結合]にセットして[OK]を押しましょう。これで、現在のオブジェクトの色は[ソース]と一致するように変更されます。このように、[カラーの適用]は、写真をシーンに合わせたり、さまざまな色の設定を試したりする場合に便利です。岩にふさわしい色を設定したら、ライティングを再構築できます。

パース

手早く信憑性を高めるため、シーンに写真を追加するときは、すでに定義されたパースに合わせてください。誤ったパースで配置された写真は目障りになり、すぐに鑑賞者の注意を引いてしまうでしょう。撮影した写真のパースを[変形]オプションで補正することもできますが、正しいパースの写真から始めるのと同レベルの精度を達成するには、とても手間がかかります。

64：前景の岩で、フォトバッシングプロセスを開始します

65：写真を統合するには、[カラーの適用]調整レイヤーを使用します

66

岩をひっくり返す必要がありそうです。 岩の左側の色が右側より少し暖かいことに気づきましたか? このシーンは右下から暖色のライトが当たっているので、リファレンス写真を反転して、元のライトを利用しましょう。まず**[編集]>[変形]>[水平方向に反転]** を選択、次に写真の不要な部分を削除します。

3つの新しいクリッピングマスクレイヤーを作成、1つめは暖色のライト、2つめは緑色のライト、3つめは影になります。まずスクエアブラシで([不透明度を常に筆圧に使用]ボタンをオン)、写真の上の各ライトレイヤー(暖色・寒色)にペイントします。ライトを単純なプリズムの形にして、岩の両側に明るい領域を追加します。 次は影レイヤーに亀裂に影を追加、それらがどのように岩の全体的なボリュームを高めるかを観察してください。私は車の後ろの地面にも、もっとライトを加えることにしました。 楕円形のテクスチャブラシでここに黄金色の小さな水平線をいくつか追加します。

67

岩の表面はまだスクエアブラシで研磨する必要があります。明るい部分(最もコントラストの高い部分)に注意を払いながら、表面をより絵画的に見えるようにペイントしましょう。 色を豊かにするため、暖かく濃いオレンジのブラシストロークを追加します。続けて、濃く見える煙レイヤーを編集し、煙のマスクレイヤーの不透明度を少し下げます。最後に[移動ツール]で排気管の近くに煙をドラッグし、この領域の何もない空間を埋めます(**図68**も参照ください)。

インスピレーションを見つける

本や百科事典、周りの環境を観察してインスピレーションを見つけてください。 グーグル画像検索や他のデジタルペインターの刺激的な作品に頼るのが、日課になっているかもしれません。 私たちはよくそのような簡単な選択をしてしまいます。 しかし、古書や百科事典を開けば、見たこともない(他のアーティストも知らない)イメージを発見できるかもしれません。 まだ探求してない分野を覗くと、新鮮なアイデアが簡単に見つかることもあります。

66：岩の配置を調整して、ライトと影で大まかに描く

67：岩の表面に温かみのあるタッチをペイントして、煙を調整する

ディテールを洗練する

68

シーンの完成が見えてきました。残りの作業でディテールを磨き上げれば、高品質のイメージになります。その一環として、キャラクターの髪の毛を編集ましょう。彼女の三つ編みはまっすぐで動きがありません。このままでは自然に見えないので、曲げてみましょう。[なげなわツール]でキャラクターレイヤーの三つ編みを選択、**[編集]>[変形]>[ワープ]**を適用します。[ワープ]ツールでマーカーを移動すれば、オブジェクトを自由に曲げることができます。自然なカーブになるまでマーカーを動かして、三つ編みを曲げてみてください。確定するときは、オプションバーの○アイコンをクリックします。

69

制作が終盤に近づいてきたら、明度をチェックしておきましょう。[レイヤー]パネルで「塗りつぶしまたは調整レイヤーを新規作成」(白黒の丸いアイコン)をクリック、メニューから[白黒]を選択します。イメージを白黒にするのは、シーンの明度を確認するのに最適です。これにより、背景の要素が暗すぎるのか、あるいは前景のコントラストが足りないのかを確認できます。このシーンでは背景が少し暗すぎます(濃いです)。車にコントラストを出したい私の意図に合っていません。[白黒]調整レイヤーの表示をオフにすると、再びフルカラーになります。

70

イメージの明度を検討し、変更する要素を特定したら、問題を修正していきましょう。このシーンの場合、背景のコントラストを下げて、いくつかの深い影を前景に追加するとよさそうです。調整後も[白黒]調整レイヤーで繰り返し明度を確認してください。

[レイヤー]パネルで「塗りつぶしまたは調整レイヤーを新規作成」アイコンをクリックして、[色相・彩度]調整レイヤーを作成したら、背景レイヤー上に配置します。[属性]パネルで、このレイヤーの[明度]パラメータを**+2**に設定し、微妙に明るくします。背景の最も暗い部分が前景と競合しなくなるまで、[属性]パネルのパラメータを試しましょう。

キャラクターが指差している手の辺りは、明度がやや強く見えます。ソフト円ブラシで微妙な水色のかすみを上に重ね、明度を抑えましょう。この霞は別レイヤーにして、いつでも調整できるようにします。

68：[ワープ]はカーブを追加したり、シーン内の既存要素を曲げたりするのに便利です

69：[白黒]調整レイヤーでシーンの明度をチェックします

70：[色相・彩度]調整レイヤーは、明度の修正に適したツールです

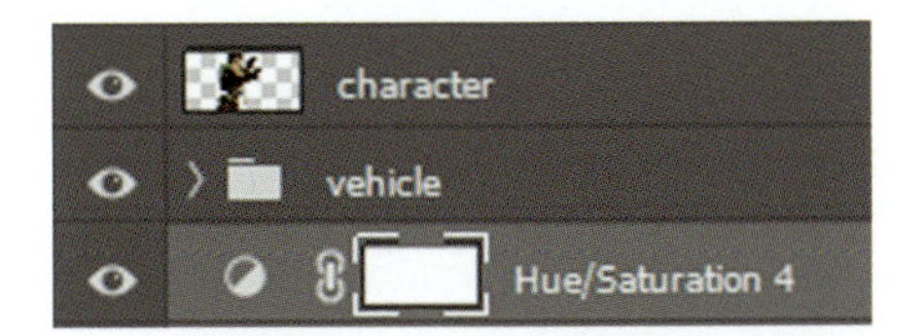

71

キャラクターはシーンの焦点なので、より複雑なディテールが必要です。 刺繍・リベット・ほつれた髪の毛・布の縫い目など装飾的な要素を加えましょう。 いつものように、最初に新しいディテールのシルエットを描き、 次にライトと影を適用していきます。ハード円ブラシでペイントし、ブラシの直径を変えてさまざまな効果を表現します。

それらの形状を設定したら、より明るい色で「ハイライト」を加え、フォームのボリュームをほのめかします。 髪のディテールには細い楕円形ブラシを選び、ほつれ毛として数本の鋭い線を追加してください。

72

車にディテールを追加する場合も、同じロジックを適用できます。 液体のリークや不完全さを示唆するマークを車体に付けてください。 これは、車の外観の信憑性を高めるのに役立ちます。まず[乗算]描画モードのレイヤーを作成し、小さめのハード円ブラシと濃い赤褐色でリークをペイントします。適切なリファレンスを見つけ、 漏れが発生した場所を分析して、 絵の中でそれらを正確に再現できるようにします。 主な継ぎ目線の周りにはおそらく液体が流れ落ちるので、追加しましょう。 マークをペイントしたら、[通常] 描画モードの新規レイヤーを作成し、ざらざらしたブラシストロークをペイントします。

腕を磨く方法を見つける

繰り返し練習することはもちろん大事ですが、自分の「コンフォートゾーン (居心地の良い場所)」の外で作業するのも腕を磨く素晴らしい方法です。 自分の改善したい内容を特定して、それについて学習する方法を検討してください。例えば、アナトミー(人体解剖)を描くのに苦労しているなら、人間のキャラクターを粘土でスカルプトしてみましょう。 これはより触覚的なアプローチなので、さまざまなフォームを直感的に学べる優れた方法です。 それを大変な作業と思わずに、「価値ある学習経験」「成功したアーティストになるための価値ある投資」と考えましょう。

71：キャラクターの外観を完成させるため、いくつかの小さなディテールを追加します

72：液体のリークと風化のディテールは、車を信憑性のある自然な外観にします

仕上げ

73

シーン全体が統一されていることが重要なので、車とキャラクターにいくつかの柔らかいハイライトを追加しましょう。［レイヤー］パネルの最上位に新規レイヤーを作成し、描画モードを［覆い焼きカラー］に設定します。ソフト円ブラシ（暖色系の明るいオレンジ）を選択し、前景のいくつかの要素をハイライトで軽くタッチしてペイントします。シーンの焦点（特にキャラクターの顔・ゴーグル・車の金属部分）に注意を払います。ここでの目標は「軽いアクセント」を加えることです。もしコントラストを加え過ぎても、このレイヤーの不透明度を調整するだけで、簡単に修正できます。

74

絵の上に面白いテクスチャを追加すると、簡単にユニークなルックになります。ストックフォトサイトから磨耗したペンキのテクスチャを探すか、自分で壁の写真を撮ってもよいでしょう。ただし、たくさんの色や極端なコントラストを持つテクスチャは、既存シーンを圧倒する可能性があるので使用しないでください。

テクスチャをコピーしてシーンに貼り付け、［レイヤー］パネルでテクスチャレイヤーを他のレイヤーの上に配置します。この場合、［カラー比較（明）］描画モードを使用します。各モードには驚くべき効果があるので、それぞれのモードがテクスチャにどう影響するかテストしてください。ここではレイヤーの不透明度を10%くらいに設定します。これは特に後景で目立つ面白い質感のディテールを与えるのにぴったりです。シーンにビンテージの雰囲気が加わり、アンティークスタイルの車とキャラクターの服装にも適しています。明確にしておきたい領域があるなら、テクスチャレイヤーにマスクを適用し、気をそらすテクスチャをペイントして削除しましょう。

フィードバックから得られるもの

ペイントプロセスの終盤になると、「作品を見せたい」あるいは「フィードバックを求めたい」と思うかもしれません。スタジオ制作、個人制作にかかわらず、フィードバックはプロセスで非常に重要です。ただし、過度の批評は害になる可能性があります。フィードバックは成功する上で重要ですが、本当に恩恵を得られているか、簡単なルールで確認しましょう。まず、迷惑なフィードバックには耳を傾けないでください。代わりに、合理的で公正な批評をくれる（信頼できる）人々の声に耳を傾けてください。そして、尊敬する人にフィードバックを求める機会を逃してはいけません。あなたが賞賛する作品の制作者なら、共鳴するアドバイスをもらえる可能性が高いでしょう。優れた教育を通じて講師から得られる知識や、指導を通じて得られる質の高いフィードバックに投資し、あまり個人的な批評を受け取らないでください。必要なのはあなた自身の改善ではなく、作品をより良くすることです。

73：仕上げの明るいアクセントは、ブラシと[覆い焼きカラー]レイヤーで作成できます。顔・ゴーグル・車の金属部分

74：全体にテクスチャを施すと、面白い効果が得られます（マスクして、キャラクターには適用されないように調整します）

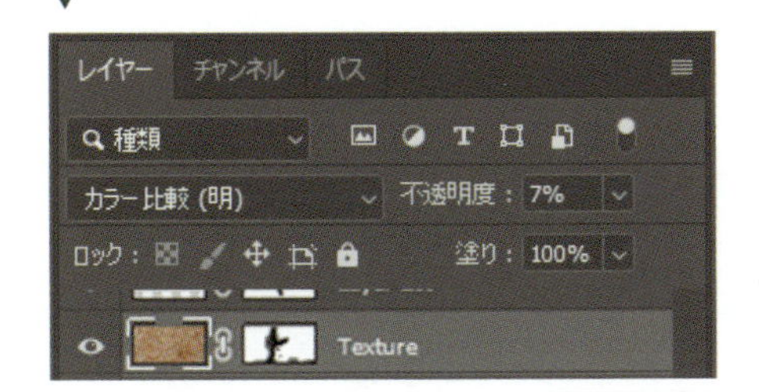

75

あとはいくつかの調整を残すのみです。 まずシーンを切り抜いて、向きを水平にしましょう。 ツールバーから［切り抜きツール］（**[C] キー**）を選択すると、イメージ全体が選択されます。選択範囲の周囲のマーカーを移動・回転して、保持したい領域を選択。［Enter］キーを押すか、「現在のトリミング操作を確定する」アイコン（○）を押して、選択範囲外の領域を削除します。 これはイラストの焦点を強調するのに役立ちます。

次に［ノイズ］フィルターでシーンにテクスチャを追加します。［レイヤー］パネルですべてのレイヤーの上に新規レイヤーを作成、［塗りつぶしツール］で薄いグレーに塗りつぶします。**[フィルター]＞[ノイズ]＞[ノイズを加える]**の順に選択、表示されるポップアップウィンドウ（**図75a**）で、［量］：10%以下に設定、［グレースケールノイズ］オプションをオンにして、［OK］を押します。 レイヤーの描画モードを［オーバーレイ］に設定、不透明度を30%以下に調整します（**図75b**）。これでイラストがより統一され、ヴィンテージ感が強くなります。

最後に微妙なビネット効果を上部に加え、背景が徐々に遠くへフェードインするようにしましょう。まず「色相・彩度」調整レイヤーを作成し、明度パラメータを下げます（**図75c**）。 次に黒のソフト円ブラシでマスク中央の暗い領域を取り除き、イメージの上端にゆるやかな暗いフレームを作ります。

ペイントプロセスはこれで完了です。 プロジェクトの制作過程で、手描きスケッチや写真をデジタルイラストに取り入れるための本質的なスキルを学びました。 そして、作品に高度なディテールと正確性を実現しながら、本物のブラシを模倣したスタイルで作成しました。 この方法を採れば、デジタル制作でも手描きスケッチを使って、柔軟に作業を進めることができるでしょう。

ネットワーク

私たちは幸運にも、グローバルなデジタル世界に生きています。自分の作品を宣伝する場合、インターネットを使えばとてもうまくいきます。次のクライアント、または何らかのアドバイス・洞察をくれる人は、いつ、どこに現れるかわかりません。

ネットワークを活用する上で良い方法は、作品の明確なオンラインプレゼンスで自分の存在感を高め、他のアーティストとチャットしたり、質問を投げかけたりして、課題に参加することです。そして、オンラインポートフォリオに最高の作品を並べて、常に最新に保ちましょう。 クライアントが連絡を取りやすいように、作品にメールアドレスを入れるのを忘れずに。

75a：[ノイズ]フィルターをかける

75b：レイヤーの描画モードを[オーバーレイ]に設定し、不透明度を調整します

75c：[色相・彩度]レイヤーを作成する

プロセスのまとめ

NIGHT W
155-K125

完成イメージ © Daria Rashev

サイバーエルフ © Daria Rashev

亡命 © Daria Rashev

女性 © Daria Rashev

キャラクターコンセプト © Daria Rashev

長老のヘラジカ © Daria Rashev

ポイント・ネモ © Daria Rashev

基本機能

© Markus Lovadina

基本機能：使い方

▶ 新規ドキュメントを作成する

トップバーの**[ファイル]>[新規]**を選択するか、単に**[Ctrl]+[N]キー**を押します。カンバスを設定できるポップアップウィンドウが表示されます。 最初のカンバス作成の詳細は、P.24をご参照ください。

▶ 新規レイヤーを作成する

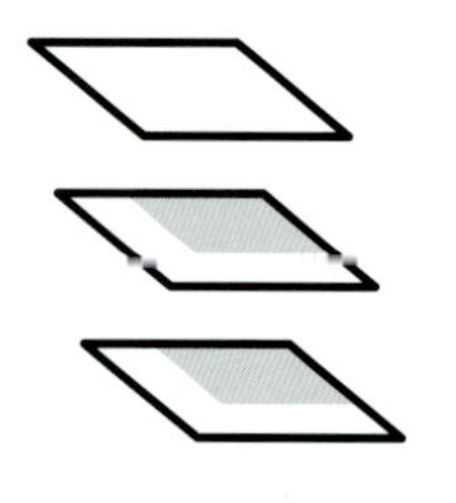

トップバーの**[レイヤー]>[新規]**を選択します。 表示されるメニューでは、新規レイヤーを既存レイヤーの上に作成するか、背景から作成するかを選択できます。 既存レイヤーの上にシンプルな新しいレイヤーを作成するには、最初のメニューオプションで[レイヤー]を選択するか、**[Shift]+[Ctrl]+[N]キー**を押します。ポップアップウィンドウでレイヤーに名前を付けたり、モードを選択したり、不透明度を選択したりできます。見やすくするために[レイヤー]パネルでレイヤーを色分けすることもできます。設定して[OK]を押すと、[レイヤー]パネルに新規レイヤーが表示されます。

▶ スキャンまたは画像を開く

スキャンまたは画像を開くには、トップバーで**[ファイル]>[開く]**または**[Ctrl]+[O]キー**を押します。[開く]をクリックするとすぐにポップアップウィンドウが表示され、使用するファイルを選択できます(Photoshopには互換ファイルが用意されています)。開いたファイルはロックされた「背景」レイヤーとして開きます。 ロック解除するには、レイヤー上のロックアイコンを[レイヤー] パネル下部のゴミ箱アイコンにドラッグするか、パネル上部のチェック模様のロックアイコンをクリックします。

▶ 画像サイズを変更する

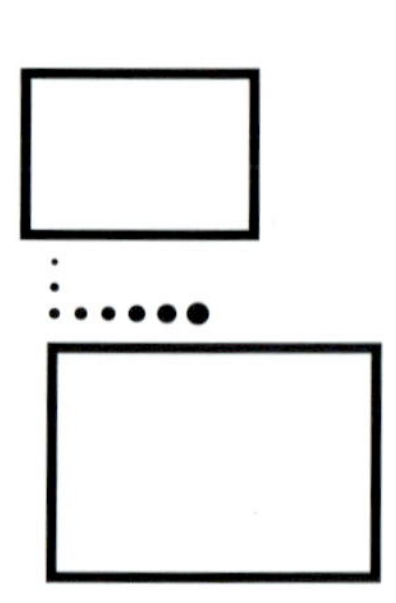

トップバーで**[イメージ]>[画像解像度]**まで下へスクロールします。 このオプションをクリックすると、ワークスペース中央にポップアップウィンドウが表示されます。 ウィンドウの左側にはカンバスのプレビューが表示され、右側には画像サイズを変更するための設定オプションが表示されます。

▶ カンバスを回転する

カンバスを回転させるには、トップバーで**[イメージ]>[画像の回転]**オプションまで下へスクロールします。新しいメニューが表示され、[180°][90°(時計回り)][90°(反時計回り)]など、プリセットの回転オプションを選択できます。 また[角度入力]オプションでカンバスを手動で回転させることもできます。[角度入力]をクリックするとポップアップウィンドウが表示され、正確な角度を入力できます。

▶ カンバスを反転する

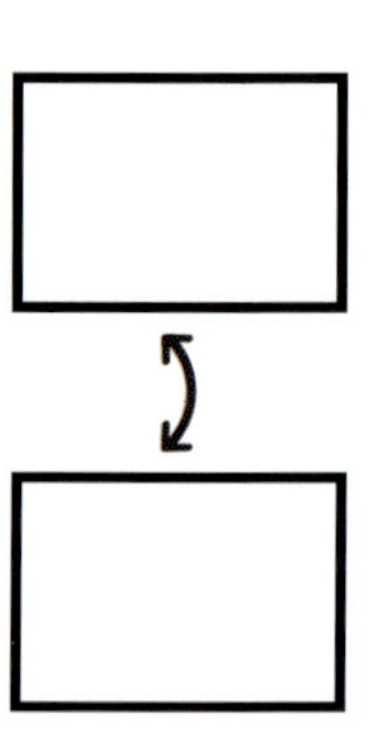

カンバスを反転するときに使用できるオプションは、左右方向と上下方向の２つです。これらのオプションは 同じく**[イメージ]>[画像の回転]**オプションメニューにあります。[カンバスを左右に反転]オプションを選択すると、画像がすぐに反転します(ミラー表示)。一方、[カンバスを上下に反転する]は、水面の反射のように反転します。

▶ 画像を切り抜く

[切り抜きツール]は、ツールバーまたは**[C]キー**を押して選択します。これでカンバスを拡大縮小（増減）したり、不要な部分を削除したりできます。ツールを選択すると、マーカー付きのグリッドがカンバス上に表示されます。このグリッドを内側または外側にドラッグして、選択領域を変更します。オプションバーの○アイコンをクリックすると、グリッドの内側領域は残り、外側領域は切り取られます。

▶ ガイドとグリッドの追加／削除

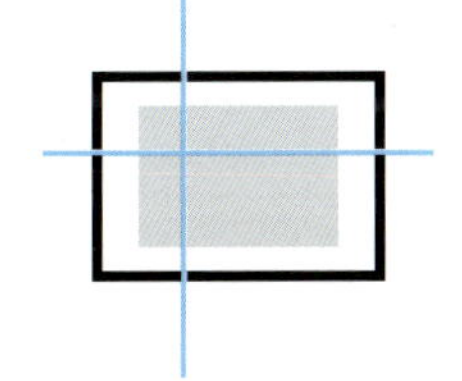

グリッドオプションはトップバーにあります。**[表示]＞[表示・非表示]＞[グリッド]**を選択すると、カンバス上にグリッドを配置できます。グリッドを削除するには、もう1度[グリッド]オプションをクリックして、チェックマークを解除します。カンバスに新しいガイドを追加するには、**[表示]＞[新規ガイド]**に進みます。ポップアップウィンドウでガイドを設定する[方向]を決めて[OK]をクリックすると、カンバスの端に明るい青のガイドが表示されます。ガイドを削除するには**[表示]＞[表示・非表示]＞[ガイド]**オプションをクリック、選択を解除します。

▶ ズームイン／アウト

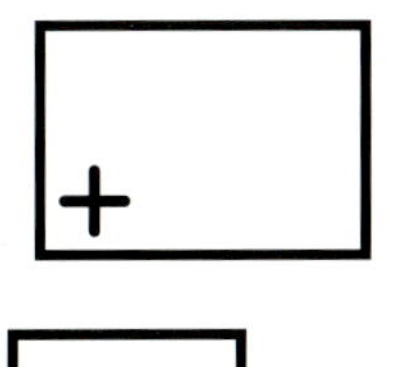

トップバーに**[表示]＞[ズームイン]**オプションがあります。**[Ctrl]＋[+]キー**でズームイン、**[Ctrl]＋[－]キー**でズームアウトします。[表示]メニューには、カンバスを通常の設定の100%または200%で拡大／縮小するためのプリセットオプションもあります。

▶ カンバスビューを変更する

カンバスの表示方法に満足できないなら、トップバーの［表示］に進みます。このメニューには、カンバスの表示方法やズームの変更に関するさまざまなオプションがあります。また[プリントサイズ]でカンバスを印刷するサイズで表示したり、[画面サイズに合わせる]で画面に合わせたりできます。

▶ スクリーンモードを変更する

スクリーンモードを変更する場合、**[表示]＞[スクリーンモード]**に3つのオプションがあります。ツールバーには2つの重なった画面のようなアイコンがあり、これを押したままにすると、[標準スクリーンモード][メニュー付きフルスクリーンモード][メニューなしフルスクリーンモード]が表示されます。Photoshopを開くと、自動で[標準スクリーンモード]になります。[メニューなしフルスクリーンモード]では、ツールバーと画面表示されているすべてのパネルおよびメニューが非表示になるので、気を散らすことなくイメージに専念できます。[メニュー付きフルスクリーンモード]はその名のとおり、メニューを表示したままフルスクリーン表示します。

▶ ウィンドウの配置を変更する

トップバーの**[ウィンドウ]＞[アレンジ]**（最初のメニューオプション）を選択して、ビューの並べ替えに使用できるオプションメニューを開きます。これは、さまざまなリファレンスを扱う場合や、特定の色、スタイルに合わせる場合に役立ちます。メニューアイコンは一目瞭然で、自分のニーズに最も合う配置をテストできるでしょう。

付録

調整レイヤー
これは、その下にあるすべてのレイヤーの色や明度を変更します。[レイヤー]パネルの「塗りつぶしまたは調整レイヤーを新規作成」アイコンをクリックして、表示メニューから調整タイプを選択します。

アセット
写真やペイントされたオブジェクトなど、シーンに追加される2D／3Dの独立要素です。他に影響を与えず変更できるように、通常は別レイヤーとして追加されます。

背景レイヤー
これはPhotoshopカンバスのベースです。背景レイヤーのピクセルはロックされているため、調整できる範囲が制限されます。デジタルペインターは通常、背景の上のレイヤーで作業を開始します。

描画モード
描画モードレイヤーにペイント（変更）すると、イメージピクセルのブレンド方法に影響します。レイヤーを選択し、[レイヤー] パネルのドロップダウンリストでモードを変更できます。

カンバス
デジタルカンバスは、伝統的なカンバスや紙のように、アートワークを作成するための空間です。空白のカンバスをサイズ仕様に合わせて作成することも、既存イメージをカンバスとして作業することもできます。

チャンネル
カラーモードに応じて、[チャンネル]パネルでイメージ全体のカラー値を分解します。CMYKモードを使用している場合、チャンネルはシアン／マゼンタ／イエロー／ブラックに分けられます。画像がRGBモードの場合、チャンネルはレッド／グリーン／ブルーに分けられます。

クリッピングマスク
このマスクはレイヤーに直接適用され、下の要素以外の領域（透明ピクセル部分）をマスクします。したがって、クリッピングマスクをレイヤーに適用する前に、型となる要素が必要です。これを使えば、レイヤーの特定要素を簡単にイメージに適用できます。

CMYK
CMYKは、シアン／マゼンタ／イエロー／ブラックのことで、イメージの色構成を表します。印刷では、すべての色を印刷できるようにCMYKで作成する、あるいはCMYKに変換する必要があります。

カラーモード
カラーモードは、そのイメージに使われている色に影響します。2つの一般的なカラーモードはCMYKとRGBです。CMYKは印刷に最適なカラーモードですが、RGBはモニターやスクリーンの表示に最適です。

コンポジット（合成）
これは、他の複数の画像やアセットから単一の統合イメージを作成することです。Photoshopはコンポジットできるように設計されているので、複数のアセットを1つのカンバスで円滑に統合するためのさまざまなオプション・機能があります。

コントラスト
「2つの要素にコントラストがある」とは、それらの間に顕著な違いがあることを意味し、色・ライティング・テクスチャ、または形状に関係します。イメージにコントラストを用いると視覚的に面白くなり、鑑賞者の注意を引きます。

彩度を下げる
「彩度を下げる」は、色の強度を弱めて、影響を少なくすることです（**[画像] > [色調補正] > [彩度を下げる]**）。ただし、彩度のレベルは、フィルターやレイヤーの調整でも変更できます。

フィルター
レイヤーに含まれるコンテンツの全体的な外観に影響を与える機能です。カメラエフェクトを加えたり、ライトやテクスチャを微妙に調整したりするため、デジタルペイントプロセスの仕上げにもよく使用されています。

統合
Photoshopで画像を統合すると、複数のレイヤーが1つのレイヤーになります。これはほとんどの場合、**[レイヤー] > [画像を統合]**で実行します。統合したあと、レイヤーを個別に編集することはできません。

反転
Photoshopでは、カンバスを反転させて鏡像を表示できます。基本的には、イメージを一方からもう一方に反転させます。[カンバスを左右に反転]で左右に反転させるか、[カンバスを上下に反転] で上下に反転させることができます。

FX
特殊効果の一般的な略語であるFXは、ペイントプロセスの終盤でイメージを強調するために使用されます。[レイヤー] パネル下部には、輝くオブジェクトやオーバーレイのような特殊効果を作成できる [FX] オプションがあります。長編映画やテレビゲームなどの大規模制作では、FX制作専門の部署が存在します。

グレースケール
グレースケール画像は、黒・白・グレーの色のみで構成されます。これは色や光の効果を追加する前に、シーンのさまざまな領域の階調を示すのによく使用されます。

ヒストグラム
これは特定のデータセットを表す図です。[ヒストグラム] パネルには、明暗の量に応じてカンバス内のピクセルの配置が表示されます。イメージに十分なコントラストがあることを確認するのに役立ちます。

色相
これは色の構成における主な要素の1つです。色の強さを制御する「彩度」や、色の明暗の組み合わせを制御する「明度」と異なり、「色相」はカラースペクトル内の色の位置（たとえば青、ピンク、オレンジなど）に関係します。

選択範囲の反転
「反転」とはなにかを裏返しにすることです。Photoshopで選択範囲を反転すると、複雑な領域の外側を選択できます。 これにより、選択範囲の周囲がきれいなペイントラインになります。

レイヤーパネル
ここには、カンバスを構成するすべてのレイヤーが表示されます。[レイヤー] パネルでレイヤーを並べ替えて、イメージの構造を変更したり、新しいレイヤーを追加したり、レイヤー効果を適用したりできます。

レベル補正
これはイメージの階調の変更に関連しています。[レベル補正] パネルで、黒／グレー／白の明度を監視および変更して、シーンのコントラストを調整します。

輝度
色の明るさ、またはイメージの明るさです。Photoshopでは[輝度]描画モードでコンテンツを明るく表示します。[カラーバランス]には、色の輝度を保持するオプションがあります。

マスク
見せたくない部分を隠すために、マスクをレイヤーに適用することができます。マスクを黒でペイントして下のレイヤーを表示し、白でペイントして下のレイヤーを隠します。グレーでペイントすると、その暗さに応じて下のレイヤーが部分的に表れます。

結合
レイヤーを結合すると、コンテンツを単一のレイヤーにまとめられます。 すべてのレイヤーでなく特定のレイヤーで使用できることを除けば、[画像を統合]と似ています。結合するときは、[レイヤー] パネルでレイヤーを重ねて配置する必要はありません。

ノイズ
ビジュアルノイズとも呼ばれ、イメージ内のピクセルが乱れ、粒子が粗くなることがあります。 それは色や発光の乱れとして現れます。Photoshopには、この効果を簡単に作成できる[ノイズ]フィルターがあり、さまざまなオプションが用意されています。

不透明度
Photoshopの不透明度は、要素、フィルター、レイヤーの表示量に関係します。 例えば、レイヤーの不透明度を下げると、そこに含まれる要素が透明になり、すぐ下のレイヤーの要素が透けて見えるようになります。 不透明度が100%の場合、要素は不透明です(完全に表示されます)。

パス
編集可能な線を描ける[ペンツール]などを使用して、パスを作成します。パスラインには、カーブや角度を作成するために調整するアンカーポイントがあります。 パスで幾何学形状や滑らかな線を作成できますが、これは手間のかかる作業です。

プラグイン
ソフトウェアに組み込まれていないタスクを実行する追加のプログラムです。 手動プロセスを自動化し、ワークフローをより効率化するために使用されます。 ただし、Photoshopはプラグインを使用しなくても大部分のことはできます。

レンダー(描画)
デジタルペインティング業界で広く使われている用語で、ペイントプロセスを意味します。 通常は、色・光・テクスチャなどのディテールを追加する後半の描画を指します。

解像度
これは、イメージがどの程度鮮明に見えるかに関係します。 解像度が低いと、カンバス上のピクセル数が少なくなります。 つまり、ハイレベルのディテールを表現できず、ピクセル化されたように見えます。 印刷イメージはDPI(ドット/インチ)で測定します。

RGB
RGBカラーモードは、レッド／グリーン／ブルーで利用可能なすべての色を構成します。 それは光を通して示される色に関連しているので、デジタル表示されるイメージに最適です(印刷用はCMYKカラーモードが最適です)。

回転
必要に応じて、カンバスまたはレイヤーを時計回り／反時計回りに回転します。 アーティストが描くときに、ページやスケッチブックを回転する操作を想定しています。

サンプル
サンプルは一連のピクセルから取得した情報で、通常は色です。Photoshopでは[スポイトツール] を選択し、表示ピクセルをクリックしてサンプルを取得できます。 こうして、選択領域の色情報を抽出します。

彩度の調整
まるで厚く塗り重ねているかのように、カンバス上で色の領域が強いことがあります。彩度のレベルは、**[画像]>[色調補正]>[色相・彩度]**で制御できます。

選択範囲
選択範囲とは、[選択ツール]([なげなわツール] など)によってマークされたレイヤーの領域です。 選択すると、その周囲に破線が表示され、そのイメージに加えた調整は選択範囲のみに制限されます。

明度
イメージの明度は、明るい色調と暗い色調の領域に関連しています。 色と明暗を分解して、奥行きや多様性を作り出すのに使用されます。[レベル補正] または [トーンカーブ]調整オプションで変更できます。

可視性
レイヤーの可視性は、レイヤー上のピクセルの表示を決定します。 不透明度とは異なり、レイヤーの可視性の操作はオン／オフのみです。 関連レイヤーの横にある「目の形をしたアイコン」をクリックして操作します。 これにより、不要なレイヤー情報を一時的に隠すことができます。

ワークスペース
Photoshopのワークスペースは、デジタルカンバス、さまざまなツール、機能、情報パネルを利用できる表示領域です。

ズーム
[ズームツール] でズームイン／アウトして、カンバスをより詳しく見ることができます。基本的に、カンバスをニーズに合わせて拡大／縮小します。

コピーライト

P.51
岩: freetextures.3dtotal.com

P.58-59
岩と海の風景: freetextures.3dtotal.com

P.97, 図20
岩: freetextures.3dtotal.com

P.145, 図03
キノコ類 (上左): © Tom – stock.adobe.com
山 (上中央): © diak – stock.adobe.com
カニ (上右): © Igor Dudchak – stock.adobe.com
木の根 (下): © fyphotos – stock.adobe.com
© greentellect - stock.adobe.com

P.147, 図06
トリュフ: © volff – stock.adobe.com

P.149, 図07
木の根: © Tino Schumann – stock.adobe.com

P.151, 図09
空: © littlestocker – stock.adobe.com

P.153, 図12
キノコ類のパターン: © JENNIFER ADAMS – stock.adobe.com
クリーム色のキノコ類: © chris2766 – stock.adobe.com

P.155, 図14
機械のテクスチャ: © sirylok – stock.adobe.com

P.165, 図26
煙: © elephotos – stock.adobe.com

P.175, 図38
車: © somchairakin – stock.adobe.com

P.183, 図48
鳥: © schankz – stock.adobe.com

P.185, 図50
カニ: © Igor Dudchak – stock.adobe.com

P.187, 図52
カメラレンズ: © F@natka – stock.adobe.com

P.247, 図48
煙: © olegkruglyak3 – stock.adobe.com

P.249, 図53
街の風景: © daniele – stock.adobe.com

P.259, 図64
岩: © Textures.com

© James Wolf Strehle

Photoshop デジタルペイントの秘訣

Digital Painting in Photoshop: Industry Techniques for Beginners 日本語版

2019年11月25日初版発行

制　作	3dtotal Publishing
翻　訳	河野 敦子、株式会社スタジオリズ
発行人	村上 徹
編　集	高木 了
発　行	株式会社ボーンデジタル 〒102-0074 東京都千代田区九段南 1-5-5 九段サウスサイドスクエア Tel: 03-5215-8671　Fax: 03-5215-8667 www.borndigital.co.jp/book/ E-mail: info@borndigital.co.jp
レイアウト	株式会社スタジオリズ
印刷・製本	株式会社大丸グラフィックス

ISBN 978-4-86246-457-6
Printed in Japan